计算机技能大赛实战丛书

企业网搭建及应用 神码版

（第3版）

丛 书 主 编　何文生

丛书副主编　史宪美

丛 书 主 审　朱志辉

本 书 主 编　张文库

本 书 主 审　李宝智

U0256449

电子工业出版社

Publishing House of Electronics Industry

北京·BEIJING

内 容 简 介

本书分为网络设备、Windows、Linux 和模拟题及应试指南四部分，在前三部分里面采用项目的方式，通过任务的形式进行讲解，第四部分提供了四套模拟题，并对竞赛进行应试指导。这样使读者在短时间内掌握更多有用的技术和方法，快速提高技能竞赛水平。

本书既可作为职业院校及培训机构的实训教材及参考书，又可作为参加"计算机技能大赛"的学员的辅导教材。

图书在版编目（CIP）数据

企业网搭建及应用：神码版 / 张文库主编. —3 版. —北京：电子工业出版社，2013.5

计算机技能大赛实战丛书

ISBN 978-7-121-20055-7

Ⅰ. ①企… Ⅱ. ①张… Ⅲ. ①企业－计算机网络－专业学校－教学参考资料 Ⅳ. ①TP393.18

中国版本图书馆 CIP 数据核字（2013）第 061594 号

策划编辑：关雅莉　肖博爱
责任编辑：郝黎明
印　　刷：北京虎彩文化传播有限公司
装　　订：北京虎彩文化传播有限公司
出版发行：电子工业出版社
　　　　　北京市海淀区万寿路 173 信箱　邮编　100036
开　　本：787×1 092　1/16　印张：25.5　字数：652.8 千字
版　　次：2010 年 1 月第 1 版
　　　　　2013 年 5 月第 3 版
印　　次：2022 年 6 月第16次印刷
定　　价：49.80 元

凡所购买电子工业出版社图书有缺损问题，请向购买书店调换。若书店售缺，请与本社发行部联系，联系及邮购电话：（010）88254888，88258888。

质量投诉请发邮件至 zlts@phei.com.cn，盗版侵权举报请发邮件至 dbqq@phei.com.cn。

本书咨询联系方式：（010）88254617，luomn@phei.com.cn。

前言

随着职业教育的进一步发展，全国中等职业学校计算机技能大赛开展得如火如荼，比赛赛场成为深化职业教育改革、引导全国职业教育发展、增强职业教育技能水平、宣传职业教育的地位和作用、展示中职学生技能风采的舞台。电子工业出版社和广东省职业技术教育学会电子信息技术专业指导委员会积极响应教育部的号召，为了满足广大中职学校参加大赛的实际需求，组织了由企业工程技术人员、高校教授、职业学校有经验的辅导教练等组成的计算机技能大赛丛书编委会，共同打造"计算机技能大赛实战丛书"，该丛书的编写特色如下。

本书定位

中职院校的教师和有一定基础的学生；

培训机构的教师和有一定基础的学生。

编委会组成人员

由广州大学的教授及专家组为丛书审定；

由神州数码网络集团、锐捷网络公司、广州唯康通讯技术公司和福禄克公司提供设备、素材及相关建议；

由在历届全国计算机技能大赛中获一等奖学生的教练主笔。

内容安排

该套丛书从应用实战出发，首先将所需内容以各个项目的形式表现出来，其次对技能大赛的试题进行详细的分析和讲解，最后给出相应的模拟试题供读者练习，使读者在短时间内掌握更多有用的技术和方法，快速提高技能竞赛水平。

编写特点

在实例讲解上，本书采用了统一、新颖的编排方式，任务中包含"任务分析"、"任务名称"、"任务描述"、"任务实现"、"知识链接"等部分，其中，部分项目是由多个任务组成的，部分关键的知识点还设置了"小贴士"，并做简单的介绍。对各部分说明如下。

任务分析：针对该任务的设计思路、制作方法进行分析，让读者对本任务的学习内容有个整体的了解。

任务名称：列出该任务的任务名称。

任务描述：对即将要完成的任务进行知识性的描述。

任务实现：详细写出任务的实现过程。

知识链接：针对任务中出现的一些疑难、重点知识点进行讲解。

小结：针对该项目的总结。

实训：针对本项目的知识点而给出的一些实战练习题目。

比赛心得：编者把自己在训练和比赛中的一些心得体会和经验教训通过文字毫无保留地贡献出来，让广大的读者能少走一些弯路，能快速吸收实战经验，迅速提高自身的竞技水平。

配套立体化教学资源

本套丛书提供了配套的立体化教学资源，包括教学指南、电子教案、源代码、部分项目的配置文件、截图、拓扑图及各种实验手册；"网站建设"部分的全部网站源代码，以及素材库等必需的文件。

本书内容

本书分为网络设备、Windows、Linux 和模拟题及应试指南四部分，在前三部分里面采用项目的方式，通过任务的形式讲解，第四部分提供了四套模拟题，并对竞赛进行的应试指导。这样使读者在短时间内掌握更多有用的技术和方法，快速提高技能竞赛水平。

本套丛书由何文生担任丛书主编，史宪美担任丛书副主编，朱志辉教授担任丛书主审。本书由张文库主编，刘猛和邹贵财担任副主编，由李宝智担任主审。本书中的网络设备部分由张文库进行编写，其中网络设备的防火墙和无线部分由罗忠负责编写，Windows 部分由邹贵财和张文库进行改写，其中 Linux 部分由刘猛负责编写，参加编写的成员还有邹贵财、黄国平、罗忠、刘猛、林旭钿。由于作者水平有限，错漏之处在所难免，请广大读者批评指正。

鸣谢

真挚感谢神州数码网络集团、锐捷网络公司、广州唯康通讯技术公司和福禄克公司，以及所有为该书提出中肯意见及提供帮助的人士。

编 者

2013 年 4 月

第一部分　网络设备

第四部分　模拟题与应试指南

第一部分 网络设备

　　网络设备及部件是连接到网络中的物理实体。网络设备的种类繁多，且与日俱增。网络设备包括路由器、交换机、防火墙和无线设备等。

　　企业网络搭建及应用这个项目，在 2012 年全国职业院校计算机技能大赛中分为锐捷网络设备和神州数码设备，在此书中使用的网络设备为神州数码设备，涉及的设备有 3 台 DCR-2655 路由器，2 台 DCRS-5650-28 三层交换机，1 台 DCS-3950-28C 二层交换机，1 台 DCFW-1800S-H-V2 防火墙，1 台 DCWS-6028 无线控制器，1 台 DCWL-7952AP 无线接入点，1 个 DCWL-PoEINJ-G 无线 AP 电源适配器，3 根 CR-V35MT-V35FC 路由器线缆。

项目一 VLAN 技术与生成树技术

VLAN 是在一个物理网络上划分出来的逻辑网络。这个网络对应于 OSI 模型的第二层。通过将企业网络划分为虚拟网络 VLAN，可以强化网络管理和网络安全，控制不必要的数据广播。VLAN 将网络划分为多个广播域，从而有效地控制广播风暴的发生，还可以用于控制网络中不同部门、不同站点之间的互相访问。

人们对网络的依赖性越来越强，为了保证网络的高可用性，有时希望在网络中提供设备、模块和链路的冗余。但是在二层网络中，冗余链路可能会导致交换环路，使得广播包在交换环路中无休止地循环，进而破坏网络中设备的工作性能，甚至导致整个网络瘫痪。生成树技术能够解决交换环路的问题，同时为网络提供冗余。

任务一 实现 VLAN 间通信

任务描述

天驿公司有销售部和技术部，技术部的计算机系统分散连接在两台交换机上，它们之间需要相互通信，销售部和技术部也需要进行相互通信，为了满足公司的需求，现要在网络设备上实现这一目标。

任务分析

使在同一 VLAN 里的计算机系统能够跨交换机进行相互通信，需要在两个交换机中间建立中继，而在不同 VLAN 里的计算机系统也要实现相互通信，实现 VLAN 之间的通信需要三层技术来实现，即通过路由器或三层交换机来实现。建议使用三层交换机来实现，因为使用路由器容易造成瓶颈。

任务实现

1. 实现交换机端口隔离

交换机端口隔离如图 1-1 所示。

图 1-1 交换机端口隔离

步骤 1：在 SW1 上创建 VLAN。

```
SW1#configure terminal
SW1(config)#vlan 10
SW1(config-vlan)#name sales
SW1(config-vlan)#exit
SW1(config)#vlan 20
SW1(config-vlan)#name tech
SW1(config-vlan)#exit
SW1(config)#exit
SW1#
```

步骤 2：将接口分配到 VLAN 中。

```
SW1#configure terminal
SW1(config)#interface e0/0/4-10
SW1(config-if)#switchport access vlan 10
SW1(config-vlan)#exit
SW1(config)#interface e 0/0/11-22
SW1(config-if)#switchport access vlan 20
SW1(config-vlan)#exit
或：
SW1#configure terminal
SW1(config)#vlan 10
SW1(config-vlan10)#switchport interface e0/0/4-10
SW1(config-vlan10)#exit
SW1(config)#vlan 20
SW1(config-if)#switchport interface e0/0/11-22
SW1(config-vlan)#exit
```

步骤 3：验证同一 VLAN 上的同一网段的计算机无法通行，表示成功。

注：SW2 的配置与 SW1 基本一样，此处省略。

2．实现跨交换机相同 VLAN 通信

步骤 1：把交换机 SW1 与 SW2 相连的端口定义为中继模式。

```
SW1(config)#interface e0/0/24
SW1(config-if-ethernet0/0/24)#switchport mode trunk
SW1(config-if-ethernet0/0/24)#no shutdown
```

注：SW2 的配置与 SW1 基本一样，此处省略。

步骤 2：验证技术部的计算机可以互相通信，表示成功。

3．使用单臂路由实现 VLAN 间通信

单臂路由实现 VLAN 间通信，如图 1-2 所示。

图 1-2　单臂路由实现 VLAN 间通信

步骤 1：在路由器 R1 上创建子接口。

```
RouterA_config#int fa0/3
RouterA_config_f0/3#no ip add
RouterA_config_f0/3#no shut
RouterA_config_f0/3#int fa3/0.10
RouterA_config_f0/3.10#encapsulation dot1Q 10
RouterA_config_f0/3.10#ip add 192.168.10.1 255.255.255.0
RouterA_config_f0/3.10#no shut
RouterA_config_f0/3#int fa0/3.20
RouterA_config_f0/3.20#encapsulation dot1Q 20
RouterA_config_f0/3.20#ip add 192.168.20.1 255.255.255.0
RouterA_config_f0/0.20#no shut
```

 小贴士

　　在配置路由器时，一定不要配置 fa0/0 接口的 IP 地址，路由器上所配置的 IP 地址是各自 VLAN 的网关地址。

步骤 2：在 SW2 上配置中继端口。

```
SW2(config)#interface fastethernet 0/22
SW2(config-if-ethernet0/0/22)#switchport mode trunk
SW2(config-if-ethernet0/0/22)#no shutdown
```

步骤 3：验证技术部和销售部的计算机可以通信，表示成功。

4．使用 SVI 实现 VLAN 间通信

　　天驿公司想实现销售部和技术部之间的通信，可以通过单臂路由实现，也可以通过三层交换机来实现，建议使用三层交换机，因为单臂路由采用子接口进行通信，容易产生瓶颈。

　　使用 SVI 实现 VLAN 间通信如图 1-3 所示。

图 1-3　使用 SVI 实现 VLAN 间通信

步骤 1：在 3 层交换机 SW3 上配置各 VLAN 的 IP 地址。

```
SwitchA(config)#vlan 10
SwitchA(Config-vlan10)#exit
SwitchA(config)#vlan 20
SwitchA(Config-vlan20)#exit
SwitchA(config)#int vlan 10
SwitchA(Config-if-vlan10)#ip add 192.168.10.1 255.255.255.0
SwitchA(Config-if-vlan10)#int vlan 20
SwitchA(Config-if-vlan20)#ip add 192.168.20.1 255.255.255.0
```

步骤 2：验证技术部和销售部的计算机可以通信，表示成功。

知识链接

该任务是一个综合实验，涉及划分 VLAN、跨交换机相同 VLAN 的通信，也涉及不同 VLAN 之间的通信，这要通过三层技术来实现。

任务回顾

本任务详细介绍了 VLAN 的相关内容，包括 VLAN 技术在交换机网络中的应用、Trunk 链路、利用 SVI 和单臂路由方式实现 VLAN 间路由。

划分 VLAN 后，一个 VLAN 就是一个广播域，同一个 VLAN 中的设备可以在二层网络中通信，不同 VLAN 间通信需要借助三层设备。同时，当多个 VLAN 的数据需要通过一条链路传输时，需要使用 Trunk 技术。

实现 VLAN 间路由的技术主要有：SVI 和单臂路由。SVI 方式通常需要借助在三层交换机上给 VLAN 的 SVI 接口配置 IP 地址来实现，实施起来灵活方便。单臂路由是在路由器的以太接口上划分子接口，容易形成网络瓶颈。

任务二　实现多实例生成树技术

任务描述

天驿公司扩大了，部门逐渐增多，各部门之间都采用了 VLAN 技术，但为了实现公司的稳定性，经理让管理员想办法实现公司内部网络时刻不间断，来保证公司网络的运行。

任务分析

由于公司人员增多，部门也随之多起来，为了解决经理的需求，管理员决定采用基于VLAN 的多实例生成树协议，现要在交换机上做适当配置来完成这一任务。

现公司扩大到 4 台交换机设备，销售部的 PC1 和 PC3 在 VLAN10 中，技术部的 PC2 和PC4 在 VLAN20 中。

任务实现

拓扑结构图如图 1-4 所示。

1．实现端口聚合

由于 SW1 和 SW2 之间的很多数据流量是跨过交换机进行转发的，因此需要增加交换机之间的传输带宽，并实现链路冗余备份，管理员利用聚合端口可实现此功能。

步骤 1：在交换机 SW1 上配置聚合端口。

```
SW1(config)#interface e0/0/23-24
SW1(config-If-Port-Range)#switchport mode trunk
SW1(config-If-Port-Range)#port-group 1 mode on
```

注：SW2 的配置与 SW1 基本一样，此处省略。

2．实现 MSTP

步骤 1：在 SW3 上配置交换机的主机名、管理 IP 地址（省略）。
步骤 2：在 SW3 上启用生成树协议。

```
SW3(config)#spanning-tree
MSTP is starting now, please wait............
MSTP is enabled successfully.
```

图 1-4　实现 MSTP

步骤 3：在 SW3 上创建 VLAN10、VLAN20，并把相应端口分配给 VLAN 和启动相应端口 Trunk。

```
SW3(config)#vlan 10
SW3(config)#vlan 20
SW3(config)#interface e0/0/1
SW3(config-if- ethernet0/0/1)#switchport access vlan 10
SW3(config)#interface e0/0/2
SW3(config-if- ethernet0/0/2)#switchport access vlan 20
SW3(config)#interface e0/0/21
SW3(config-if- ethernet0/0/21)#switchport mode trunk
SW3(config)#interface 0/22
SW3(config-if- ethernet0/0/22)#switchoport mode trunk
```

步骤 4：在 SW3 上配置实例 1 关联 VLAN10 和实例 2 关联 VLAN20，并配置名称和版本。

```
SW3(config)#spanning-tree mst configuration
SW3(config-mstp-region)#revision-level 1
SW3(config-mstp-region)#name region1
SW3(config-mstp-region)#instance 1 vlan 10
SW3(config-mstp-region)#instance 2 vlan 20
SW3(config-mstp-region)#
```

步骤 5：在 SW4、SW1 和 SW2 上创建的方法同 SW3，此处略。

步骤 6：在 SW1 和 SW2 上配置优先级。

```
SW1(config)# spanning-tree mst 1 priority 0    //配置优先级，使其成为 instance 1 中的根
SW1(config)# spanning-tree mst 2 priority 4096
SW2(config)#spanning-tree mst 1 priority 4096
SW2(config)#spanning-tree mst 2 priority 0      //配置优先级，使其成为 instance2 中的根
```

步骤 7：验证交换机 SW3 的生成树的配置。

```
SW3#show spanning-tree mst config
Name            region1
Revision        1
Instance        Vlans Mapped
-------------------------------
00              1-9, 11-19, 21-4094
01              10
02              20
-------------------------------
```

步骤 8：验证交换机 SW2、SW3 和 SW4 的生成树的配置和 SW1 基本相同，此处略。

步骤 9：测试每个 VLAN 是否都是无环的链路。

```
SW4#show spanning-tree interface e0/0/22
Ethernet0/0/22:
Mst    ID      IntRPC    State Role    DsgBridge        DsgPort VlanCount
--- ------- ---------    --- ---- ----------------- ------- ---------
```

0 128.022	0	FWD	DSGN	32768.00030f1324dd	128.022		1
1 128.022	100000	BLK	ALTR	4096.00030f1da543	128.022		1
2 128.022	0	FWD	ROOT	0.00030f1da543	128.022		1

步骤 10：测试结果正确。其他端口的测试方法基本相同，此处略。

任务回顾

本任务主要以 MSTP 为例来讲述生成树协议。管理员为了便于管理及让整个网络稳定，会配置网络中的核心交换机为根网桥，希望比赛的选手可以通过查阅来完成此知识点的学习。

比赛心得

在历次的比赛中，划分 VLAN、实现跨交换机相同 VLAN、不同 VLAN 通信和端口聚合，这都是必考的内容，但很多同学往往认为很熟悉、完全可以得分的地方，却很容易被忽视，结果造成丢分，无法取得好成绩；例如，VLAN ID 错误、VLAN 的名字错误或 Trunk 端口没有开放等，这些都会导致丢分。而生成树技术在交换机的配置这一内容中是必不可少的内容，因为在二层交换网络中链路环路带来的问题往往对网络造成巨大的影响，甚至导致网络瘫痪，所以要求管理员必须掌握此知识，当然也就要求比赛选手对此知识非常熟练，不仅是默认的配置，为了整个网络的稳定而在特定交换机上配置根网桥也要熟悉，另外，MSTP 也会和 VRRP 技术联合使用，所以同样要求选手掌握。

实训

1. 任务：配置 VLAN 与 Trunk。

背景和需求：目前某上海分公司人员数量已经有 50 人，3 台交换机使用级联方式。现在认为目前的这种网络环境速度慢且不安全。需要各部门尤其是财务部使用单独的 VLAN，如图 1-5 所示。

VLAN 名称如下。

VLAN2：Financial；VLAN3：Engineering；VLAN4：Marketing。

完成标准：连接在 3 台交换机上的主机能够访问相同 VLAN 的主机。在 Trunk 上移除了 VLAN2 后，VLAN2 的主机不能跨交换机通信。

图 1-5　配置 VLAN 与 Trunk

2．任务：配置交换机的优先级，实现网络的负载分担，并配置骨干交换机之间的端口聚合，如图 1-6 所示。

图 1-6　配置交换机的优先级

项目二　VRRP 和 DHCP 动态编址

随着企业经营规模的不断扩大，网络应用逐渐增多，原有的网络可能越来越不适应新形式的要求。为此，一些企事业单位对网络的安全性、可管理性和稳定性有了更高的需求。例如，为了保证网络出口的稳定可靠，需要有两条出口线路做冗余备份和负载均衡；为了保证网络安全可靠，要求核心和接入设备支持 VLAN 划分，降低网络内广播数据包的传播，提高带宽资源利用率；网络设备能够支持灵活多样的管理方式以减轻管理维护的难度等。

任务一　实现三层交换的 VRRP 和 DHCP 服务器

任务描述

天驿公司企业网络核心层原来采用一台三层交换机，随着网络应用日益增多，对网络的可靠性也提出了越来越高的要求，公司决定采用默认网关进行冗余备份，以便在其中一台设备出现故障时，备份设备能够及时接管数据转发工作，为用户提供透明的切换，提高网络的稳定性。为了方便管理，管理员决定内部采用 DHCP 服务器为客户端分配 IP 地址。

任务分析

可用两台三层交换机作为核心层设备，采用 VRRP 技术使两台交换机互相备份，以此来提高网络的可靠性和稳定性。同时，利用三层交换机的 DHCP 服务器功能为客户端分配 IP 地址以节省资源，各计算机在子网间移动时也不用频繁地设置 IP 信息以避免 IP 地址冲突等情况。

任务实现

三层交换的 VRRP 与 DHCP 服务器如图 2-1 所示。

图 2-1　三层交换的 VRRP 与 DHCP 服务器

1. 配置三层交换的 VRRP

步骤 1：各设备配置设备名称，此处略。

步骤 2：在 SW3 上配置 VLAN，并将其端口加入 VLAN 中。

```
SW3(config)#vlan 10
SW3(config-vlan10)#switchport interface e0/0/1
Set the port Ethernet0/0/1 access vlan 10 successfully
SW3(config-vlan10)#exit
SW3(config)#vlan 20
SW3(config-vlan20)#switchport interface e0/0/2
Set the port Ethernet0/0/2 access vlan 20 successfully
```

步骤 3：在 SW4 上创建 VLAN，并将其端口加入 VLAN 中。

```
SW4(config)#vlan 10
SW4(config-vlan10)#switchport interface e0/0/1
Set the port Ethernet0/0/1 access vlan 10 successfully
SW4(config-vlan10)#exit
SW4(config)#vlan 20
SW4(config-vlan20)#switchport interface e0/0/2
Set the port Ethernet0/0/2 access vlan 20 successfully
```

步骤 4：在 SW1 和 SW2 上创建 VLAN，并设置 VLAN 的 IP 地址。

```
SW1(config)#vlan 10
SW1(config)#vlan 20
SW1 (config)#int vlan 10
SW1(Config-if-Vlan10)#ip add 192.168.10.110 255.255.255.0
SW1 (Config-if-Vlan10)#int vlan 20
SW1 (Config-if-Vlan20)#ip add 192.168.20.110 255.255.255.0
SW2(config)#vlan 10
SW2(config)#vlan 20
SW2 (config)#int vlan 10
SW2(Config-if-Vlan10)#ip add 192.168.10.120 255.255.255.0
SW2(Config-if-Vlan10)#int vlan 20
SW2 (Config-if-Vlan20)#ip add 192.168.20.120 255.255.255.0
```

步骤 5：在 SW1 交换机上开启生成树协议，并产生实例 1 和实例 2，实例 1 关联 Vlan 10，实例 2 关联 Vlan 20，并配置名称和版本。

```
SW1(config)#spanning-tree
MSTP is starting now, please wait............
MSTP is enabled successfully.
SW1(config)#spanning-tree mst configuration
SW1(config-mstp-region)#revision-level 1
SW1(config-mstp-region)#name region1
SW1(config-mstp-region)#instance 1 vlan 10
SW1(config-mstp-region)#instance 2 vlan 20
SW1(config-mstp-region)#
```

步骤 6：在 SW2、SW3 和 SW4 上配置，基本同步骤 5，此处略。

步骤 7：在 SW1 和 SW2 上配置优先级。

```
SW1(config)# spanning-tree mst 1 priority 0    //配置优先级，使其成为 instance 1 中的根
SW1(config)# spanning-tree mst 2 priority 4096
SW2(config)#spanning-tree mst 1 priority 4096
SW2(config)#spanning-tree mst 2 priority 0      //配置优先级，使其成为 instance2 中的根
```

步骤 8：在交换机 SW1 上配置聚合端口。

```
SW1(config)#interface e0/0/23-24
SW1(config-If-Port-Range)#switchport mode trunk
SW1(config-If-Port-Range)#port-group 1 mode on
```

步骤 9：在 SW2 的配置与 SW1 基本一样，此处省略。

步骤 10：在 SW1 和 SW2 上创建基于各 VLAN 的 VRRP。

```
SW1(config)#router vrrp 1
SW1(config-router)#virtual-ip 192.168.10.1
SW1(config-router)#interface vlan 10
SW1(config-router)#priority 1
SW1(config-router)#enable
SW1(config)#router vrrp 2
SW1(config-router)#virtual-ip 192.168.20.1
SW1(config-router)#int vlan 20
SW1(config-router)#priority 254
SW1(config-router)#enable
SW2(config)#router vrrp 1
SW2(config-router)#virtual-ip 192.168.10.1
SW2(config-router)#int vlan 10
SW2(config-router)#priority 254
SW2(config-router)#enable
SW2(config)#router vrrp 2
SW2(config-router)#virtual-ip 192.168.20.1
SW2(config-router)#int vlan 20
SW2(config-router)#priority 1
SW2(config-router)#enable
```

步骤 11：在 SW1 上，验证 VRRP 配置信息。

```
SW1#show vrrp                    //验证 VRRP 备份组配置信息
VrId 1
  State is Backup
  Virtual IP is 192.168.10.1 (Not IP owner)
  Interface is Vlan10
  Priority is 1
  Advertisement interval is 1 sec
  Preempt mode is TRUE
VrId 2
```

```
State is Master
Virtual IP is 192.168.20.1 (Not IP owner)
Interface is Vlan20
Priority is 254
Advertisement interval is 1 sec
Preempt mode is TRUE
```

步骤 12：在 SW2 上，验证 VRRP 配置信息。

```
SW2#show vrrp
VrId 1
  State is Master
  Virtual IP is 192.168.10.1 (Not IP owner)
  Interface is Vlan10
  Priority is 254
  Advertisement interval is 1 sec
  Preempt mode is TRUE
VrId 2
  State is Backup
  Virtual IP is 192.168.20.1 (Not IP owner)
  Interface is Vlan20
  Priority is 1
  Advertisement interval is 1 sec
  Preempt mode is TRUE
```

可以看出 SW1 为备份组 1 的 Master，负责转发 VLAN10 的数据；SW2 为备份组 2 的 Master，负责转发 VLAN20 的数据。当交换机 A 或 B 出现故障（如关电源）时，验证网络仍然连通。

2. 配置 DHCP 服务器

步骤 1：开启 DHCP 服务。

SW3(config)#service dhcp	//开启 DHCP 服务

步骤 2：创建 DHCP 地址池 VLAN10 和设定地址范围、地址租约、网关。

SW3(config)#ip dhcp pool vlan10	//创建 DHCP 地址池
SW3(dhcp-vlan10-config)#network-address 192.168.10.0 24	//配置地址范围
SW3(dhcp-vlan10-config)#lease 0 8	//配置地址租约
SW3(dhcp-vlan10-config)#default-router 192.168.10.1	//配置网关

步骤 3：创建 DHCP 地址池 VLAN20 和设定地址范围、地址租约、网关。

SW3(config)#ip dhcp pool vlan20	//创建 DHCP 地址池
SW3(dhcp-vlan10-config)#network-address 192.168.20.0 24	//配置地址范围
SW3(dhcp-vlan10-config)#lease 0 8	//配置地址租约
SW3(dhcp-vlan10-config)#default-router 192.168.20.1	//配置网关

步骤 4：对客户端计算机进行合理设置后，客户端可以正确获取 IP 地址，如图 2-2 和图 2-3 所示。

图 2-2　销售部某计算机 IP 地址　　　　　图 2-3　技术部某计算机 IP 地址

知识链接

1．VRRP（虚拟路由器冗余协议）可以把一个虚拟路由器的责任动态分配给一台局域网上的 VRRP 路由器。控制虚拟路由器 IP 地址的 VRRP 路由器称为主路由器，它负责转发数据包到这些虚拟 IP 地址，一旦主路由器不可用，则提供动态故障转移机制，允许虚拟路由器的 IP 地址可以作为终端主机的默认第一跳路由器。

2．DHCP（动态主机配置协议）用于向网络中的计算机分配 IP 地址及一些 TCP/IP 协议。使用 DHCP 的理由：安全而又可靠地设置 IP 地址；减轻了网络管理员的负担；解决了网络内 IP 地址资源不足的问题。当 DHCP 客户端与服务器在不同的子网时，就要使用到 DHCP 中继代理。

任务回顾

VRRP 将网络中两台三层交换机组成 VRRP 备份组，针对于网络中每一个 VLAN 接口，备份组都拥有一个虚拟默认网关地址。各个 VLAN 内的主机通过这个虚拟 IP 访问外网资源。如果活动交换机发生了故障，VRRP 将自动使备份交换机（Backup）来替代活动交换机。由于网络内的终端配置了 VRRP 虚拟网关地址，发生故障时，虚拟交换机没有改变，主机仍然保持连接，网络将不会受到单点故障的影响，这样就很好地解决了网络中核心交换机切换的问题。

在配置 DHCP 服务器时应注意：不同子网内的主机获取不同网段的地址。对于没有直接连接到 DHCP 服务器的子网，通过其他三层设备连接到 DHCP 服务器的情况，则应通过 DHCP 中继代理来获取 IP 地址。

任务二　实现 DHCP 中继代理

任务描述

天驿公司的计算机在同一个网络中，却不在同一个 VLAN 中，现网络中有一个 DHCP

服务器想负责全网络的动态主机地址分配，在现有网络不改变的情况下，管理员决定想用 DHCP 中继代理试试。

任务分析

当 DHCP 客户机和 DHCP 服务器不在同一个网段时，由 DHCP 中继传递 DHCP 报文。增加 DHCP 中继功能的好处是不必为每个网段都设置 DHCP 服务器，同一个 DHCP 服务器可以为很多个子网的客户机提供网络配置参数，既节约了成本又方便了管理。这就是 DHCP 中继的功能。所以管理员的决定是正确的。

任务实现

拓扑结构图如图 2-4 所示。

图 2-4　DHCP 中继代理

在交换机 A 上划分两个基于端口的 VLAN：VLAN10，VLAN100，如表 2-1 所示。

表 2-1　交换机上划分的两个端口

VLAN	IP	端 口 成 员
10	192.168.10.1/24	1
100	10.1.157.100/24	24

交换机 A 的端口 24 连接一台 DHCP 服务器，服务器的地址为 10.1.157.1/24；

交换机 A 的端口 2 连接交换机 B 的 24 口；

交换机 B 恢复出厂设备，不作任何配置，当成 HUB 来用。

DHCP 服务器的地址池中的地址范围为：192.168.10.2/24-192.168.10.100/24.

步骤 1：交换机全部恢复出厂设置，创建 VLAN10 和 VLAN100。

```
switch(Config)#
switch(Config)#vlan 10
switch(Config-vlan10)#switchport interface Ethernet 0/0/1
switch(Config-vlan10)#exit
switch(Config)#vlan 100
switch(Config-vlan100)#switchport interface Ethernet 0/0/24
switch(Config-vlan100)#exit
```

步骤 2：给交换机设置 IP 地址。

```
switch(Config)#interface vlan 10
switch(Config-If-vlan10)#ip address 192.168.10.1 255.255.255.0
```

```
switch(Config-If-vlan10)#no shutdown
switch(Config)#interface vlan 100
switch(Config-If-vlan100)#ip address 10.1.157.100 255.255.255.0
switch(Config-If-vlan100)#no shutdown
```

步骤 3：配置 DHCP 中继。

```
switch(Config)#service dhcp
switch(Config)#ip forward-protocol udp bootps
switch(Config)#interface vlan 10
switch(Config-If-vlan10)#ip helper-address 10.1.157.1
switch(Config-If-vlan10)#exit
switch(Config)#
```

步骤 4：验证实验，其他客户端上可以获取到 IP 地址，如图 2-5 所示。

图 2-5　客户端获取正确 IP 地址

> **小贴士**
>
> 　　若中间负责转发 DHCP 报文的交换机、路由器不具备 DHCP 中继功能，建议替换掉中间的设备或更新版本，使其具备 DHCP 中继功能，才能正确进行这个功能。

比赛心得

　　VRRP 和 DHCP 服务器的实现，在比赛项目中是必考无疑的内容，尤其以 VRRP 为主，因为企业中都会用到，竞赛要和企业需要相结合，这也不奇怪，尤其是在三层交换机上实现 VRRP 是特别重要的，因为比赛的设备都符合要求，选手和教练不应忽视，一些细节的地方也要注意，像端口跟踪、占先权、优先级的配置也是考试中常常出现的内容。

　　DHCP 服务器因为可以用 Windows 和 Linux 实现，所以此处不一定每年都会考，但企业中还是用得很多的，所以选手和教练也不应忽视，否则就太不值得了，希望选手反复训练，达到出神入化的程度。

实训

实现 VRRP

背景描述：随着业务的发展，BENET 公司对互联网的访问要求越来越高，因此公司决定采用冗余路由器及两条连接到互联网的链路，以保障到互联网的访问不间断，作为网络管理人员，需要设计实施出口路由设备和出口链路的冗余备份，两台三层交换机分别为两个子网提供访问外部网络的出口（两个子网分别为对方的外部网络），并用 VRRP 实现设备级的冗余，以保障网络的连通，如图 2-6 所示。

图 2-6

任务 1：VRRP 的基本配置。

完成标准：使用命令命令可以看到配置已经生效。

任务 2：配置 VRRP 的优先级。

完成标准：在两个路由器上使用命令查看各自的优先级已经配置成功。

任务 3：配置 VRRP 占先权。

完成标准：（1）在两个路由器上使用命令可看到占先权已配置；（2）LAN 内的 PC 配置 VRRP 虚拟 IP 地址作为网关，中断组内任意一台路由器时，与外部通信不断。

任务 4：配置 VRRP 的端口跟踪。

完成标准：中断活跃路由器的外出接口线路，使用命令可以看到原备份路由器成为活跃路由器，两个网段的 PC 之间通信不中断。

项目三 设备安全

企事业单位在组网初期部署了设备的接入功能，随着业务的开展，员工和网络设备越来越多，渐渐地给网管人员带来了很多烦恼。由于公司网络没有经过细致规划，公司员工在各个网络接口均能上网，用户接入网络的身份无法确定，经常可以发现陌生的主机接入，这给公司的信息安全带来了隐患，而网络中随时可能出现的各种攻击行为也严重威胁到网络安全。为此，需要网络管理员对设备和网络安全做出规划。

任务一 设备口令

任务描述

天驿公司规模逐渐扩大，新购置了一批设备，但经理发现，所有人员都可以对设备进行配置和修改，毫无安全性而言，经理找到网络管理员，让网络管理员给设备提供一定的安全性，网络管理员认为对设备设置密码就可以实现一定的安全性。

任务分析

对设备配置口令和权限可以控制对网络设备的访问，这样可以提供一定的安全性，只有知道口令的人员才可以访问设备，没有口令的人员是无法访问的，管理员对设备配置口令的方法是可行的。

任务实现

设备安全，如图 3-1 所示。

图 3-1 设备安全

步骤 1：设置特权模式密码。

```
routerA_config#enable password 0 123456                    //设置特权模式密码
routerA_config#exit
routerA#exit
```

步骤 2：验证。

```
routerA>enable
routerA#Jan   1 01:09:40 Unknown user enter privilege mode from console 0, level= 15
```

步骤 3：设置验证模式。

```
routerA_config#aaa authentication enable default enable   //设置 aaa 认证模式
routerA_config#exit
routerA#Jan   1 01:10:39 Configured from console 0 by UNKNOWN
```

步骤 4：再次验证。

```
routerA#exit
routerA>enable
password:
routerA#Jan   1 01:10:46 Unknown user enter privilege mode from console 0, level
= 15
```

至此，进入特权模式需要密码，设置成功。

步骤 5：配置需要通过用户名和密码登录 console 口。

```
routerA#config
routerA_config#username admin password admin              //设置用户名和密码
routerA_config#line console 0                             //进入 console 口线路
routerA_config_line#login authentication default          //设置登录认证列表名
routerA_config#aaa authentication login default local     //设置 aaa 认证模式
```

步骤 6：验证。

```
routerA>exit                          //退出普通用户模式
User Access Verification

Username: admin                       //输入用户名
Password:              //输入密码

              Welcome to DCR Multi-Protocol 2626 Series

routerA>Jan   1 00:05:58 init user
```

步骤 7：配置只需要通过输入密码登录 console 口。

```
routerA_config#aaa authentication login default line      //设置 aaa 认证模式
routerA_config#line console 0                             //进入 console 口线路
routerA_config_line#password 0 123456                    //设置 console 口密码
```

步骤 8：验证。

```
routerA>exit          //退出普通用户模式

routerA console 0 is now available
Press RETURN to get started
User Access Verification

Password:          //输入 console 口密码

              Welcome to DCR Multi-Protocol 2626 Series
```

routerA>Jan 1 00:11:07 init user

 小贴士

1. aaa 认证模式必须设置，否则权限设置不能生效。

2. 设置需要用户名和密码的方式访问路由器时，需在路由器的数据库中设置用户名和密码。

知识链接

1．控制台口令

如果用户没有为路由器的控制台设置口令，其他用户就可以访问用户模式，并且，如果没有设置其他模式的口令，别人也就可以轻松进入其他模式。控制台端口是用户最初开始设置新路由器的地方。在路由器的控制台端口上设置口令极为重要，因为这样可以防止其他人连接到路由器并访问用户模式。因为每一个路由器仅有一个控制台端口，所以你可以在全局配置中使用 line console 0 命令。

2．VTY-远程登录口令

虚拟终端连接并非是一个物理连接，而是一个虚拟连接。可以用它来 telnet 或 ssh 进入路由器。当然，你需要在路由器上设置一个活动的 LAN 或 WAN 接口以便于 telnet 工作。因为不同的路由器和交换机拥有不同的 VTY 端口号，所以你应当在配置这些端口之前查看有哪些端口。

3．enable password-启用口令

enable password 命令可以防止某人完全获取对路由器的访问权。Enable password 命令实际上可以用于在路由器的不同安全级别上切换（共有 0～15 共 16 个安全级别）。不过，它最常用于从用户模式（级别 1）切换到特权模式（级别 15）。事实上，如果你处于用户模式，而用户键入了 enable password 命令，此命令将假定你进入特权模式。

4．enable secret password-启用加密口令

启用加密口令（enable secret password）与 enable password 的功能是相同的。但通过使用 "enable secret"，口令就以一种更加安全的加密形式被存储下来。

在很多情况下，许多网络瘫痪是由于缺乏安全口令造成的。因此，作为管理员一定要保障正确设置交换机和路由器的口令。

任务回顾

为了保障设备的安全，网络管理员可以为交换机和路由器配置适当级别的口令，远程登录管理设备时也需要为设备配置远程登录密码和特权模式密码，没有口令的设备和忘记设备口令的情形可能会对网络安全造成很大影响。

任务二　远程管理

任务描述

天驿公司的管理员将新买回来的网络设备调试好，已经放在了机房的机柜里，但有时需要对设备进行管理，经常进出和连接设备比较麻烦，管理员希望能在自己的办公室就可以进行管理。

任务分析

按照管理员的描述，使用远程管理网络设备就可以实现此功能，所以管理员决定使用远程管理功能，来实现对交换机和路由器的管理。

任务实现

1．交换机远程管理（DCRS-5650-28）

交换机远程管理如图 3-2 所示。

图 3-2　交换机远程管理

步骤 1：给交换机的默认 vlan 设置 IP 地址即管理 IP。

```
SwitchA#config
SwitchA(Config)#interface vlan 1              //进入 vlan 1 接口
02:20:17: %LINK-5-CHANGED: Interface Vlan1, changed state to UP
SwitchA (Config-If-Vlan1)#ip address 192.168.1.100 255.255.255.0 //配置地址
SwitchA (Config-If-Vlan1)#no shutdown          //激活 vlan 接口
SwitchA (Config-If-Vlan1)#exit
SwitchA (Config)#exit
SwitchA #
```

步骤 2：为交换机设置授权 Telnet 用户。

```
SwitchA #config
SwitchA (Config)#telnet-user dcnu password 0 digital
SwitchA (Config)#exit
SwitchA #
```

步骤 3：配置主机的 IP 地址，要与交换机的 IP 地址在一个网段，如图 3-3 所示。

图 3-3　主机 IP 地址配置

步骤 4：验证主机与交换机是否连通，如图 3-4 所示。

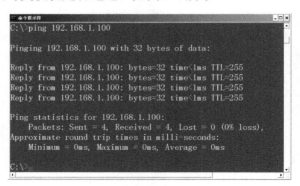

图 3-4　测试主机与交换机是否连通

步骤 5：使用 Telnet 登录，打开微软视窗系统，执行"开始"→"运行"命令，运行 Windows 自带的 telnet 客户端程序，并且指定 telnet 的目的地址，如果 3-5 所示。需要输入正确的登录名和口令，登录名是 dcnu，口令是 digital。

图 3-5　使用 telnet 连接设备

2. 路由器远程管理

路由器远程管理如图 3-6 所示。

RoutertA

Router

E0/0/1

图 3-6　路由器远程管理

步骤 1：设置路由器以太网接口地址并验证连通性。

```
Router>enable                                          //进入特权模式
Router #config                                         //进入全局配置模式
Router-A_config#interface f0/0                         //进入接口模式
Router-A_config_f0/0#ip address 192.168.2.1 255.255.255.0   //设置 IP 地址
Router-A_config_f0/0#no shutdown
Router-A_config_f0/0#^Z
Router-A#show interface f0/0                           //验证
FastEthernet0/0 is up, line protocol is up             //接口和协议都必须 up
address is 00e0.0f18.1a70
    Interface address is 192.168.2.1/24
    MTU 1500 bytes, BW 100000 kbit, DLY 10 usec
    Encapsulation ARPA, loopback not set
    Keepalive not set
    ARP type: ARPA, ARP timeout 04:00:00
    60 second input rate 0 bits/sec, 0 packets/sec!
    60 second output rate 6 bits/sec, 0 packets/sec!
    Full-duplex, 100Mb/s, 100BaseTX, 1 Interrupt
        0 packets input, 0 bytes, 200 rx_freebuf
        Received 0 unicasts, 0 lowmark, 0 ri, 0 throttles
        0 input errors, 0 CRC, 0 framing, 0 overrun, 0 long
        1 packets output, 46 bytes, 50 tx_freebd, 0 underruns
        0 output errors, 0 collisions, 0 interface resets
        0 babbles, 0 late collisions, 0 deferred, 0 err600
        0 lost carrier, 0 no carrier 0 grace stop 0 bus error
0 output buffer failures, 0 output buffers swapped out
```

步骤 2：设置 PC 的 IP 地址并测试连通性，如图 3-7 所示。

图 3-7　设置主机 IP 地址并测试连通性

步骤 3：在 PC 上 telnet 到路由器。

为了保证安全性，路由器中默认为所有的 telnet 用户必须通过验证才可以进入路由器配置面，在 DCR 系列路由器中，系统支持使用本地或其他验证数据库对 telnet 用户进行验证，具体过程可参考如下：

（1）设置本地数据库中的用户名，本例使用 dcnu 和密码 dcnu。

　　　RouterA_config#username dcnu password dcnu　　//设置本地用户名和密码

（2）创建一个新的登录验证方法，名为 login_fortelnet，此方法将使用本地数据库验证。

　　　RouterA_config#aaa authentication login login_fortelnet local　　//创建 login_fortelnet 验证，采用 local

（3）进入 telnet 进程管理配置模式，配置登录用户使用 login_fortelnet 的验证方法进行验证。

　　　RouterA_config#line vty 0 4
　　　RouterA_config_line#login authentication login_fortelnet　　//在接口下应用
　　　RouterA_config_line#

经过这样的配置，telnet 登录路由器时的过程将如下所示：

　　　C:\>telnet 192.168.2.1
　　　Connecting to remote host...
　　　Press 'q' or 'Q' to quit connection.

```
User Access Verification

Username: dcnu
Password:
2004-1-1 04:21:34 User dcnu logged in from 192.168.2.1 on vty 1

                    Welcome to DCR Multi-Protocol 1700 Series Router
```

任务回顾

此任务主要讲解了交换机和路由器的远程管理，在实际的应用中还是非常重要的，管理员第一次通过 console 口配置后，如果以后再调试设备基本都是通过远程管理完成的，所以选手要特别注意，因为竞赛中出现的题目，往往和实际应用有很大联系。此任务内容选手多练习几遍不难记住，也很容易理解。

任务三 清除路由器和交换机密码

任务描述

天驿公司新购置的交换机和路由器设置了密码后不小心忘记了，网络管理员很着急，需要找到清除设备密码的方法。

任务分析

初次配置设备时由于不小心或没有规划好，容易造成忘记密码的现象，可将设备重启后用特殊方法清除密码，锐捷网络交换机和路由器的密码清除方法不同，应用时要注意掌握。

任务实现

1. 清除路由器密码

清除路由器密码，如图 3-1 所示。

步骤 1：启动路由器，先按键盘上的【Ctrl+Break】组合键进入 monitor 模式下：

```
monitor#delete ?
   WORD  -- file name
   <cr>  -- delete startup-config
monitor#delete
this file will be erased,are you sure?(y/n)y
monitor#reboot
Do you want to reboot the router(y/n)?y
Please wait......

System Bootstrap, Version 0.4.5
Serial num:8IRTC8209C04000166, ID num:509695
Copyright 2006 by Digital China Networks(BeiJing) Limited
DCR-2626 Series 2626
Loading DCR26V1.3.3H.bin......
```

```
Start Decompress DCR26V1.3.3H.bin
########################################################################
########################################################################
########################################################################
##################################################
            Decompress 5472638 byte,Please wait system up..
            Digitalchina Internetwork Operating System Software
            DCR-2626 Series Software , Version 1.3.3H, RELEASE SOFTWARE
            System start up OK
            Router console 0 is now available

            Press RETURN to get started

            Jan    1 00:00:07 init user
            Jan    1 00:00:07 Router System started --
            Jan    1 00:00:16 Line on Interface Serial0/1, changed to up
            Jan    1 00:00:16 Line on Interface Serial0/2, changed to down
            Jan    1 00:00:20 Line protocol on Interface Serial0/1, change state to up

                         Welcome to DCR Multi-Protocol 2626 Series

            Router>Jan    1 00:00:46 init user
            Router>
```

2．清除交换机特权模式密码

清除交换机特权密码，如图 3-2 所示。

步骤 1：启动交换机，按【Ctrl+B】组合键进入 BootROM 监控模式，如图 3-8 所示。

图 3-8　进入"BootROM"模式

步骤 2：查询 BootROM 下的帮助命令，如图 3-9 所示。

图 3-9 查看命令

步骤 3：输入"default boot"，然后重启交换机，密码即可清除。

[Boot]: default boot
Network interface configure OK.
change boot params is OK
[Boot]: reboot

任务回顾

设备放置时间过长，原先配置的密码已经忘记或公司的网络管理员更换导致设备无法进入时，需要清除设备的密码，这是网络管理员必须具备的操作技能。清除密码或跳过密码的设置随各厂家的各种设备的不同而略有区别，应加以注意。

任务四　交换机端口镜像

任务描述

天驿公司的内部网络时有问题发生，经理经常找到管理员解决，但管理员有时也摸不着头脑，所以他决定对公司内部网络的交换机端口进行监听，但在交换机连接的网络中监视所有端口的往来数据似乎变得很困难了。解决这个问题的办法之一就是在交换机中作配置使交换机将某一端口的流量在必要的时候镜像给网管设备所在端口，从而实现网管设备对某一端口的监视。这个过程被称为"端口镜像"。

任务分析

端口镜像技术可以将一个源端口的数据流量完全镜像到另外一个目的端口进行实时分析。利用端口镜像技术，我们可以把其他端口的数据流量完全镜像到端口 1 中进行分析。端口镜像完全不影响所镜像端口的工作。所以管理员的决定是正确的。

任务实现

端口镜像拓扑结构图，如图 3-10 所示，具体信息见表 3-1。

图 3-10　端口镜像拓扑结构图

表 3-1

设　　备	IP	Mask	端　　口
PC1	192.168.1.101	255.255.255.0	交换机 E0/0/1
PC2	192.168.1.102	255.255.255.0	交换机 E0/0/2
PC3	192.168.1.103	255.255.255.0	交换机 E0/0/3

步骤 1：交换机全部恢复出厂设置后，配置端口镜像，将端口 2 或者端口 3 的流量镜像到端口 1。

```
DCS-3926S(Config)#monitor session 1 source interface ethernet 0/0/2 ?
  both                      -- Monitor received and transmitted traffic
  rx                        -- Monitor received traffic only
  tx                        -- Monitor transmitted traffic only
  <CR>
DCS-3926S(Config)#monitor session 1 source interface ethernet 0/0/2 both
DCS-3926S(Config)#monitor session 1 destination interface ethernet 0/0/1
DCS-3926S(Config)#
```

步骤 2：验证配置。

```
DCS-3926S#show monitor
session number : 1
Source ports:    Ethernet0/0/2
RX: No
TX: No
Both: Yes
Destination port: Ethernet0/0/1
------------------------------------------------
DCS-3926S#
```

步骤 3：启动抓包软件，使 PC2 ping PC3，看是否可以捕捉到数据包，如图 3-12所示。

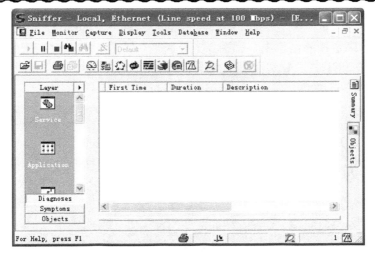

图 3-11 启动抓包软件

知识链接

（1）DCS-3926S目前只支持一个镜像目的端口，镜像源端口则没有使用上的限制，可以是1个也可以是多个，多个源端口可以在相同的VLAN，也可以在不同VLAN。但如果镜像目的端口要能镜像到多个镜像源端口的流量，镜像目的端口必须要同时属于这些镜像源端口的所在的VLAN。

（2）镜像目的端口不能是端口聚合组成员。

（3）镜像目的端口的吞吐量如果小于镜像源端口吞吐量的总和，则目的端口无法完全复制源端口的流量；请减少源端口的个数或复制单向的流量，或者选择吞吐量更大的端口作为目的端口。

任务回顾

端口镜像在企业中还是很重要的，网管在进行排错时都会用到此功能，选手只要搞懂源和目的就不难了，还希望选手多熟练，毕竟在竞赛中这种题目都是必须得到分数的。

任务五 交换机端口与 MAC 绑定

任务描述

天驿公司的内部网络由于某机器中毒而引发大量的广播数据包在网络中泛洪，管理员很难尽快找到根源主机并把它从网络中暂时隔离开，所以管理员想办法要解决此问题。

任务分析

特定主机只有在某个特定端口下发出数据帧，才能被交换机接收并传输到网络上，如果这台主机移动到其他位置，则无法正常上网，这样就在安全上起了至关重要的作用。将 MAC 地址与端口进行绑定，该 MAC 地址的数据流只能从绑定端口进入，不能从其他端口进入，就可以很快解决上述问题了，所以，管理员决定使用端口与 MAC 绑定来实现。

任务实现

端口与 MAC 绑定拓扑结构图，如图 3-2 所示。

步骤 1：获取 PC1 的 MAC 地址。选择"开始"→"运行"→"cmd"命令，打开命令行窗口对话框，输入"ipconfig/all"查看 MAC 地址，如图 3-12 所示。

图 3-12　查看 MAC 地址对话框

步骤 2：开启端口 1 的 MAC 地址绑定功能。

```
Switch(config)#interface Ethernet 0/0/1                     //进入端口 1
Switch(Config-If-Ethernet0/0/1)#switchport port-security              //开启端口安全
Switch(Config-If-Ethernet0/0/1)#
```

步骤 3：添加端口静态安全 MAC 地址，默认端口最大安全 MAC 地址数为 1。

```
Switch(Config-If-Ethernet0/0/1)#switchport port-security mac-address 00-1f-d0-d3-89-fc
                                            //在端口 1 上绑定静态 MAC 地址
```

步骤 4：用如下命令验证配置：

```
Switch#show port-security                          ! 查看端口安全
Switch#show port-security mac-address              ! 查看绑定的 MAC 地址
```

小贴士

1. 如果出现端口无法配置 MAC 地址绑定功能的情况，请检查交换机的端口是否运行了 Spanning-tree，802.1x，端口汇聚或者端口已经配置为 Trunk 端口。MAC 绑定在端口上与这些配置是互斥的，如果该端口要打开 MAC 地址绑定功能，就必须首先确认端口下的上述功能已经被关闭。

2. 端口 Lock 之后，该端口 MAC 地址学习功能被关闭，不允许其他的 MAC 进入该端口。

3. 当动态学习 MAC 时，无法执行"convert"命令时，请检查 PC 网卡是否和该端口正确连接，或交换机正在学习 MAC 地址，请稍后再试。

任务回顾

交换机端口与 MAC 地址绑定，实际上也就是所说的端口安全，主要是从安全和便于管理角度考虑的，这个知识点在以往的竞赛中也是常常出现的，所以需要选手们特别注意。

任务六 实现风暴控制

任务描述

天驿公司网络中最近经常出现大量的数据泛洪现象，通过分析，发现某接入网络的设备正在以非常高的速率向网络中发送报文，极大地降低了网络性能，造成带宽资源浪费，致使服务器不能正常工作。同时管理员发现网络中出现了扫描攻击，经常有员工抱怨无法访问互联网，请设法解决这些问题。

任务分析

网络攻击者利用交换机转发机制，使用特定工具向网络中发广播帧、未知目的地址的单播帧及组播帧，导致交换机向同一 VLAN 内的所有端口泛洪，产生广播风暴。利用交换机的风暴控制（Storm-Control）功能可以避免网络中的数据风暴现象。

任务实现

实现风暴控制，如图 3-2 所示。
步骤 1：配置风暴控制。

```
SWITCHB(config)#interface e0/0/1                          ！进入接口模式
SWITCHB(Config-If-Ethernet0/0/1)#flow control            ！打开流控功能
SWITCHB(Config-If-Ethernet0/0/1)#rate-suppression broadcast 2500 //限制广播报文为每秒 2500 个
```

任务回顾

目前网络安全的大部分都来自内部网络，如 ARP 欺骗、MAC 地址欺骗、非法设备接入等，造成的损失是巨大的，风暴控制的配置可避免此类攻击。

任务七 交换机 MAC 与 IP 绑定

任务描述

天驿公司员工的计算机使用的都是固定 IP 地址，但有时员工会修改自己的 IP 地址，造成 IP 地址冲突，这样给内部网络造成了很大的麻烦，管理起来也很不方便，于是管理员想把计算机的 MAC 地址与 IP 绑定。

任务分析

将计算机的 MAC 地址与 IP 绑定，使用户不能随便修改 IP 地址，可以使用交换机的 AM 功能做到，管理员可以实现内部网络管理上的完善。AM 全称为 Access Management 即访问管理，它利用收到数据报文的信息，与配置硬件地址池相比较，如果找到则转发，否则丢弃。

任务实现

1．二层交换机

二层交换机的拓扑结构图如图 3-13 所示。

图 3-13　交换机与 MAC 地址绑定

步骤 1：获取 PC1 的 MAC 地址。选择"开始"→"运行"→"cmd"命令，打开命令行窗口对话框，输入"ipconfig/all"查看 MAC 地址，如图 3-14 所示。

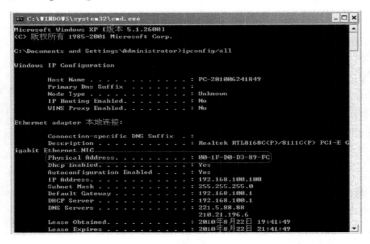

图 3-14　查看 MAC 地址对话框

步骤 2：配置交换机的 IP 地址。

```
SwitchA(config)#int vlan 1
SwitchA(config-if-vlan1)#ip add 192.168.1.1 255.255.255.0
```

步骤 3：使用 AM 功能。

```
SwitchA(config)#am enable
SwitchA(config)#interface e0/0/1                      //进入接口模式
SwitchA(config-Ethernet0/0/1)#am port                //打开物理接口上的 AM 功能
SwitchA(config-Ethernet0/0/1)#am mac-ip-pool 00-1F-D0-D3-89-FC 192.168.1.100
SwitchA(config-Ethernet0/0/1)#exit
```

步骤 4：查看配置。

```
SwitchA(config)#show am
AM is enabled


Interface Ethernet0/0/1
    am port
    am mac-ip-pool    00-1F-D0-D3-89-FC 192.168.1.100
```

步骤 5：使用 Ping 命令验证，见表 3-2 所示。

表 3-2　验证

PC	端　口	Ping	结　　果
PC1	0/0/1	192.168.1.1	通
PC1	0/0/10	192.168.1.1	通
PC2	0/0/1	192.168.1.1	不通
PC2	0/0/10	192.168.1.1	通

2．三层交换机

步骤 1：获取 PC 的 MAC 地址和配置交换机的 IP 地址，此处略。

步骤 2：配置全局 MAC-IP 命名访问列表。

```
SwitchA(config)#mac-ip-access-list extended try10
SwitchA (Config-MacIp-Ext-Nacl-try10)#permit host-source-mac 00-24-1D-B9-66-65 any-de
stination-mac ip host-source 192.168.1.100 any-destination
SwitchA (Config-MacIp-Ext-Nacl-try10)#deny any-source-mac any-destination-mac ip any-
source any-destination
```

步骤 3：查看全局 MAC-IP 命名访问列表。

```
SwitchA (config)#show access-lists
mac-ip-access-list extended try10(used 0 time(s))
    permit host-source-mac 00-24-1d-b9-66-65 any-destination-mac ip host-source
192.168.1.100 any-destination
deny any-source-mac any-destination-mac ip any-source any-destination
```

步骤 4：配置访问控制列表开启功能。

```
sw1(config)#firewall enable
sw1(config)#firewall default permit
```

步骤 5：查看访问控制列表功能开启。

```
SwitchA (config)#show firewall
Fire wall is enabled.
Firewall default rule is to permit any ip packet.
```

步骤 6：绑定全局 MAC-IP 命名访问列表到端口。

```
SwitchA (config)#int e0/0/1
sw1(Config-If-Ethernet0/0/1)#mac-ip access-group try10 in
```

步骤 7：查看配置。

```
SwitchA (config)#show access-group
interface name:Ethernet0/0/1
    MAC-IP Ingress access-list used is try10,traffic-statistics Disable.
No access-list configuration on VLANs!
```

步骤 8：使用 ping 命令验证，见表 3-2 所示。

任务回顾

此任务主要讲解了交换机 MAC 地址和 IP 地址绑定，这里特别注意的是二层交换机和三层交换机的区别，两者的实现有所不同，二层需要先打开 port 功能，否则无法实现，三层则是使用 ACL 来实现绑定，选手仔细分析，不难理解。

实训

　　如图 3-15 所示为碧海软件公司企业网络拓扑，为实现网络设备安全及对全网的安全控制，要求：（1）对所有网络设备实行有密码控制的远程管理；（2）对接入层设备的端口进行MAC 地址绑定；（3）防止网络中出现的数据泛洪现象。

图 3-15　远程管理、端口安全和风暴控制

项目四　IP 访问列表

在大多数情况下，对于网络中的信息流，都要从以下几方面进行规范和管理：安全（允许或不允许哪些信息流）、服务质量（QoS，即对不同的信息流提供不同的服务）、时限（何时允许或不允许哪些信息流）等，这些看似复杂而又各不相同的需求，实现时都要用到同一个基本技术：访问控制列表。为了更清晰地掌握这项基本技术，本项目分四个任务来介绍访问控制列表的各种类型及其用法。

任务一　利用 IP 标准访问列表进行网络流量的控制

任务描述

天驿公司有人事部、创意部、市场部和财务部四个部门，每个部门的办公计算机都被连接到同一个 VLAN。公司要求：只允许人事部访问财务部。

任务分析

几乎所有企业都是这种多部门结构，建议使用 VLAN 对部门进行分隔，部门之间的通信在第三层实现，这就需要使用三层交换机或路由器等三层设备来实现。对于本任务，如果网络规模不大，建议使用三层交换机实现网络的构建，对于只允许人事部访问财务部，可以通过三层交换机利用 IP 标准访问控制列表来实现此功能。

在本实验中，使用一台三层交换机（DCRS-5650-28）来实现。其 VLAN 的划分及 IP 地址的使用如表 4-1 所示。

表 4-1　VLAN 的划分及 IP 地址的使用一

编号	部　门	VLAN	交换机端口范围	IP 地址	网　关
1	人事部	10	1~5	192.168.10.0 / 24	192.168.10.254
2	创意部	20	6~10	192.168.20.0 / 24	192.168.20.254
3	市场部	30	11~15	192.168.30.0 / 24	192.168.30.254
4	财务部	40	16~20	192.168.40.0 / 24	192.168.40.254

网络结构示意图如图 4-1 所示。

任务实现

步骤 1：创建 VALN 和端口划分，具体见项目一。

步骤 2：创建 VLAN 接口。分别创建各 VLAN 的接口，并配置其 IP 地址，同时在每个 VLAN 中接上一台 PC，并为其配置好 IP 设置。

图 4-1　天驿公司网络结构图

```
SW1(config)#int Vlan 10
SW1(Config-if-Vlan10)#ip add 192.168.10.254 255.255.255.0
SW1(Config-if-Vlan10)#no shutdown
……
SW1(config)#int Vlan 40
SW1(Config-if-Vlan40)#ip add 192.168.40.254 255.255.255.0
SW1(Config-if-Vlan40)#no shutdown
```

步骤 3：验证三层交换机的配置。

```
sw1#show ip route                          //所有的 VLAN 接口已经正确建立
SW1#show ip route
Codes: K - kernel, C - connected, S - static, R - RIP, B - BGP
       O - OSPF, IA - OSPF inter area
       N1 - OSPF NSSA external type 1, N2 - OSPF NSSA external type 2
       E1 - OSPF external type 1, E2 - OSPF external type 2
       i - IS-IS, L1 - IS-IS level-1, L2 - IS-IS level-2, ia - IS-IS inter area
       * - candidate default

C       127.0.0.0/8 is directly connected, Loopback
C       192.168.10.0/24 is directly connected, Vlan10
C       192.168.20.0/24 is directly connected, Vlan20
C       192.168.30.0/24 is directly connected, Vlan30
C       192.168.40.0/24 is directly connected, Vlan40
Total routes are : 5 item(s)
```

步骤 4：创建标准访问控制列表。

```
SW1(config)#access-list 11 permit 192.168.10.0 0.0.0.255
SW1(config)#access-list 11 deny any
SW1#show access-lists                      //查看 ACL 配置是否成功
access-list 11(used 0 time(s))             //已经按要求创建了编号为 11 的标准访问控制列表
    access-list 11 permit 192.168.10.0 0.0.0.255
    access-list 11 deny any-source
```

 小贴士

也可以使用命名标准 IP 访问列表
创建命名标准 IP 访问列表。

命令格式：由三部分组成，如表4-2所示。

表4-2　命令格式一

命令关键字	访问控制列表类型	访问控制列表的名称
ip access-list	Standard	<自己定义>

访问控制列表被创建的同时，自动进入访问控制列表条目的配置模式。

配置访问控制列表的条目。

命令基本格式：由两部分组成，如表4-3所示。

表4-3　命令基本格式一

命令关键字	源"地址"
Permit | deny	<IP 地址>　<反掩码> | any | host <IP 地址>

说明：①　"|"表示由其分隔的部分任选其一（下同）；

②　一个访问控制列表可以有多项条目，即一个列表由多条permit或deny命令组成；

③　每个列表执行时，系统会先在末尾追加一条列表条目：deny any。

步骤5：列表应用前查看结果，使用Ping命令验证，见表4-4所示。

表4-4　验证结果

PC	Ping	结　果
人事部		通
创意部	财务部	通
市场部		通

步骤6：将访问控制列表应用在合适的接口。

```
SW1(config)#firewall enable     //配置访问控制列表功能开启
sw1(config)#interface Vlan 40
SW1(Config-if-Vlan40)#ip access-group 11 in
```

步骤7：列表应用后，进行验证，使用Ping命令验证，见表4-5所示。

表4-5　验证结果

PC	Ping	结　果
人事部		通
创意部	财务部	不通
市场部		不通

 小贴士

访问控制列表必须应用到端口才能发挥作用。

SW1(config)#firewall enable，此命令默认不起作用

应用访问控制列表时，注意理解方向，弄清是in还是out，进设备的接口就用in，出设备的接口就用out，目前不支持在出口方向应用access-list。

知识链接

标准访问控制列表是依据源地址进行控制的。

因为 VLAN 间的通信是通过第三层实现的，所以本任务还可以用其他三层设备（如路由器）实现。

本节所讲的流量控制仅仅局限在"允许"与"不允许"之间。其实，访问控制列表可以用来对网络中的数据流量进行更精确的控制，此内容将在项目五中详细讲解。

实际应用中，注意任务的表述，实现"只允许"和实现"不允许"，其访问控制列表的写法，在很多设备上是略有差别的。

任务回顾

从本任务的实现过程可以看到，使用访问控制列表的一般步骤是先创建访问控制列表，然后将其应用到适当的接口上。这样就会在相应的接口处按照访问控制列表规定的规范对信息流进行控制。

任务二　利用 IP 扩展访问列表实现应用服务的控制

任务描述

天驿公司有创意部、市场部、研发部和财务部四个部门，每个部门的办公计算机都被连接到同一个 VLAN。公司领导发现研发部的 FTP 公司的所有人都可以访问，这样研发部的机密资料很有可能外泄，但又不得不让销售部访问，因为销售部需要向外推销，但不能让销售部访问其他部门的 FTP 和任何其他服务，但可以访问其他部门的 Web 服务，领导让管理员解决此问题。

任务分析

销售部的机器只能访问研发部 FTP 服务和任何网段的 Web 服务，但不能访问其他任何网络服务。本任务与任务一类似，所不同的是，它要求"只允许（或不允许）访问某项服务"，因此是一种更精确、更具体的访问控制。实现这种访问控制，需要使用"扩展访问控制列表"。本任务在网络规模不大的情况下，可以使用一台三层交换机来实现。

在本实验中，使用一台三层交换机（DCRS-5650-28）来实现。其 VLAN 的划分及 IP 地址的使用如表 4-6 所示。

表 4-6　VLAN 的划分及 IP 地址的使用二

编　号	部　　门	VLAN	交换机端口范围	IP 地址	网　　关
1	创意部	20	6~10	192.168.20.0 / 24	192.168.20.254
2	市场部	30	11~15	192.168.30.0 / 24	192.168.30.254
3	财务部	40	16~20	192.168.40.0 / 24	192.168.40.254

网络结构示意图如图 4-2 所示。

图 4-2　天驿公司网络结构图

任务实现

步骤 1：创建 VALN 和端口划分。创建 VLAN20~40，具体命令参见前面的章节。

步骤 2：创建 VLAN 接口。分别创建各 VLAN 的接口，并配置其 IP 地址，同时为每个 VLAN 中的 PC 或服务器配置好 IP 设置，具体配置参见任务一。

步骤 3：创建扩展访问控制列表。

```
SW1(config)#access-list 100 permit tcp 192.168.30.0 0.0.0.255 192.168.20.0 0.0.0.255 d-port 21
SW1(config)#access-list 100 permit tcp 192.168.30.0 0.0.0.255 192.168.20.0 0.0.0.255 d-port 80
SW1(config)#access-list 100 deny ip any any
SW1#show ip access-lists 或 show access-lists    //验证配置

access-list 100 permit tcp 192.168.30.0 0.0.0.255 192.168.20.0 0.0.0.255 d-port 21
access-list 100 permit tcp 192.168.30.0 0.0.0.255 192.168.20.0 0.0.0.255 d-port 80
access-list 100 deny ip any-source any-destination
```

 小贴士

也可以使用命名扩展 IP 访问列表

1. 如何创建扩展访问控制列表，如表 4-7 所示。

表 4-7 命令格式二

命令关键字	访问控制列表类型	访问控制列表的名称
ip access-list	Extended	<自己定义>

访问控制列表被创建的同时，自动进入访问控制列表条目的配置模式。

2. 如何配置访问控制列表的条目。配置命令一般由 5 部分组成，如表 4-8 所示。

表 4-8 配置命令

命令关键字	协议名	源	目标	端口范围
Permit | deny	如：TCP	<IP 地址> <反掩码> | host <IP 地址> | any	格式同左	d-port（端口号）

步骤 4：将访问控制列表应用在合适的接口。

```
SW1(config)#firewall enable    //配置访问控制列表功能开启
sw1(config)#interface Vlan 30
SW1(Config-if-Vlan30)#ip access-group 100 in
```

步骤 5：验证（实测）：将一台配制好 FTP 服务和 Web 服务的服务器分别连接到研发部、财务部，并做好相应的 IP 配置，从销售部的任意一台计算机分别访问它，可以发现达到了预期的访问控制目的。

知识链接

1．扩展访问控制列表的控制依据远多于标准访问控制列表，它可以依据源地址、目标地址、协议、协议端口等对数据流进行控制。

2．扩展访问控制列表的条目配置命令一般由 5 个部分组成，但是当协议为 IP、ICMP、IGMP 等时，自然就不需要端口范围了。

3．扩展访问控制列表可以用来对网络中的数据流量进行更精确的控制，此内容将在项目五中详细讲解。

4．其他类似设备的配置命令可能略有差别，具体可参见相应设备的命令手册。

任务回顾

虽然扩展访问控制列表对数据流的控制更加精确，但是，其使用方法和标准访问控制列表是相同的，不同的只是创建访问控制列表的条目的命令略为复杂。

扩展访问控制列表还是理解 OSI 模型的传输层的好教材。

任务三　基于时间的访问控制列表

任务描述

天驿公司的领导发现员工在上班时间经常聊 QQ，且多数是与工作无关的，领导要求网管员解决这个问题，这样可以保证员工在上班期间潜心工作，但员工在上班时间之外可以随意访问外部网络。

任务分析

使员工在上班时间不能聊 QQ，以便潜心工作，但在上班时间之外可以随意访问外网，这主要是想办法在时间上进行限制，上班时间为 9:00~17:00（周一至周六），那就将此时间段禁止上 QQ，其他时间允许上 QQ，便可解决此问题，可以使用基于时间的访问控制列表来实现。

为了突出所要讲解的重点知识，假设：

1．全公司的办公计算机都位于网络的同一个 VLAN：VLAN10；

2．使用 VLAN20 模拟外部网络；

3．在本实验中，使用一台三层交换机（DCRS-5650-28）来实现，其 VLAN 的划分及 IP 地址的使用如表 4-9 所示。

表 4-9　VLAN 的划分及 IP 地址的使用三

编　号	网　　络	VLAN	交换机端口范围	IP 地址	网　关
1	内部	10	1~10	192.168.10.0 / 24	192.168.10.254
2	外部	20	11~15	192.168.20.0 / 24	192.168.20.254

内、外网结构图如图 4-3 所示。

图 4-3　天驿公司内、外网结构图

任务实现

步骤 1：创建 VALN。创建 VLAN10、VLAN20，具体命令参见前面的章节。

步骤 2：端口划分。将规定的端口加入到指定的 VLAN，具体命令参见前面的章节。

步骤 3：创建 VLAN 接口。分别创建各 VLAN 的接口，并配置其 IP 地址，配置方法见前面的章节。同时在每个 VLAN 中接上一台 PC，并为其配置好 IP 设置。

步骤 4：定义时间段。

SW1(config)#time-range qq   //创建了一个名为 freeTime 的时间段

SW1(config-time-range-qq)#periodic weekdays 09:00:00 to 17:00:00

SW1(config-time-range-qq) #periodic saturday 09:00 to 17:00

步骤 5：创建访问控制列表。

Sw1(config)#ip access-list extended qq

Sw1(config-IP-Ext-Nacl-qq)#deny udp any 192.168.20.254 255.255.255.255 eq 8080 time-range qq

Sw1(config-IP-Ext-Nacl-qq)#deny udp any 192.168.20.254 255.255.255.255 eq 8080 time-range qq

Sw1(config-IP-Ext-Nacl-qq)#permit ip any any

 小贴士

1. 基于时间的访问控制列表和普通的访问控制列表创建方法完全相同。

2. 标准和扩展访问控制列表都可以基于时间。

3. 基于时间的访问控制列表和普通的访问控制列表的不同之处在于创建列表条目时，通过关键字 time-range 来引用预先定义的时间段。如下例所示，其中 freeTime 为自定义时间段名称：

sw1(config-std-nacl)#permit any time-range freeTime

步骤 6：将访问控制列表应用到网络接口。

SW1(config)#firewall enable

SW1(config)#interface vlan 20

SW1(config-if)#ip access-group forWork in

验证（实测）：在模拟外部网络的 VLAN 中连接一台服务器，分别调整设备的时间：上班时间内和在上班时间外，从模拟内部网络的计算机访问外网的服务器，就可以发现，上班时间内无法上 QQ，而非上班时间内就可以上 QQ。

知识链接

1. 请掌握如何配置设备的时间和日期，不同的设备配置方法可能略有不同。

2. 可否考虑使用时间服务器？

任务回顾

从任务的实现过程可以看出，基于时间的访问控制比起其他访问控制列表技术多了一个配置步骤：定义时间段。此外，创建访问控制列表条目的命令中要使用关键字 time-range 来引用预先定义的时间段。

任务四　使用 ACL 过滤特定病毒报文

任务描述

天驿公司的计算机经常会中病毒，尤其最近又好像中了冲击波病毒，弄得几乎网络崩溃，经理找到管理员，让管理员尽快解决。管理员决定采用 ACL 来过滤特定病毒报文。

任务分析

冲击波、震荡波曾经给网络带来很沉重的打击，到目前为止，整个 internet 中还有这种病毒以及病毒的变种，它们无孔不入，伺机发作。因此我们在配置网络设备的时候，采用 ACL 进行过滤，把这些病毒拒之门，保证网络的稳定运行。所以管理员的决定是正确的。

任务实现

常用的端口号为以下几种。

冲击波及冲击波变种：关闭 TCP 端口 135、139、445 和 593，关闭 UDP 端口 69（TFTP）、135、137 和 138，以及关闭用于远程命令外壳程序的 TCP 端口 4444。TCP 135、139、445、4444，UDP 69（TFTP）、135、137 和 138；

震荡波：TCP 5554 445 9996；

SQL 蠕虫病毒：TCP1433，UDP1434；

拓扑结构图，如图 4-4 所示。

图 4-4　ACL 过滤特定报文

步骤 1：交换机恢复出厂设置，配置 ACL。

```
Switch(Config)#access-list 110 deny tcp any any d-port 445
Switch(Config)#access-list 110 deny tcp any any d-port 4444
Switch(Config)#access-list 110 deny tcp any any d-port 5554
Switch(Config)#access-list 110 deny tcp any any d-port 9996
Switch(Config)#access-list 110 deny tcp any any d-port 1433
Switch(Config)#access-list 110 deny tcp any any d-port 1434
Switch(Config)#firewall enable              ! 配置访问控制列表功能开启
Switch(Config)#firewall default permit      ! 默认动作为全部允许通过
Switch(Config)#interface ethernet 0/0/10    ! 绑定 ACL 到各端口
Switch(Config-Ethernet0/0/10)#ip access-group 110 in
```

 小贴士

有些端口对于网络应用来说也是非常有用的，譬如 UDP 69 端口是 TFTP 的端口号，如果为了防范病毒而关闭了该端口，则 TFTP 应用也不能够使用，因此在关闭端口的时候，注意该端口的其他用途。

任务回顾

使用 ACL 过滤特定病毒报文主要是要知道哪些端口禁用，哪些端口启用，如果稍加设置的不正确就会丢分，所以选手要特别注意此处的设置，只要选手耐心一点，不难理解。

比赛心得

值得注意的是，选手往往没有将访问控制列表应用到合适的端口，而产生一些非预期的效果。选手无法分析出题目的要求，不知道使用哪种 ACL 来实现，这也是很多选手最容易犯的错误，这就要求选手对每种 ACL 的原理和所能实现的功能掌握得非常清楚，这样可以起到事半功倍的效果。对于基于时间的 ACL，按照题目的要求，准确定义出时间段，是对选手的理解能力和表达能力的考验。

实训

1．请使用一台路由器配合一台二层交换机实现任务一的要求。

2．将本任务一的"任务描述"中的"只允许"换为"不允许"，然后使用一台三层交换机实现。

3．需求描述：公司内部只能使用 FTP 服务器传输文件，关闭其他所有服务和端口，如下图所示。

4．需求分析：公司在安全方面考虑要求，限定不同的部门能访问的服务器，网络管理员可以访问所有服务器，网络设备只允许网管区 IP 地址可以通过 TELNET 登录，只有网管能使用远程桌面、TELNET、SSH 等管理服务器，所有部门之间不能互通，但可以和网管互通，公司信息安全员可以访问服务器，不能访问 Internet，外网只能访问特定服务器的特定服务，限制员工上网时间为工作日的 8:00~18:00，如下图所示。

项目五　QoS 和组播

QoS 是网络的一种安全机制，是用来解决网络延迟和阻塞等问题的一种技术。在正常情况下，如果网络只用于特定的无时间限制的应用系统，并不需要 QoS，如 Web 应用或 E-mail 设置等，但是对关键应用和多媒体应用却十分必要。当网络过载或拥塞时，QoS 能确保重要业务量不受延迟或丢弃，同时保证网络的高效运行。

组播协议分为主机-路由器之间的组成员关系协议和路由器-路由器之间的组播路由协议。组成员关系协议包括 IGMP（互联网组管理协议）。组播路由协议分为域内组播路由协议及域间组播路由协议。域内组播路由协议包括 PIM-SM、PIM-DM、DVMRP 等，域间组播路由协议包括 MBGP、MSDP 等。

任务一　实现 QoS

任务描述

天驿公司的网络管理员最近收到财务部的投诉，他们抱怨网络变得很慢，不论是收发邮件还是上网查资料，速度都很慢，影响到了工作效率。对此，网络管理员进行了调查，发现有一台交换机的连接员工部门的端口的数据流量很大，严重影响了网络性能，现要解决此问题。管理员认为，对员工部的端口进行速率限制就可以解决。

任务分析

管理员知道通过在网络设备上设置端口速率限制来优化网络性能，保证主要服务的有效带宽，限制不重要的网络数据流量的带宽占用量，可以提高网络效率。从而改进网络性能。

图 5-1　实现 QoS

任务实现

拓扑结构图，如图 5-1 所示。

1．在骨干端口上，将所有网段的报文带宽限制为 10Mbps，突发值设为 4kB，超过带宽的该网段内的报文一律丢弃。

```
S1A(config)#access-list 1 permit any
S1A(config)#mls qos
S1A(config)#class-map c1
S1A(Config-ClassMap-c1)#match access-group 1
S1A(Config-ClassMap-c1)#exit
S1A(config)#policy-map p1
S1A(Config-PolicyMap-p1)#class c1
S1A(Config-PolicyMap-p1-Class-c1)#police    10000 4 exceed-action drop
S1A(config)#interface ethernet 0/0/2
S1A(Config-If-Ethernet0/0/2)#service-policy input p1
```

2．为内网出外网时设置 QoS，分别为 Vlan10 保留 20%的带宽、Vlan20 保留 30%的带宽、Vlan30 保留 800KBps 的带宽。

```
R1A_config#ip access-list extended 101
R1A_config_ext_nacl#permit ip 192.168.1.0 255.255.255.0 202.103.1.0 255.255.255.0
R1A_config#ip access-list extended 102
R1A_config_ext_nacl#permit    ip    192.168.2.0    255.255.255.0    202.103.1.0    255.255.255.0
R1A_config#ip access-list extended 103
R1A_config_ext_nacl#permit ip 192.168.3.0 255.255.255.0 202.103.1.0 255.255.255.0
R1A_config#class-map vlan10 match access-group 101
R1A_config#class-map vlan20 match access-group 102
R1A_config#class-map vlan30 match access-group 103
R1A_config#policy-map pan
R1A_config_pmap#class valn10 bandwidth percent 20
R1A_config_pmap#class valn10 bandwidth percent 30
R1A_config_pmap#class valn10 bandwidth 800
R1A_config#interface fastEthernet 0/0
R1A_config_f0/0#fair-queue
R1A_config_f0/0#service-policy pan
```

3．允许整个内部网络到外网时的下载速率最大为 2M/KBps。

```
R1A_config#interface fastEthernet 0/0
R1A_config_f0/0#rate-limit input all 2048000
```

4．启动 QoS 功能，将端口 ethernet 0/0/1 出口队列的权重改为 1：2：4：8，将端口 e0/0/1 配置成信任 COS 模式，但是不改变报文里的 DSCP 值，并且将此端口的默认 CoS 值设为 5。

```
DCRS-5650-28(config)#mls qos
DCRS-5650-28(config)#interface ethernet 0/0/1
DCRS-5650-28(Config-If-Ethernet0/0/1)#wrr-queue bandwidth 1 2 4 8 0 0 0 0
DCRS-5650-28(Config-If-Ethernet0/0/1)#mls qos trust cos pass-through-dscp
DCRS-5650-28(Config-If-Ethernet0/0/1)#mls qos cos 5
```

任务回顾

此任务的内容有难度，并不是在每年的竞赛中都出现，但选手还是要注意，多看原理来理解，教练最好对选手进行讲解，这样可以加深印象和理解。

任务二　实现交换机组播对接

任务描述

天驿公司的员工比较多，大概有 200 个用户，经常需要接收相同的信息，管理员发现采用单播方式太浪费时间，而采用组播方式浪费大量宝贵的带宽资源，也不利于信息的安全和保密。所以管理员想采用组播的方式试试。

任务分析

当信息（包括数据、语音和视频）传送的目的地是网络中的少数用户时，可以采用多种传送方式。可以采用单播（Unicast）的方式，即为每个用户单独建立一条数据传送通路；或者采用广播（Broadcast）的方式，把信息传送给网络中的所有用户，不管他们是否需要，都会接收到广播来的信息。IP 组播技术的出现及时解决了这个问题。组播源仅发送一次信息，组播路由协议为组播数据包建立树型路由，被传递的信息在尽可能远的分叉路口才开始复制和分发，因此，信息能够被准确、高效地传送到每个需要它的用户。所以管理员的决定是正确的。

任务实现

1. 实现交换机组播三层对接

本实验介绍的是在三层环境下的组播对接实验，本实验以目前常用的组播协议DVMRP为例：DVMRP（Distance Vector Multicast Routing Protocol）协议即"距离向量组播路由协议"。它是一种密集模式的组播路由协议，采用类似RIP方式的路由交换给每个源建立了一个转发广播树，然后通过动态的剪枝/嫁接给每个源建立起一个截断广播树，也就是到源的最短路径树。通过反向路径检查（RPF）来决定组播包是否应该被转发到下游。

所有左 PC 是组播服务器，右 PC 是客户端，在组播服务器上运行服务器软件Wsend.exe，在 PC 客户端软件 MCastTest20，查看组播状态。

拓扑结构图如图5-2所示，各交换机的配置见表5-1。

图 5-2　交换机组播三层对接

表 5-1 各交换机的配置

交 换 机	VLAN	端 口 成 员	IP	连 接
交换机 A	10	E0/0/11	10.0.0.1/24	交换机 B E0/0/24
交换机 A	20	E0/0/1	20.0.0.1/24	20.0.0.2/24
交换机 B	100	E0/0/11	10.0.0.2/24	交换机 A E0/0/11
交换机 B	200	E0/0/1	30.0.0.1/24	30.0.0.2/24

步骤 1：分别在交换机 A 和 B 上配置交换机的 VLAN 信息。

```
RS1 (Config)#vlan 10
RS1 (Config-Vlan10)#switchport interface ethernet 0/0/11
RS1 (Config-Vlan10)#exit
RS1 (Config)#int vlan 10
RS1 (Config-If-Vlan10)#ip add 10.0.0.1 255.255.255.0
RS1 (Config-If-Vlan10)#exit
RS1 (Config)#vlan 20
RS1 (Config-Vlan20)#switchport interface ethernet 0/0/1
RS1 (Config-Vlan10)#exit
RS1 (Config)#int vlan 20
RS1 (Config-If-Vlan20)#ip add 20.0.0.1 255.255.255.0
RS1 (Config-If-Vlan20)#exit
RS2(Config)#vlan 100
RS2 (Config-Vlan100)#switchport interface ethernet 0/0/11
RS2 (Config-Vlan100)#exit
RS2(Config)#int vlan 100
RS2(Config-If-Vlan100)#ip add 10.0.0.2 255.255.255.0
RS2(Config-If-Vlan100)#exit
RS2(Config)#vlan 200
RS2(Config-Vlan200)#switchport interface ethernet 0/0/1
RS2(Config-Vlan200)#exit
RS2(Config)#int vlan 200
RS2(Config-If-Vlan200)#ip add 30.0.0.1 255.255.255.0
RS2(Config-If-Vlan200)#exit
```

步骤 2：验证配置。由左 PC ping 右 PC，不能够通信。

步骤 3：分别在交换机 A 和 B 上启动 DVMRP 协议。

```
DCRS-5650-A(Config)ip dvmrp multicast-routing    //开启组播协议
DCRS-5650-A(Config)#int vlan 10
DCRS-5650-A(Config-If-Vlan1)#ip dvmrp enable         //在 vlan 接口上开启 dvmrp 协议
DCRS-5650-A(Config-If-Vlan1)#exit
DCRS-5650-A(Config)#int vlan 20
DCRS-5650-A(Config-If-Vlan20)#ip dvmrp enable
DCRS-5650-A(Config-If-Vlan20)#
DCRS-5650-A(Config-If-Vlan20)#exit
RS2(Config)ip dvmrp multicast-routing
RS2(Config)#int vlan 100
RS2(Config-If-Vlan100)#ip dvmrp enable
```

```
RS2(Config-If-Vlan100)#exit
RS2(Config)#int vlan 200
RS2(Config-If-Vlan200)#ip dvmrp enable
RS2(Config-If-Vlan200)#exit
```

步骤4：通过命令验证配置和如图5-3和图5-4所示。

```
RS2#show ip dvmrp route
Flags: N = New, D = DirectlyConnected, H = Holddown
Network        Flags Nexthop    Nexthop              Metric Uptime   Exptime
                     Xface      Neighbor
10.0.0.0/8    .D.    Vlan100    Directly Connected  1      00:00:53 00:00:00
30.0.0.0/8    .D.    Vlan200    Directly Connected  1      00:00:32 00:00:00
RS1#show ip dvmrp neighbor
Neighbor       Interface   Uptime/Expires       Maj   Min  Cap
Address                                         Ver   Ver  Flg
10.0.0.2       Vlan10      00:02:00/00:00:25    3     255  2e
```

图 5-3　组播服务器发送广播包

图 5-4　组播客户端成功接收

由左 PC 做组播服务器，向右 PC 发送组播报，右 PC 做组播客户端，可以接收由左 PC 发出的组播报，证明成功。

由此证明即使在单播不能够进行通信的情况下，dvmrp 组播协议也能通信，DVMRP 组播协议带有最优路由选择功能。

小贴士

DVMRP 的一些重要特性是：

1. 用于决定反向路径检查信息的路由交换以距离向量为基础（方式与 RIP 相似）。

2. 路由交换更新周期性的发生（默认为 60 秒）。

3. TTL 上限=32 跳（而 RIP 是 16）。

4. 路由更新包括掩码，支持 CIDR。

2．实现交换机组播二层对接

在本次实验中，以 PIM-DM 为例，完成在现实环境中使用最为广泛的二层对接环境模拟。PIM-DM（Protocol Independent Multicast，Dense Mode，协议独立组播—密集模式）属于密集模式的组播路由协议，适用于小型网络，在这种网络环境下，组播组的成员相对比较密集。

所有 PC 都是组播客户端，在组播服务器上运行服务器软件 Wsend.exe，在 PC 客户端运行软件 Wsend.exe，查看组播状态，如图 5-5 所示，VLAN 信息见表 5-2。

图 5-5　交换机组播二层对接

表 5-2　VLAN 信息

VLAN	端口成员	IP	连接
1	E0/0/24	192.168.10.0/0/24	交换机 E0/0/24
20	E0/0/9	192.168.20.0/0/24	组播服务器

步骤 1：在三层交换机上配置交换机的 VLAN 信息。

```
DCRS-5650(Config)#vlan 20
DCRS-5650(Config-Vlan20)#switchport interface ethernet 0/0/9
Set the port Ethernet0/0/9 access vlan 20 successfully
DCRS-5650(Config-Vlan20)#exit
DCRS-5650(Config)#
```

```
DCRS-5650(Config)#interface vlan 1
DCRS-5650(Config-If-Vlan1)#ip address 192.168.10.1 255.255.255.0
DCRS-5650(Config-If-Vlan1)#exit
DCRS-5650(Config)#interface vlan 20
DCRS-5650(Config-If-Vlan20)#ip address 192.168.20.1 255.255.255.0
DCRS-5650(Config-If-Vlan20)#exit
```

步骤 2：三层交换机启动 PIM-DM 协议。

```
DCRS-5650 (Config)#ip pim multicast-routing           //使能组播协议
DCRS-5650(Config)#int vlan 1
DCRS-5650(Config-If-Vlan1)#ip pim dense-mode          //启动本接口 PIM-DM 协议
DCRS-5650(Config-If-Vlan1)#exit
DCRS-5650(Config)#int vlan 20
DCRS-5650(Config-If-Vlan20)#ip pim dense-mode
DCRS-5650(Config-If-Vlan20)#exit
DCRS-5650(Config)#
```

步骤 3：验证配置，在组播服务器发生那个组播数据包，组播客户端可以接收，同时用另外一台计算机开启 sniffer 进行抓包，可以抓到网络中的组播数据，如图 5-6 所示。

图 5-6　抓到的数据包

步骤 4：二层交换机启动 IGMP 侦听。

在二层交换机启动指定 vlan 的 IGMP Snooping 功能，二层交换机默认接受组播数据，可以不做配置，这样组播数据会按照广播的形式传送。以下以 vlan1 为例。

```
switch(Config)#ip igmp snooping                    //启动 IGMP Snooping 功能
switch(Config)#ip igmp snooping vlan 1             //指定 vlan 的 IGMP Snooping  IGMP  snooping  is
started on vlan 1
switch(Config)#ip igmp snooping vlan 1 mrouter interface ethernet0/0/2
switch(config)#
```

步骤 5：验证配置。

```
switch#show ip igmp snooping
igmp snooping status                  : Enabled
IGMP information for VLAN 20:

igmp snooping vlan status             :Disabled
igmp snooping vlan query              :Disabled
igmp snooping vlan mrouter port :
-------------------------------

IGMP information for VLAN 1:

igmp snooping vlan status             :Enabled
igmp snooping vlan query              :Disabled
igmp snooping vlan mrouter port :
        Ethernet0/0/2;state :UP


switch#show mac
Read mac address table....
Vlan Mac Address                  Type     Creator    Ports
----------------------------------------------------------------
1     00-03-0f-0f-6b-0c           DYNAMIC Hardware Ethernet0/0/2
1     00-03-0f-0f-6b-0d           DYNAMIC Hardware Ethernet0/0/2
1     00-26-9e-52-4a-05           DYNAMIC Hardware Ethernet0/0/2
10    00-03-0f-00-a9-59           STATIC   System    CPU
10    00-03-0f-0f-6b-0c           DYNAMIC Hardware Ethernet0/0/2
10    00-0b-cd-4a-97-2e           DYNAMIC Hardware Ethernet0/0/18
10    00-22-64-c0-80-94           DYNAMIC Hardware Ethernet0/0/16


switch#show mac multicast
Vlan Mac Address                  Type     Creator    Ports
----------------------------------------------------------------
1     01-00-5e-00-00-fc           MULTI    IGMP       Ethernet0/0/2
switch#show mac multicast
Vlan Mac Address                  Type     Creator    Ports
--------------------------------- ---------------------------------
1     01-00-5e-00-00-fc           MULTI    IGMP       Ethernet0/0/2
1     01-00-5e-01-02-01           MULTI    IGMP       Ethernet0/0/2
```

在二层交换上启动 snoop 侦听后，在非组播客户端上无法捕获组播客户端上的组播数据，说明组播已经不在以广播的形式发包。

任务回顾

在交换机上配置组播时，要注意二层和三层的区别，此处知识点较难，应该说考的可能性不大，但选手还是要多加注意，以免丢分，在备赛时，教练要给予引导。

比赛心得

QoS 和多播在竞赛中都会考到，这是一个难点，选手往往因没有复习到而丢掉此处的分数，所以希望选手要特别注意此处的知识点，不仅要熟练，还要达到举一反三的程度，这样才能在比赛时拿到高分，选手对每一个命令和每一种方式都要熟悉，不能混淆，在审题时，一定要分清使用哪种方法实现，否则即使做了配置也得不到分。

组播是个难点，选手往往因没有复习到而丢掉此处的分数，所以希望选手要特别注意此处的知识点，不仅要熟练，还要达到举一反三的程度，这样才能在比赛时拿到高分，选手对每一个命令和每一种方式都要熟悉，不能混淆，在审题时，一定要分清使用哪种方法实现，否则即使做了配置也得不到分。

实训

1．任务：组播一。

在三层交换机 SWITCH-X-A 上使用 pim-sm 方式开启组播，让 computer 和 finance 部门之间可以传送组播包，pim hello 报文的发送时间间隔为 60s，在路由器 ROUTER-X-A 上启用组播快速转发功能，组播流的最大输入流量和输出流量都为 10Kbps。

2．任务：组播二。

在三层交换机 S3-X-1 上使用 pim-dm 方式开启组播，让 VLAN7 和 VLAN8 之间可以传送组播包，在三层交换机 S3-X-2 端口 0/0/21 口上配置广播风暴抑制，端口允许通过广播包数为 3000 个每秒。

注意：实训环境与任务相同，请自行选择实训环境。

项目六　路由协议

路由协议通过在路由器之间共享路由信息来支持可路由协议。路由信息在相邻路由器之间传递，确保所有路由器知道到其他路由器的路径。总之，路由协议创建了路由表，描述了网络拓扑结构；路由协议与路由器协同工作，执行路由选择和数据包转发功能。路由协议主要运行于路由器上，路由协议是用来确定到达路径的，包括静态路由和动态路由。

任务一　配置静态路由

任务描述

天驿公司刚成立不久，由于规模小，购置的路由器不多，只有两台路由器和两台接入层的交换机，用来搭建公司的内部网络，实现公司内部网络的互相访问，公司的两台路由器将内部网络分隔为两个网段，现网络管理员想通过路由器来使这两个网段互相访问，为了满足公司的需求，现需要实现此功能。

任务分析

由于天驿公司网络规模较小，只有两台路由器和两台接入层交换机，所以使用静态路由比较合适。如果使用动态路由，路由器会发送路由更新信息，这样会占用网络带宽。

任务实现

配置静态路由如图 6-1 所示。

图 6-1　配置静态路由

步骤 1：在 RA、RB 接口上配置 IP 地址。

步骤 2：配置静态路由。

> RouterA_config#ip route 172.16.3.0 255.255.255.0 172.16.2.2
> RouterB_config#ip route 172.16.1.0 255.255.255.0 172.16.2.1

小贴士

　　在配置静态路由时，下一跳路由器的地址指的是与本路由器直接相连的下一跳路由器的接口；配置静态路由的命令是：

> ip route 目的网络号 子网掩码 接口或下一跳 IP 地址

步骤 3：验证测试。用命令 show ip route 来验证配置。

```
RouterA#show ip route
Codes: C - connected, S - static, R - RIP, B - BGP, BC - BGP connected
       D - BEIGRP, DEX - external BEIGRP, O - OSPF, OIA - OSPF inter area
       ON1 - OSPF NSSA external type 1, ON2 - OSPF NSSA external type 2
       OE1 - OSPF external type 1, OE2 - OSPF external type 2
       DHCP - DHCP type, L1 - IS-IS level-1, L2 - IS-IS level-2


VRF ID: 0


C        172.16.1.0/24           is directly connected, FastEthernet0/0
C        172.16.2.0/24           is directly connected, FastEthernet0/3
S        172.16.3.0/24           [1,0] via 172.16.2.2(on FastEthernet0/3)
RouterB#show ip route
Codes: C - connected, S - static, R - RIP, B - BGP, BC - BGP connected
       D - BEIGRP, DEX - external BEIGRP, O - OSPF, OIA - OSPF inter area
       ON1 - OSPF NSSA external type 1, ON2 - OSPF NSSA external type 2
       OE1 - OSPF external type 1, OE2 - OSPF external type 2
       DHCP - DHCP type, L1 - IS-IS level-1, L2 - IS-IS level-2


VRF ID: 0


S        172.16.1.0/24           [1,0] via 172.16.2.1(on FastEthernet0/3)
C        172.16.2.0/24           is directly connected, FastEthernet0/3
C        172.16.3.0/24           is directly connected, FastEthernet0/0
```

可以看到两台路由器已经学习到路由信息了。

步骤 4：测试网络的互连互通性。

　　在配置静态路由之前，所有的路由器和主机都不能与远端网络正常通信，当配置静态路由以后，所有的路由器和主机都能正常通信。可以用 ping 命令来验证网络的连通性。

知识链接

　　静态路由协议，但网络的拓扑结构发生变化时，路由器的路由信息不会发生改变，需要管理员手工修改路由信息。

任务回顾

本任务主要讲解静态路由，在配置静态路由时最关键的地方是要理解下一跳路由器的接口或接口的 IP 地址，下一跳路由器接口的 IP 地址就是与本路由器直接相连的接收数据包并转发到远程网络的下一跳路由器的地址。

任务二 配置 RIP 路由协议、RIP 被动接口

任务描述

天驿公司业绩很好，公司为了发展，在上海和北京成立了两家分公司，公司总部连接服务器子网，公司网管希望在连接了两个分公司后能够使路由自动学习，不需要人为干预，以减轻它的负担，且要求不要将 RIP 的更新向服务器子网发布。

任务分析

该公司网管希望路由自动学习，不需要人为干预，以减轻它的工作负担，这就要求使用动态路由协议，因为静态路由不能满足此要求。动态路由有 OSPF、EIGRP 等路由协议，这些都适合大型的网络，且路由学习和维护的操作比较复杂，而 RIP 协议配置简单，当出现问题时故障排除也很简单，同时 RIPv2 路由协议改正了 RIPv1 的缺点，使 RIP 路由协议能够学习子网的路由，在这一点上也使 RIP 路由协议与 OSPF 路由协议没有什么区别了。

任务实现

1. 配置 RIP

配置 RIP 如图 6-1 所示。

步骤 1：在 RA、RB、RC 接口上配置 IP 地址，此处略。

步骤 2：在 RA 上，配置 RIP。

```
RouterA_config#router rip
RouterA_config_rip#version 2
RouterA_config_rip#network 172.16.0.0
RouterA_config_rip#no auto-summary          //关闭自动汇总
```

步骤 3：在 RB 上，配置 RIP。

```
RouterB_config#router rip
RouterB_config_rip#version 2
RouterB_config_rip#network 172.16.0.0
RouterB_config_rip#no auto-summary          //关闭自动汇总
```

步骤 4：验证测试。用 show ip route 来验证测试。

```
RouterA#show ip route
Codes: C - connected, S - static, R - RIP, B - BGP, BC - BGP connected
        D - BEIGRP, DEX - external BEIGRP, O - OSPF, OIA - OSPF inter area
        ON1 - OSPF NSSA external type 1, ON2 - OSPF NSSA external type 2
        OE1 - OSPF external type 1, OE2 - OSPF external type 2
        DHCP - DHCP type, L1 - IS-IS level-1, L2 - IS-IS level-2
```

```
VRF ID: 0

C          172.16.1.0/24          is directly connected, FastEthernet0/0
C          172.16.2.0/24          is directly connected, FastEthernet0/3
R          172.16.3.0/24          [120,1] via 172.16.2.2(on FastEthernet0/3)
```

小贴士

在配置 RIPv2 路由协议时，先声明使用 RIP 路由协议，再启用 RIPv2 路由协议，最后发布网段，要注意关闭自动汇总功能。

步骤 5：在 PC2 上测试网络的连通性。

在配置 RIPv2 路由协议之前，所有的路由器和主机都不能与远端网络正常通信，因为它们没有路由信息。当配置 RIPv2 路由协议以后，所有的路由器和主机都有了正确的路由表。此时，所有的路由器和主机都能正常通信。我们用 ping 命令来验证网络的连通性。

```
C:\Documents and Settings\Administrator>ping 172.16.1.2

Pinging 172.16.1.2 with 32 bytes of data:

Reply from 172.16.1.2: bytes=32 time=2ms TTL=62
Reply from 172.16.1.2: bytes=32 time=1ms TTL=62
Reply from 172.16.1.2: bytes=32 time=1ms TTL=62
Reply from 172.16.1.2: bytes=32 time=1ms TTL=62

Ping statistics for 172.16.1.2:
     Packets: Sent = 4, Received = 4, Lost = 0 (0% loss),
Approximate round trip times in milli-seconds:
     Minimum = 1ms, Maximum = 2ms, Average = 1ms
```

2. 配置 RIP 被动接口

passive-interface 命令可以阻止 RIP 更新广播从该接口发送到外界，但是该接口仍可以接收 RIP 更新。

配置 RIP 如图 6-1 所示。

```
RouterA_config#interface fastEthernet 0/3
RouterA_config_f0/3#ip rip passive
RouterA_config_f0/3#exit
```

任务回顾

此任务是一个综合项目，涉及 RIPv2 路由协议的配置问题。在此任务中，RIP 可以很好地运转，但需要注意的是，它不能用在大型的网络中，因为该技术允许的最大跳计数为 15 跳，16 跳为不可达的。在配置 RIP 路由协议时，先配置各个路由器接口的 IP 地址，再配置 RIP 路由协议，在配置 RIP 路由协议时，先声明使用 RIP 路由协议，再启用 RIPv2 路由协议，最后发布网段和关闭自动汇总功能。

任务三 配置 OSPF 单区域

任务描述

天驿公司规模越来越大，路由器也越来越多，其中公司总部路由器连接有服务器子网，为了实现路由的快速收敛，公司网管计划在网络中使用链路状态路由协议实现路由信息交换。

任务分析

为了实现路由的快速收敛，可以使用 OSPF 路由协议。同时，由于公司网络属于中小型网络，因此可以将网络中的路由器配置在单个区域中。路由器连接服务器子网的接口由于启用了 OSPF，导致所有服务器都会收到路由器发送的 Hello 报文和 LSA。由于服务器不需要接收到这些 OSPF 报文，所以需要禁止连接服务器子网的接口发送 OSPF 报文。

任务实现

天驿公司网络结构图如图 6-1 所示。

步骤 1：在 RA、RB 接口上配置 IP 地址，此处略。

步骤 2：在 RA 上配置 OSPF。

```
RouterA_config#router ospf 1
RouterA_config_ospf_1#network 172.16.1.0 255.255.255.0 area 0
RouterA_config_ospf_1#network 172.16.2.0 255.255.255.0 area 0
```

步骤 3：在 RB 上配置 OSPF。

```
RouterB_config#router ospf 1
RouterA_config_ospf_1#network 172.16.2.0 255.255.255.0 area 0
RouterA_config_ospf_1#network 172.16.3.0 255.255.255.0 area 0
```

 小贴士

在配置 OSPF 通告相应网络时要确保掩码的配置正确，且要说明路由器所在的区域。

步骤 4：验证测试。使用命令 show ip route 来验证配置。

```
RouterA#show ip route
Codes: C - connected, S - static, R - RIP, B - BGP, BC - BGP connected
       D - BEIGRP, DEX - external BEIGRP, O - OSPF, OIA - OSPF inter area
       ON1 - OSPF NSSA external type 1, ON2 - OSPF NSSA external type 2
       OE1 - OSPF external type 1, OE2 - OSPF external type 2
       DHCP - DHCP type, L1 - IS-IS level-1, L2 - IS-IS level-2

VRF ID: 0

C       172.16.1.0/24          is directly connected, FastEthernet0/0
C       172.16.2.0/24          is directly connected, FastEthernet0/3
O       172.16.3.0/24          [110,2] via 172.16.2.2(on FastEthernet0/3)
RouterB#show ip route
Codes: C - connected, S - static, R - RIP, B - BGP, BC - BGP connected
       D - BEIGRP, DEX - external BEIGRP, O - OSPF, OIA - OSPF inter area
```

ON1 - OSPF NSSA external type 1, ON2 - OSPF NSSA external type 2
OE1 - OSPF external type 1, OE2 - OSPF external type 2
DHCP - DHCP type, L1 - IS-IS level-1, L2 - IS-IS level-2

VRF ID: 0

O	172.16.1.0/24	[110,2] via 172.16.2.1(on FastEthernet0/3)
C	172.16.2.0/24	is directly connected, FastEthernet0/3
C	172.16.3.0/24	is directly connected, FastEthernet0/0

步骤 5：测试网络的连通性。在配置 OSPF 路由协议之前，所有的路由器和主机都不能与远端网络正常通信，因为它们没有路由信息。当配置 OSPF 路由协议以后，所有的路由器和主机都有了正确的路由表。此时，所有的路由器和主机都能正常通信。可以用 Ping 命令来验证网络的连通性。

```
C:\Documents and Settings\Administrator>ping 172.16.1.2

Pinging 172.16.1.2 with 32 bytes of data:

Reply from 172.16.1.2: bytes=32 time=2ms TTL=62
Reply from 172.16.1.2: bytes=32 time=1ms TTL=62
Reply from 172.16.1.2: bytes=32 time=1ms TTL=62
Reply from 172.16.1.2: bytes=32 time=1ms TTL=62

Ping statistics for 172.16.1.2:
    Packets: Sent = 4, Received = 4, Lost = 0 (0% loss),
Approximate round trip times in milli-seconds:
    Minimum = 1ms, Maximum = 2ms, Average = 1ms
```

知识链接

在配置 OSPF 时，先声明使用 OSPF，即 router ospf 进程号，进程号的数值范围为 1~65535，在网络中每台路由器上的进程号可以相同也可以不同。然后发布网段，即：network 直连网络号 掩码 area 区域号。

任务回顾

此任务主要讲解 OSPF 路由协议的配置，OSPF 必须要有一个 area 0，所有的路由器都应该连接到这个区域。

任务四 配置 OSPF 多区域

任务描述

天驿公司总部设在北京，上海分公司网络通过路由器 Router-A 接入总部网络，广东分公司网络通过路由器 Router-C 接入总部网络。由于公司网络较大，为了提高路由收敛速度，网络管理员计划采用链路状态路由协议实现路由选择。

任务分析

在大中型网络中，为了实现路由的快速收敛，可以使用 OSPF 路由协议，并将路由器配置在不同的区域中，实现层次化的网络结构。

任务实现

配置 OSPF 多区域如图 6-2 所示。

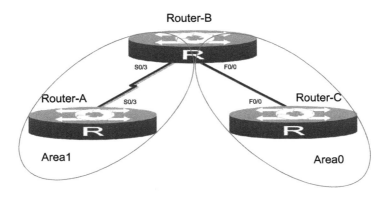

图 6-2　配置 OSPF 多区域

步骤 1：在 Router-A、Router-B 和 Router-C 接口上配置 IP 地址，此处略。

步骤 2：在 RA 上配置 OSPF。

```
Router-A_config#router ospf 1
Router-A_config_ospf_1#network 172.16.24.0 255.255.255.0 area 0
```

步骤 3：在 RB 上配置 OSPF。

```
Router-B_config#router ospf 1
Router-B_config_ospf_1#network 172.16.24.0 255.255.255.0 area 0
Router-B_config_ospf_1#network 172.16.25.0 255.255.255.0 area 1
```

步骤 4：在 RC 上配置 OSPF。

```
Router-C_config#router ospf 1
Router-C_config_ospf_1# network 172.16.25.0 255.255.255.0 area 1
```

 小贴士

在配置 OSPF 多区域时，骨干区域（area 0）只有一个，且要为每个路由器指定所在的区域。

步骤 5：验证测试。使用 show ip route 命令验证 OSPF 路由。

```
Router-A#show ip route
Codes: C - connected, S - static, R - RIP, B - BGP, BC - BGP connected
       D - DEIGRP, DEX - external DEIGRP, O - OSPF, OIA - OSPF inter area
       ON1 - OSPF NSSA external type 1, ON2 - OSPF NSSA external type 2
       OE1 - OSPF external type 1, OE2 - OSPF external type 2
       DHCP - DHCP type

VRF ID: 0
```

C	10.10.10.0/24	is directly connected, Loopback0
C	172.16.24.0/24	is directly connected, Serial0/2
O IA	172.16.25.0/24	[110,1601] via 172.16.24.2(on Serial0/2)

RA#show ip ospf neighbor

OSPF process 10, 2 Neighbors, 2 is Full:

Neighbor ID	Pri	State	Dead Time	Address	Interface
172.24.2.1	1	Full/BDR	00:00:40	192.168.1.2	FastEthernet 0/0
172.16.1.1	1	Full/BDR	00:00:37	192.168.2.2	FastEthernet 0/1

RB#show ip route

Codes:　C - connected, S - static, R - RIP, B - BGP

　　　　O - OSPF, IA - OSPF inter area

　　　　N1 - OSPF NSSA external type 1, N2 - OSPF NSSA external type 2

　　　　E1 - OSPF external type 1, E2 - OSPF external type 2

　　　　i - IS-IS, su - IS-IS summary, L1 - IS-IS level-1, L2 - IS-IS level-2

　　　　ia - IS-IS inter area, * - candidate default

Gateway of last resort is no set

O IA 172.16.1.1/32 [110/2] via 192.168.1.1, 01:28:19, FastEthernet 0/0

O　　172.16.2.1/32 [110/1] via 192.168.3.2, 00:02:13, FastEthernet 0/1

O　　172.24.1.1/32 [110/1] via 192.168.1.1, 01:29:04, FastEthernet 0/0

C　　172.24.2.0/24 is directly connected, Loopback 0

C　　172.24.2.1/32 is local host.

C　　192.168.1.0/24 is directly connected, FastEthernet 0/0

C　　192.168.1.2/32 is local host.

O IA 192.168.2.0/24 [110/2] via 192.168.1.1, 01:29:04, FastEthernet 0/0

C　　192.168.3.0/24 is directly connected, FastEthernet 0/1

C　　192.168.3.1/32 is local host.

Router-C# show ip route

Codes: C - connected, S - static, R - RIP, B - BGP, BC - BGP connected

　　　　D - DEIGRP, DEX - external DEIGRP, O - OSPF, OIA - OSPF inter area

　　　　ON1 - OSPF NSSA external type 1, ON2 - OSPF NSSA external type 2

　　　　OE1 - OSPF external type 1, OE2 - OSPF external type 2

　　　　DHCP - DHCP type

VRF ID: 0

C	10.10.12.0/24	is directly connected, Loopback0
O IA	172.16.24.0/24	[110,1601] via 172.16.25.1(on FastEthernet0/0)
C	172.16.25.0/24	is directly connected, FastEthernet0/0

　　步骤 6：测试网络的互连互通性。在配置 OSPF 多区域之前，所有的路由器和主机都不能与远端网络正常通信，因为它们没有路由信息。当配置 OSPF 多区域以后，所有的路由器和主机都有了正确的路由表。此时，所有的路由器和主机都能正常通信。可以用 ping 命令来验证网络的连通性。

知识链接

在配置 OSPF 多区域时，先在各个路由器上配置接口 IP 地址，再配置 OSPF 多区域。在配置 OSPF 多区域时，先配置骨干区域（area 0），再配置其他区域。

OSPF 路由协议是开放标准的链路状态路由协议，具有收敛时间短、适用范围广的优点。OSPF 路由协议把大规模的网络划分成多个小范围的区域，以避免大规模网络所带来的弊端，从而提高网络性能。

RIP 路由协议是距离矢量路由协议，具有原理简单、应用方便的特性。RIP 路由协议适用于小型的网络，且配置和故障排除也较简单，而 OSPF 路由协议适合中、大规模的网络，且配置和故障排除都比较麻烦，原理也比较复杂。

任务回顾

此任务是一个关于 OSPF 多区域配置的问题。在 OSPF 多区域中，必须要有一个骨干区域（area 0）。骨干区域是其他区域的核心，骨干区域接收所有其他非骨干区域的路由信息，并负责把路由信息传递到另外的非骨干区域，是非骨干区域的转接区域。

任务五   实现 OPSF 认证配置

任务描述

天驿公司的管理员对公司的路由器进行了路由协议 OSPF 的配置，在一段时间内都很正常，但管理员发现有不安全的因素存在，因为路由器之间进行路由更新的时候，不需要进行任何的验证就可以更新，这很容易让网络出现问题，于是管理员想通过认证的方式实现路由更新。

任务分析

为了安全的原因，在相同 OSPF 区域的路由器上启用身份验证的功能，只有经过身份验证的同一区域的路由器才能互相通告路由信息。这样做不但可以增加网络安全性，对 OSPF 重新配置时，不同口令可以配置在新口令和旧口令的路由器上，防止它们在一个共享的公共广播网络的情况下互相通信。所以管理员的决定是正确的。

任务实现

OSPF 认证配置拓扑结构图如图 6-3 所示。

图 6-3   OSPF 认证配置拓扑结构图

实验要求

Router-A		Router-B	
S0/2	172.16.24.1/24	S0/3	172.16.24.2/24
Loopback0	10.10.10.1/24	Loopback0	11.10.10.1/24

步骤 1：按照上表配置路由器名称、接口的 IP 地址，保证所有接口全部是 up 状态，测试连通性。

步骤 2：将 Router-A、B 相应接口按照拓扑加入 area0。

```
Router-A:
Router-A_config#router ospf 1
Router-A_config_ospf_1#network 172.16.24.0 255.255.255.0 area 0
Router-B:
Router-B_config#router ospf 1
Router-B_config_ospf_1#network 172.16.24.0 255.255.255.0 area 0
```

步骤 3：为 Router-A 接口配置 MD5 密文验证。

```
Router-A:
Router-A_config# interface S0/2
Router-A_config_s0/2#ip ospf message-digest-key 1 md5 DCNU //采用 MD5 加密，密码为 DCNU
Router-A_config_s0/2#ip ospf authentication message-digest
```

步骤 4：为 Router-B 接口配置 MD5 密文验证。

```
Router-B:
Router-B_config# interface S0/3
Router-B_config_s0/3#ip ospf message-digest-key 1 md5 DCNU    //定义 key 和密码
Router-B_config_s0/3#ip ospf authentication message-digest  //定义认证类型为 MD5
```

步骤 5：在 RA 上配置好后，启用 debug ip ospf packet 可以看到：

```
2002-1-1 00:02:39 OSPF: Send HELLO to 224.0.0.5 on Serial0/2
2002-1-1 00:02:39          HelloInt 10 Dead 40 Opt 0x2 Pri 1 len 44
2002-1-1 00:02:49 OSPF: Recv IP_SOCKET_RECV_PACKET message
2002-1-1 00:02:49 OSPF: Entering ospf_recv
2002-1-1 00:02:49 OSPF: Recv a packet from source: 172.16.24.2 dest 224.0.0.5
2002-1-1 00:02:49 OSPF: ERR recv PACKET, auth type not match
2002-1-1 00:02:49 OSPF: ERROR! Events 21
```

这是因为 RA 发送了 key-id 为 1 的 key，但是 RB 还上没有配置验证，所以会出现验证类型不匹配的错误。

步骤 6：查看邻居关系。

Router-A:

```
Router-A#sh ip ospf neighbor

                          OSPF process: 1



                                    AREA: 0
```

Neighbor ID	Pri	State	DeadTime	Neighbor Addr	Interface
11.10.10.1	1	FULL/-	37	172.16.24.2	Serial0/2

! 邻居关系已经建立。

步骤 7：删除掉接口认证的配置，然后进行 OSPF 区域密文验证。

Router-A:

Router-A_config_ospf_1#area 0 authentication message-digest
Router-B:
Router-B_config_ospf_1#area 0 authentication message-digest

步骤 8：查看邻居关系。

Router-A:

Router-A#sh ip ospf neighbor

OSPF process: 1

AREA: 0

Neighbor ID	Pri	State	DeadTime	Neighbor Addr	Interface
11.10.10.1	1	FULL/-	37	172.16.24.2	Serial0/2

! 邻居关系已经建立。

 小贴士

1. 认证方式除加密的，还有明文方式；

2. 区域验证是在 OSPF 路由进程下启用的，一旦启用，这台路由器所有属于这个区域的接口都将启用；

3. 接口验证是在接口下启用的，也只影响路由器的一个接口；

4. 密码都是在接口上配置的，认证方式不同在不同的位置开启。

任务回顾

路由器之间进行认证，这主要是基于安全性考虑的，但在配置的时候需要注意两边的路由器都要进行配置，而且认证方式和密码都要一致，否则无法认证成功。希望选手和教练多加注意。

比赛心得

在训练和比赛过程中，学生容易漏配接口的 IP 地址、发布网段错误和计算通配符掩码错误，也容易只配骨干区域而忘记配其他区域，导致有些路由器无法学习到路由信息，在此处丢分。因此，在平时训练过程中，应让学生养成良好的配置习惯。

实训

1. 任务：背景和需求：飞翔公司规模很小，只有一家上海分公司，经理决定组建一个网络实现公司总部和分公司的通信，公司网管经过分析，决定使用静态路由协议，如图 6-4 所示。

（1）先用静态路由实现全网互通。

（2）将静态路由清掉，用 RIP 实现全网互通，注意三层交换机上的配置。

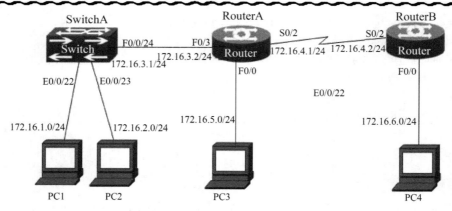

图 6-4　网络拓扑图

完成标准：各网段能相互通信。

2．任务：RIPv2 路由协议和被动接口。

背景和需求：蓝翔公司的总部计划和它的两个分公司连网，服务器放置在公司总部，分公司的路由器相对比较低端，由于资金短缺，无法进行设备更新，因此网管希望分公司用静态路由协议和总路路由器相连，公司总部使用 RIPv2 路由协议发布路由信息，且不希望连接服务器的子网发布路由更新的信息，如图 6-5 所示。

图 6-5

完成标准：公司总部和分公司能够实现相互访问；公司总部连接服务器的子网只接收而不发布路由更新信息。

3．任务：配置 OSPF 单区域和 OSPF 被动接口。

背景和需求：蓝翔公司有两个分公司，它们的子网分别为 172.16.4.0/24、172.16.5.0/24，服务器群的地址为 172.16.3.0/24，为了节省 IP 地址，公司采用了 VLSM，为了便于管理，公司网管采用 OSPF 动态路由协议，为了提高性能、节省网络带宽和提高安全性，在连接服务器群的接口配置被动接口，如图 6-6 所示。

图 6-6　网络拓扑图

　　完成标准：各网段能相互通信；不要让 OSPF 的更新报文和 hello 报文向服务器群传播。

　　4．任务：配置 OSPF 多区域。

　　背景和需求：飞翔公司总部设在美国，中国分公司网络通过路由器 RA 接入总部网络，加拿大分公司通过路由器 RB 接入到总部网络。由于公司网络规模较大且设备的厂商不同，为了解决路由收敛速度和设备厂商的兼容性问题，该公司的网管打算采用链路状态路由协议实现路由选择，如图 6-7 所示。

图 6-7　网络拓扑图

　　完成标准：各网段能相互通信。

项目七 广域网与 NAT 技术

广域网（WAN，Wide Area Network）也称远程网。通常跨接很大的物理范围，所覆盖的范围从几十千米到几千千米，它能连接多个城市或国家，或者横跨几个洲并能提供远距离通信，形成国际性的远程网络。

NAT（Network Address Translation）可译为网络地址转换或网络地址翻译。当前的 Internet 面临两大问题，即可用 IP 地址的短缺和路由表的不断增大，这使得众多用户的接入出现困难。使用 NAT 技术可以使一个机构内的所有用户通过有限的数个（或 1 个）合法 IP 地址访问 Internet，从而节省了 Internet 上的合法 IP 地址；另一方面，通过地址转换，可以隐藏内网上主机的真实 IP 地址，从而提高网络的安全性。

任务一 PPP PAP 认证

任务描述

天驿公司为了满足不断增长的业务需求，申请了专线接入，公司的客户端路由器与 ISP 进行链路协商时要验证身份，配置路由器保证链路建立并考虑其安全性。

任务分析

天驿公司为了实现与 ISP 之间连接的安全性，采用了 PPP 协议对链路进行封装，并且在链路建立完毕后，启用了 PPP 会话密码验证协议——PAP。

任务实现

天驿公司网络结构图如图 7-1 所示。

图 7-1 天驿公司网络结构图

步骤 1：配置 Router A 为被认证方。

```
RouterA_config#username RouterB password 123      //为本地口令数据库添加记录
RouterA_config#interface serial 0/1
RouterA_config_s0/1#ip add 10.0.0.1 255.255.255.0
RouterA_config_s0/1#physical-layer speed 64000
RouterA_config_s0/1#no shutdown
RouterA_config_s0/1#encapsulation ppp
```

```
RouterA_config_s0/1#ppp authentication pap    //启动 PPP 验证，并指定 PPP PAP 验证方式
RouterA_config_s0/1#ppp pap sent-username RouterA password 123    //将用户名和口令发送到对端
RouterA_config#aaa authencation ppp default local
```

步骤 2：配置 Router B 为认证方。

```
routerB_config#username routerA password 123
routerB_config#interface serial 0/1
routerB_config_s0/1#ip add 192.168.1.2 255.255.255.0
routerB_config_s0/1#no shutdown
routerB_config_s0/1#encapsulation ppp
routerB_config_s0/1#ppp authentication pap
routerB_config_s0/1#ppp pap sent-username routerA password 456
routerB_config#aaa authencation ppp default local
```

步骤 3：验证。路由器两端能够互相 ping 通则证明实验成功。

任务回顾

本任务使用 PPP 的口令验证协议 PAP，PAP 认证进程只在双方的通信链路建立初期进行。如果认证成功，在通信过程中不再进行认证。如果认证失败，则直接释放链路。PAP 的弱点是用户的用户名和密码是明文发送的，有可能被协议分析软件捕获而导致安全问题。但是，因为认证只在链路建立初期进行，节省了宝贵的链路带宽。

任务二 PPP CHAP 认证

任务描述

天驿公司为了满足不断增长的业务需求，申请了专线接入，公司的客户端路由器与 ISP 进行链路协商时要验证身份，由于 PAP 在验证用户身份时信息以明文传输，这样，在验证过程中很有可能被第三方窃取验证信息，公司希望完全不要出现此现象，提出了新的安全要求。

任务分析

天驿公司为了实现与 ISP 之间连接的安全性，采用了 PPP 协议对链路进行封装；由于公司在网络设计之时提出了更高的安全性要求，因此工程师决定采用 PPP 协议中的 CHAP 认证协议；CHAP 认证协议的验证过程中采用加密验证，因此能更好地保证网络的安全。

任务实现

天驿公司网络结构图，如图 7-2 所示。

图 7-2 天驿公司网络结构图

步骤 1：配置 Router A 为认证方。

```
RouterA_config#username RouterB password 123
RouterA_config#interface serial 0/1
RouterA_config_s0/1#ip add 192.168.1.1 255.255.255.0
RouterA_config_s0/1#physical-layer speed 64000
RouterA_config_s0/1#no shutdown
RouterA_config_s0/1#encapsulation ppp
RouterA_config_s0/1#ppp authentication chap
RouterA_config_s0/1#ppp chap hostname RouterA
RouterA_config_s0/1#ppp chap password 123
RouterA_config#aaa authencation ppp default local
```

步骤 2：配置 Router B 为被验证方。

```
RouterB_config#username RouterA password 123
RouterB_config#interface serial 0/1
RouterB_config_s0/1#ip add 192.168.1.2 255.255.255.0
RouterB_config_s0/1#physical-layer speed 64000
RouterB_config_s0/1#no shutdown
RouterB_config_s0/1#encapsulation ppp
RouterB_config_s0/1#ppp authentication chap
RouterB_config_s0/1#ppp chap hostname RouterB
RouterB_config_s0/1#ppp chap password 123
RouterB_config#aaa authencation ppp default local
```

 小贴士

　　如果要保留管理的主机名，那么在 CHAP 认证时设定的本地主机名可用命令 ppp chap hostname hostname 来指定，RouterB 作为被验证方采用缺省的主机名，而 CHAP 验证时的主机用 RouterB。

```
Ruijie#config terminal
Ruijie(config)#username RouterA password 0 Router
Ruijie(config)#interface serial1/0
Ruijie(config-if)#encapsulation ppp
Ruijie(config-if)#ip address 1.1.1.2 255.255.255.0
Ruijie(config-if)#ppp chap hostname RouterB
```

步骤 3：验证。路由器两端能够互相 ping 通则证明实验成功。

任务回顾

　　本任务使用了质询握手协议 CHAP，CHAP 认证比 PAP 认证更安全，因为 CHAP 不在线路上发送明文密码，而是发送经过摘要算法加工过的随机序列，也被称为"挑战字符串"。同时，身份认证可以随时进行，包括双方正常通信的过程中。因此，即使非法用户截获并成功破解了一次密码，此密码也将在一段时间内失效。CHAP 对端系统要求很高，因为需要多次进行身份质询、响应。这需要耗费较多的 CPU 资源，因此只用在对安全要求很高的场合。

任务三　实现 NAT 技术

任务描述

天驿公司因为业务需要，公司从 ISP 处申请到了一条专线，同时专线配有一个固定 IP：200.168.12.1；公司内部大概有 100 台主机，根据需要，网络内部全部要实现上网。

任务分析

由于申请的网络专线只能提供一个公网地址，而公司内部又有大量的主机需要连网，根据具体的需要，工程师决定采用 NAT 技术，通过 NAT 地址转换技术实现内部全体上网。

任务实现

设备配置如表 7-1 所示；天驿公司网络结构图如图 7-3 所示。

表 7-1　设备配置

Router A		Router B	
F0/0	192.168.0.1/24	F0/0	192.168.2.1/24
S1/1(DCE)	200.168.12.1/24	S1/0	200.168.12.2/24
内部 PC		外网 SERVER	
IP	192.168.0.3/24		192.168.2.2/24
网关	192.168.0.1		192.168.2.1

图 7-3　天驿公司网络结构图

步骤 1：配置各设备 IP 地址，略。

步骤 2：定义内部需要进行转换的网段。

```
Router-A#conf
Router-A_config#ip access-list standard 1            //定义访问控制列表
Router-A_config_std_nacl#permit 192.168.0.0 255.255.255.0//定义允许转换的源地址范围
Router-A_config_std_nacl#exit
```

步骤 3：定义地址池和启用 NAT。

```
Router-A_config#ip nat pool overld 200.168.12.1 200.168.12.1 255.255.255.0
//定义名为 overld 的转换地址池
Router-A_config#ip nat inside source list 1 pool overld overload
//配置将 ACL 允许的源地址转换成 overld 中的地址，并且做 PAT 的地址复用
Router-A_config#int f0/0
Router-A_config_f0/0#ip nat inside            //定义 F0/0 为内部接口
Router-A_config_f0/0#int s1/1
Router-A_config_s1/1#ip nat outside           //定义 S1/1 为外部接口
```

```
Router-A_config_s1/1#exit
Router-A_config#ip route 0.0.0.0 0.0.0.0 200.168.12.2          //配置路由器 A 的默认路由
```

步骤 4：查看 ROUTER-B 的路由表。

```
Router-B#sh ip route
Codes: C - connected, S - static, R - RIP, B - BGP, BC - BGP connected
        D - DEIGRP, DEX - external DEIGRP, O - OSPF, OIA - OSPF inter area
        ON1 - OSPF NSSA external type 1, ON2 - OSPF NSSA external type 2
        OE1 - OSPF external type 1, OE2 - OSPF external type 2
        DHCP - DHCP type


VRF ID: 0


C        200.168.12.0/24           is directly connected, Serial1/0
C        192.168.2.0/24            is directly connected, FastEthernet0/0
//注意：并没有到 192.168.0.0 的路由
```

步骤 5：测试。

```
C:\WINDOWS\system32\cmd.exe

C:\Documents and Settings\孙斌>ping 192.168.2.2

Pinging 192.168.2.2 with 32 bytes of data:

Reply from 192.168.2.2: bytes=32 time=27ms TTL=253
Reply from 192.168.2.2: bytes=32 time=24ms TTL=253
Reply from 192.168.2.2: bytes=32 time=24ms TTL=253
Reply from 192.168.2.2: bytes=32 time=25ms TTL=253

Ping statistics for 192.168.2.2:
    Packets: Sent = 4, Received = 4, Lost = 0 (0% loss),
Approximate round trip times in milli-seconds:
    Minimum = 24ms, Maximum = 27ms, Average = 25ms
```

步骤 6：查看地址转换表。

```
Router-A#sh ip nat translations
Pro. Dir    Inside local        Inside global        Outside local        Outside global


ICMP OUT 192.168.0.3:512        200.168.12.1:12512 192.168.1.2:12512    192.168.1.2:12512
注意：端口的转换
```

任务回顾

本任务采用了动态内部源地址转换技术，在动态内部源地址转换的方式下，一组内部本地地址与一个内部全局地址池之间建立起一种动态的一一映射关系。在这种地址转换形式下，内部主机可以访问外部网络，外部主机也能对内部网络进行访问，但只有在内网 IP 地址与内部全局地址之间存在映射关系时才能成功，并且这种映射关系是动态的。

比赛心得

PPP 的内容是非常重要的，选手也比较熟悉，但不可忽视，如果因为熟悉的内容而丢分，很不值，所以选手们还是要多做多练，达到非常熟练的程度。PPP 的 PAP 和 CHAP 配置都是相当容易的，PAP 是一种二次握手协议，安全性较差，CHAP 是一种三次握手协议，安全性比较好，而且两边的路由器配置基本一样，对此选手要特别注意，千万不可配置错误，另外，一定要注意配置时是写对方的主机名，密码是两边相同的，NAT 技术在比赛中每次都会考到，但往往不会直接说出用此技术来实现，是需要选手通过题意分析出来的，这就要求选手对题意的理解要非常恰当，否则此处就无法得到分了，此处的丢分也会导致其他地方跟着丢分，千万不能忽视。

实训

1．任务一。

背景和需求：BENET 公司对互联网的访问需求逐步提升，新申请了一段合法 IP 地址用于连接互联网。作为网络管理员，需要对路由器上的 NAT 配置进行重新规划设置。

使用实验拓扑图进行 BENET 网络环境的模拟，10.1.1.0 和 172.16.1.0 子网分别作为内部子网，通过地址翻译访问对方的网络，如图 7-4 所示。

（1）配置静态 NAT；

（2）配置动态 NAT；

（3）配置 PAT。

完成标准：网络正确连通；内部网络经过 NAT 后，每个小组的内部 PC 能与外部地址通信。使用 show ip nat translations 可以查看到相应的地址转换。

2．任务二。

配置 PPP 协议，连接 BENET 上海办事处和公司总部，如图 7-5 所示。

（1）使用 PPP 协议；

图 7-4　网络拓扑图

图 7-5　网络拓扑图

（2）使用 CHAP 方式认证用户；

（3）使用 IP 地址协商方式，由总部为办事处分配 IP 地址。

完成标准：PPP 连接能够正常建立；办事处和总部间路由器可以相互 ping 通。

项目八　路由重分发与策略路由的选择

　　路由重分发：将一种路由选择协议获悉的网络告知另一种路由选择协议，以便网络中每台工作站能到达其他的任何一台工作站，这一过程被称为路由重分发。一般来说，一个组织或一个跨国公司很少只使用一种路由协议，而如果一个公司同时运行了多种路由协议，或者一个公司和另外一个公司合并的时候两个公司用的路由协议并不一样，这个时候该怎么办呢？必须采取一种方式来将一种路由协议的信息发布到另外的一种路由协议里面去，这样，重分发的技术就诞生了。

　　策略路由是一种比基于目标网络进行路由更加灵活的数据包路由转发机制。应用了策略路由，路由器将通过路由图决定如何对需要路由的数据包进行处理，路由图决定了一个数据包的下一跳转发路由器。

任务一　配置静态路由和 RIP 重分发

任务描述

　　天驿公司兼并了一家公司，现在需要在两个公司之间建立起网络连接，但是由于两家公司所采用的网络协议不同，使得建立连接的工作出现困难。

任务分析

　　天驿公司原来所采用的网络协议为 RIP，而新兼并过来的公司采用的路由协议是静态路由协议。为了成功完成网络连接，工程师采用静态路由和 RIP 重分发的技术来解决的问题。

任务实现

　　天驿公司网络结构图如图 8-1 所示。

图 8-1　天驿公司网络结构图

　　步骤 1：R1、R2、R3 和 PC1、PC2 的主机名和 IP 地址的设置，此处略。
　　步骤 2：在 R1 上配置静态路由到兼并公司。

R1_config#ip route 192.168.4.0 255.255.255.0 192.168.2.2
R1_config#ip route 192.168.3.0 255.255.255.0 192.168.2.2

步骤 3：配置 R2 路由，在 f0/0 这一侧使用静态路由，而在 f0/1 这一侧使用 RIP 协议。

R2_config#ip route 192.168.1.0 255.255.255.0 192.168.2.1
R2_config#exit
R2_config#router rip
R2_config_rip#network 192.168.4.0 255.255.255.0
R2_config_rip#ver 2
R2_config_rip#exit
R2_config#exit

步骤 4：配置 R3 路由器，使用 RIP 协议完成路由环境搭建。

R3_config#router rip
R3_config_rip#network 192.168.4.0 255.255.255.0
R3_config_rip#network 192.168.3.0 255.255.255.0
R3_config_rip#ver 2
R3_config_rip#exit

步骤 5：在 R1 路由器上查看结果，可看到路由表中信息无法学到。

R1_config#sh ip route
Codes: C - connected, S - static, R - RIP, B - BGP, BC - BGP connected
    D - DEIGRP, DEX - external DEIGRP, O - OSPF, OIA - OSPF inter area
    ON1 - OSPF NSSA external type 1, ON2 - OSPF NSSA external type 2
    OE1 - OSPF external type 1, OE2 - OSPF external type 2
    DHCP - DHCP type

VRF ID: 0

C   192.168.1.0/24   is directly connected, FastEthernet0/3
C   192.168.2.0/24   is directly connected, FastEthernet0/0

步骤 6：在 R2 上添加重发布路由。

R2_config#router rip
R2_config_rip#redistribute connect
R2_config_rip#redistribute static
R2_config_rip#exit

步骤 7：在 R1 路由器上查看结果，可看到路由表中信息已经学到。

R1_config#sh ip route
Codes: C - connected, S - static, R - RIP, B - BGP, BC - BGP connected
    D - DEIGRP, DEX - external DEIGRP, O - OSPF, OIA - OSPF inter area
    ON1 - OSPF NSSA external type 1, ON2 - OSPF NSSA external type 2
    OE1 - OSPF external type 1, OE2 - OSPF external type 2
    DHCP - DHCP type

VRF ID: 0

C   192.168.1.0/24   is directly connected, FastEthernet0/3

C	192.168.2.0/24	is directly connected, FastEthernet0/0
S	192.168.3.0/24	[1,0] via 192.168.2.2(on FastEthernet0/0)
S	192.168.4.0/24	[1,0] via 192.168.2.2(on FastEthernet0/0)

任务回顾

本任务采用了静态路由和 RIP 重分发技术，在企业网络环境中，可能在同一网内使用多种路由协议，为了实现多种路由协议之间能够相互配合、协同工作，可以在路由器之间使用路由重分发（route redistribution）技术将其学习到的一种路由协议的路由通过另一种路由协议广播出去，这样，网络的所有部分就都可以连通了。

任务二　配置静态路由和 OSPF 重分发

任务描述

天驿公司兼并了一家公司，现在需要在两个公司之间建立起网络连接，但是由于两家公司所采用的网络协议不同，使得建立连接的工作出现困难。

任务分析

天驿公司原来所采用的网络协议为 OSPF，而新兼并过来的公司采用的路由协议是静态路由协议。为了成功完成网络连接，工程师采用静态路由和 OSPF 重分发的技术来解决此问题。

任务实现

天驿公司网络结构图如图 8-2 所示。

图 8-2　天驿公司网络结构图

步骤 1：R1、R2、R3 和 PC1、PC2 的主机名和 IP 地址的设置，此处略。

步骤 2：在 R1 上配置静态路由到兼并公司。

```
R1_config#ip route 192.168.4.0 255.255.255.0 192.168.2.2
R1_config#ip route 192.168.3.0 255.255.255.0 192.168.2.2
```

步骤 3：配置 R2 路由，在 F0/0 这一侧使用静态路由，而在 F0/1 这一侧使用 OSPF 协议。

```
R2_config#ip route 192.168.1.0 255.255.255.0 192.168.2.1
R2_config#exit
R2_config#router ospf 1
```

R2_config_ospf_1#network 192.168.4.0 255.255.255.0 area 0

R2_config_ospf_1#exit

步骤 4：在路由器 R3 上配置 OSPF 路由协议。

R3_config#router ospf 1

R3_config_ospf_1#network 192.168.4.0 255.255.255.0 area 0

R3_config_ospf_1#network 192.168.3.0 255.255.255.0 area 0

R3_config_ospf_1#exit

步骤 5：在 R1 路由器上查看结果，可看到路由表中信息无法学到。

R1_config#sh ip route

Codes: C - connected, S - static, R - RIP, B - BGP, BC - BGP connected

　　　　D - DEIGRP, DEX - external DEIGRP, O - OSPF, OIA - OSPF inter area

　　　　ON1 - OSPF NSSA external type 1, ON2 - OSPF NSSA external type 2

　　　　OE1 - OSPF external type 1, OE2 - OSPF external type 2

　　　　DHCP - DHCP type

VRF ID: 0

C　　　192.168.1.0/24　　　　　　is directly connected, FastEthernet0/3

C　　　192.168.2.0/24　　　　　　is directly connected, FastEthernet0/0

步骤 6：在 R2 上添加重发布路由。

R2_config#router ospf 1

R2_config_ospf_1#redistribute static

R2_config_ospf_1#redistribute connect

步骤 7：在 R1 路由器上查看结果，可看到路由表中信息已经学到。

R1_config#sh ip route

Codes: C - connected, S - static, R - RIP, B - BGP, BC - BGP connected

　　　　D - DEIGRP, DEX - external DEIGRP, O - OSPF, OIA - OSPF inter area

　　　　ON1 - OSPF NSSA external type 1, ON2 - OSPF NSSA external type 2

　　　　OE1 - OSPF external type 1, OE2 - OSPF external type 2

　　　　DHCP - DHCP type

VRF ID: 0

C　　　192.168.1.0/24　　　　　　is directly connected, FastEthernet0/3

C　　　192.168.2.0/24　　　　　　is directly connected, FastEthernet0/0

S　　　192.168.3.0/24　　　　　　[1,0] via 192.168.2.2(on FastEthernet0/0)

S　　　192.168.4.0/24　　　　　　[1,0] via 192.168.2.2(on FastEthernet0/0)

任务回顾

本任务采用了静态路由和 OSPF 重分发技术，在企业网络环境中，可能在同一网内使用多种路由协议，为了实现多种路由协议之间能够相互配合、协同工作，可以在路由器之间使用路由重分发（route redistribution）技术将其学习到的一种路由协议的路由通过另一种路由协议广播出去，这样，网络的所有部分就都可以连通了。

任务三　配置 RIP 与 OSPF 重分发

任务描述

天驿公司兼并了一家公司，现在需要在两个公司之间建立起网络连接，但是由于两家公司所采用的网络协议不同，使得建立连接的工作出现困难。

任务分析

天驿公司原来所采用的网络协议为 OSPF，而新兼并过来的公司采用的路由协议是RIP。为了成功完成网络连接，工程师采用 RIP 和 OSPF 重分发技术来解决此问题。

任务实现

天驿公司网络结构图如图 8-3 所示。

图 8-3　天驿公司网络结构图

步骤 1：R1、R2、R3 和 PC1、PC2 的主机名和 IP 地址的设置，此处略。

步骤 2：在路由器 R1 上配置 RIP 路由协议。

```
R1_config#router rip
R1_config_rip#network 192.168.1.0 255.255.255.0
R1_config_rip#network 192.168.2.0 255.255.255.0
R1_config_rip#version 2
R1_config_rip#exit
R1_config#exit
```

步骤 3：在路由器 R2 的 F0/0 上配置 RIP，F0/1 端口使用 OSPF 路由协议。

```
R2_config#router rip
R2_config_rip#version 2
R2_config_rip#network 192.168.2.0 255.255.255.0
R2_config_rip#exit
R2_config#router ospf 1
R2_config_ospf_1#network 192.168.4.0 255.255.255.0 area 0
R2_config_ospf_1#exit
```

步骤 4：在路由器 R3 上配置 OSPF 路由协议。

```
R3_config#router ospf 1
R3_config_ospf_1#network 192.168.4.0 255.255.255.0 area 0
R3_config_ospf_1#network 192.168.3.0 255.255.255.0 area 0
R3_config_ospf_1#exit
```

步骤 5：在 R1 路由器上查看结果，可看到路由表中信息无法学到。

```
R1_config#sh ip route
Codes: C - connected, S - static, R - RIP, B - BGP, BC - BGP connected
       D - DEIGRP, DEX - external DEIGRP, O - OSPF, OIA - OSPF inter area
       ON1 - OSPF NSSA external type 1, ON2 - OSPF NSSA external type 2
       OE1 - OSPF external type 1, OE2 - OSPF external type 2
       DHCP - DHCP type

VRF ID: 0

C        192.168.1.0/24          is directly connected, FastEthernet0/3
C        192.168.2.0/24          is directly connected, FastEthernet0/0
```

步骤 6：在 R2 上添加重发布路由。

```
R2_config#router ospf 1
R2_config_ospf_1#redistribute rip
R2_config_ospf_1#redistribute connect
R2_config#router rip
R2_config_rip#redistribute ospf 1
R2_config_rip#redistribute connect
R2_config_rip#exit
```

步骤 7：在 R1 路由器上查看结果，可看到路由表中信息已经学到。

```
R1_config#sh ip route
Codes: C - connected, S - static, R - RIP, B - BGP, BC - BGP connected
       D - DEIGRP, DEX - external DEIGRP, O - OSPF, OIA - OSPF inter area
       ON1 - OSPF NSSA external type 1, ON2 - OSPF NSSA external type 2
       OE1 - OSPF external type 1, OE2 - OSPF external type 2
       DHCP - DHCP type

VRF ID: 0

C        192.168.1.0/24          is directly connected, FastEthernet0/3
C        192.168.2.0/24          is directly connected, FastEthernet0/0
R        192.168.3.0/24          [120,1] via 192.168.2.2(on FastEthernet0/0)
R        192.168.4.0/24          [120,1] via 192.168.2.2(on FastEthernet0/0)
```

任务回顾

本任务采用了 RIP 与 OSPF 重分发技术，在企业网络环境中，可能在同一网内使用多种路由协议，为了实现多种路由协议之间能够相互配合、协同工作，可以在路由器之间使用路由重分发（route redistribution）技术将其学习到的一种路由协议的路由通过另一种路由协议广播出去，这样，网络的所有部分就都可以连通了。

任务四　配置基于源地址的策略路由

任务描述

由于天驿公司业务地域范围大，主要分成南方客户和北方客户；PC1主要负责北方的业务，PC2主要负责南方的业务。公司网络出口拉了两条专线，分别是网通和电信。按理，公司的网络出口多了，应该在对外访问的时候速度更快。但是从运行一段时间的情况看，网络速度并没有绝对加快。

任务分析

由于南方客户主要使用电信的网络，北方客户主要使用网通的网络，因此要实现更快的访问速度，需要采用基于源地址的策略路由技术；让PC1（1.1.4.10）走网通（R1）的线路，让PC2（1.1.4.20）走电信（R2）的线路。

任务实现

天驿公司网络结构图如图8-4所示。

图8-4　天驿公司网络结构图

步骤1：配置基本网络连接路由和全网使用OSPF单区域完成路由的连通，此处略。

步骤2：在R3中使用策略路由，使来自1.1.4.10的源地址去往外网的路由从1.1.2.1走，而来自1.1.4.20的源地址的数据从1.1.5.1的路径走，过程如下：

```
R3_config#ip access-list standard for_10
R3_config_std_nacl#permit 1.1.4.10
R3_config_std_nacl#exit
R3_config#ip access-list standard for_20
R3_config_std_nacl#permit 1.1.4.20
R3_config_std_nacl#exit
R3_config#route-map source_pbr 10 permit
R3_config_route_map#match ip address for_10
R3_config_route_map#set ip next-hop 1.1.2.1
R3_config_route_map#exit
R3_config#route-map source_pbr 20 permit
R3_config_route_map#match ip address for_20
R3_config_route_map#set ip next-hop 1.1.5.1
R3_config_route_map#exit
R3_config#interface fastEthernet 0/3
```

R3_config_f0/3#ip policy route-map source_pbr
R3_config_f0/3#

步骤 3：验证。PC 上采用 TRACERT 命令即可显示出数据走向的路径。

> **小贴士**
>
> 在配置访问列表时，使用 permit 后面加主机 IP 的形式，不需加掩码，系统默认使用全 255 的掩码作为单一主机掩码，与使用 255.255.255.255 效果是相同的。
>
> 配置策略路由的步骤大致为三步：定义地址范围；定义策略动作；在入口加载策略。此三步缺一不可。

任务回顾

本任务采用了基于源地址的策略路由技术，先行建立策略定义源地址，然后在建立的路由图中调用，最后定义该源地址的下一跳地址，并在端口应用。基于策略的路由为网络管理者提供了比传统路由协议对报文的转发和存储更强的控制能力，传统上，路由器利用从路由协议派生出来的路由表，根据目的地址进行报文的转发。基于策略的路由比传统路由强，使用更灵活，它使网络管理者能够根据目的地址而且能够根据报文大小、应用或 IP 源地址来选择转发路径。

任务五　配置基于应用的策略路由

任务描述

由于天驿公司员工人数很多，在网络的出口链路带宽和花销也不同，为了有效地提高链路的使用效率，让员工都可以满意办公，管理员想尝试新的办法。

任务分析

当网络的出口链路带宽和花销不同时，将关键业务的流量分配给带宽大的链路负载，将不重要且不紧急的流量分配给带宽小的处理，这样就可以有效地提高链路的使用效率，所以管理员决定采用基于目的地址的策略路由技术来解决，让访问 PC1 的数据走 R1 路由器的线路，让访问 PC2 的数据走路由器 R2 的线路。

任务实现

天驿公司的网络结构图如图 8-5 所示。

图 8-5　天驿公司网络结构图

步骤 1：配置基本网络连接路由，此处略。

步骤 2：在路由器 R1、R2 和 R3 上配置静态路由。

```
R1_config#ip route 1.1.4.0 255.255.255.0 1.1.2.2
R1_config#ip route 1.1.5.0 255.255.255.0 1.1.3.2
R1_config#ip route 1.1.5.0 255.255.255.0 1.1.2.2
R2_config#ip route 1.1.2.0 255.255.255.0 1.1.3.1
R2_config#ip route 1.1.1.0 255.255.255.0 1.1.3.1
R2_config#ip route 1.1.4.0 255.255.255.0 1.1.5.2
R2_config#ip route 1.1.2.0 255.255.255.0 1.1.5.2
R3_config#ip route 1.1.3.0 255.255.255.0 1.1.5.1
R3_config#ip route 1.1.3.0 255.255.255.0 1.1.2.1
R3_config#ip route 1.1.1.0 255.255.255.0 1.1.2.1
```

步骤 3：配置 R3 的策略路由，定义 ICMP 数据下一跳为 1.1.5.1，UDP 数据下一跳为 1.1.2.1。

```
R3_config#ip access-list extended for_icmp
R3_config_ext_nacl#permit icmp any any
R3_config_ext_nacl#exit
R3_config#route-map app_pbr 10 permit
R3_config_route_map#match ip address for_icmp
R3_config_route_map#set ip next-hop 1.1.5.1
R3_config_route_map#exit
R3_config#route-map app_pbr 20 permit
R3_config_route_map# match ip address for_udp
R3_config_route_map#set ip next-hop 1.1.2.1
R3_config_route_map#exit
R3_config#R3_config#interface fastEthernet 0/3
R3_config_f0/3#ip policy route-map app_pbr
R3_config_f0/3#
```

步骤 4：验证。在 PC 上采用 tracert 来检验经过的路径。

任务回顾

本任务中采用了基于目的地址的策略路由技术，首先需要用策略来定义目标地址，其次是建立路由图匹配目的地址的策略，并且相应地设置好下一跳地址；最后在端口上应用。

比赛心得

路由重分发和策略路由选择对于中职的学生来说是个难点，虽然在竞赛时也涉及，但并不是每组都可以完成的，第一是因为选手没有复习到，第二是因为教练对此并不很熟悉，也常常因为想着超出大纲了就不讲授给选手，这也是丢分的主要原因，教练和选手必须注意，全面地掌握此项目的知识点，而且要达到非常熟练，否则很难在竞赛中脱颖而出。

实训

背景与需求：BENET 公司总部位于北京，在上海、广州有分公司。总部与分公司通过路由器相连，运行的是 OSPF 路由协议，总部内部采用的是 RIP 路由协议。网络结构如

图 8-6 所示，图中的 SH 代表上海，GZ 代表广州，BJ 代表北京。作为管理员要完成总公司到分公司的互连，在此处采用了重分发技术。

注：GZ 路由器上的环回地址与 BJ 采用 RIP 技术互连。

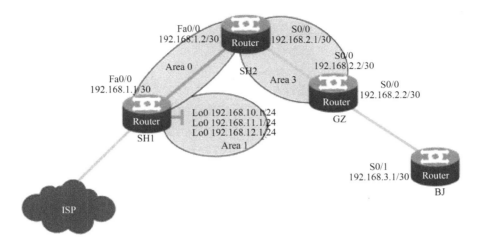

图 8-6 网络结构图

（1）配置多区域 OSPF；

（2）配置 RIP；

（3）配置 RIP 和 OSPF 的重分发。

完成标准：网络正确连通；在 SH1 能够使用 show ip route 查看到 BJ 的 rip 的路由。

项目九　VPN、防火墙和无线设备

　　虚拟专用网（VPN）被定义为通过一个公用网络（通常是互联网）建立一个临时的、安全的连接，是一条穿过混乱的公用网络的安全、稳定的隧道。虚拟专用网是对企业内部网的扩展。虚拟专用网可以帮助远程用户、公司分支机构、商业伙伴及供应商同公司的内部网建立可信的安全连接，并保证数据的安全传输。虚拟专用网可用于不断增长的移动用户的全球互联网接入，以实现安全连接；可用于实现企业网站之间安全通信的虚拟专用线路；可用于经济有效地连接到商业伙伴和用户的安全外连网虚拟专用网。

　　在网络中，所谓"防火墙"，是指一种将内部网和公众访问网（如 Internet）分开的方法，它实际上是一种隔离技术。防火墙是在两个网络通信时执行的一种访问控制尺度，它能允许你"同意"的人和数据进入你的网络，同时将你"不同意"的人和数据拒之门外，最大限度地阻止网络中的黑客来访问你的网络。换句话说，如果不通过防火墙，公司内部的人就无法访问 Internet，Internet 上的人也无法和公司内部的人进行通信。

　　无线网络，既包括允许用户建立远距离无线连接的全球语音和数据网络，也包括为近距离无线连接进行优化的红外线技术及射频技术，与有线网络的用途十分类似，最大的不同在于传输媒介的不同，利用无线电技术取代网线，可以和有线网络互为备份。

任务一　IPSec 配置

任务描述

　　由于规模的扩大，天驿公司采用以前的 VPN 方法已经不能满足需要，公司内部网络通过一台路由器连接到公司外的另一台路由器上，出于安全性的考虑，管理员想更换一种更安全的 VPN 连接方式，管理员认为 IPSec VPN 可以实现此功能。

任务分析

　　IKE 技术提供额外的特性，使配置 IPSec 更加灵活和容易。本实验通过在 Router1 和 Router2 上配置 VPN，实现网络之间通过 IPSec 的 VPN 方式保护总公司与子公司之间的数据通信。IPSec VPN 配置如图 9-3 所示。

图 9-1　IPSec VPN 配置

任务实现

步骤 1：配置路由器接口地址。

```
R1_config#interface fastEthernet 0/0
R1_config_f0/0#ip add 202.101.5.1 255.255.255.0
R1_config_f0/0#exit
R1_config#interface fastEthernet 0/3
R1_config_f0/3#ip add 10.1.3.1 255.255.255.0
R1_config_f0/3#exit

R2_config#interface fastEthernet 0/0
R2_config_f0/0#ip add 202.101.5.2 255.255.255.0
R2_config_f0/0#exit
R2_config#interface fastEthernet 0/3
R2_config_f0/3#ip add 10.1.1.1 255.255.255.0
R2_config_f0/3#exit
```

步骤 2：配置访问控制列表，定义需要 IPSec 保护的数据。

```
R1_config#ip access-list extended for_ipsec
R1_config_ext_nacl#permit ip 10.1.3.0 255.255.255.0 10.1.1.0 255.255.255.0
R1_config_ext_nacl#exit

R2_config#ip access-list extended for_ipsec
R2_config_ext_nacl#permit ip 10.1.1.0 255.255.255.0 10.1.3.0 255.255.255.0
R2_config_ext_nacl#exit
```

步骤 3：配置数据完整性验证和加密所使用的变换集。

```
R1_config#crypto ipsec transform-set r1-r2
R1_config_crypto_trans#transform-type ah-sha-hmac esp-3des
R1_config_crypto_trans#mode tunnel
R1_config_crypto_trans#exit

R2_config#crypto ipsec transform-set r2-r1
R2_config_crypto_trans#transform-type ah-sha-hmac esp-3des
R2_config_crypto_trans#mode tunnel
R2_config_crypto_trans#exit
```

步骤 4：配置加密映射表。

```
R1_config#crypto map r1 10 ipsec-isakmp
R1_config_crypto_map#match address for_ipsec
R1_config_crypto_map#set transform-set r1-r2
R1_config_crypto_map#set peer 202.101.5.2
R1_config_crypto_map#exit

R2_config#crypto map r2 10 ipsec-isakmp
R2_config_crypto_map#match address for_ipsec
R2_config_crypto_map#set transform-set r2-r1
R2_config_crypto_map#set peer 202.101.5.1
R2_config_crypto_map#exit
```

步骤 5：配置生成最终密钥的预共享密钥。

```
R1_config#crypto isakmp key 12345 202.101.5.2

R2_config#crypto isakmp key 12345 202.101.5.1
```

步骤 6：在接口中应用加密映射表。

```
R1_config#int f 0/0
R1_config_f0/0#crypto map r1

R2_config#interface fastEthernet 0/0
R2_config_f0/0#crypto map r2
```

小贴士

注意 IPSec 的隧道建立需要触发条件，没有数据包流量时，是不会建立 sa（安全联盟）的。

```
R1#ping 10.1.1.1 -i 10.1.3.1        //注意此处一定需要用源地址 ping 才能触发 IPSec 的形成
PING 10.1.1.1 (10.1.1.1): 56 data bytes
!!!!!
--- 10.1.1.1 ping statistics ---
5 packets transmitted, 5 packets received, 0% packet loss
round-trip min/avg/max = 0/2/10 ms
```

步骤 7：验证配置。

```
R1#sh crypto ipsec sa                        //查看 IPSec 的安全联盟
Interface: FastEthernet0/0
Crypto map name:r1 ,   local addr. 202.101.5.1

  local    ident (addr/mask/prot/port): (10.1.3.0/255.255.255.0/0/0)
  remote ident (addr/mask/prot/port): (10.1.1.0/255.255.255.0/0/0)
  local crypto endpt.: 202.101.5.1,   remote crypto endpt.: 202.101.5.2
  inbound esp sas:
    spi:0xf378f864(4084791396)
      transform:    esp-3des
      in use settings ={ Tunnel }
      sa timing: remaining key lifetime (k/sec):    (4607999/3592)

  inbound ah sas:
    spi:0xb27844(11696196)
      transform:    ah-sha-hmac
      in use settings ={ Tunnel }
      sa timing: remaining key lifetime (k/sec):    (4607999/3592)

  outbound esp sas:
    spi:0x124596d7(306550487)
      transform:    esp-3des
      in use settings ={ Tunnel }
      sa timing: remaining key lifetime (k/sec):    (4607999/3592)
```

```
    outbound ah sas:
      spi:0xc756520f(3344323087)
        transform:  ah-sha-hmac
        in use settings ={ Tunnel }
        sa timing: remaining key lifetime (k/sec):  (4607999/3592)
```

```
R1#sh crypto isakmp sa                    //查看 IKE SA
     dst            src            state         state-id       conn
202.101.5.2    202.101.5.1    <I>Q_SA_SETUP        2          4 r1 10
202.101.5.2    202.101.5.1    <I>M_SA_SETUP        1          4 r1 10
R1#
```
//以下查看 R2 对应的 ipsec 安全联盟和 IKE SA（第一阶段 SA）
```
R2#sh crypto ipsec sa
Interface: FastEthernet0/0
Crypto map name:r2 ,   local addr. 202.101.5.2

  local   ident (addr/mask/prot/port): (10.1.1.0/255.255.255.0/0/0)
  remote ident (addr/mask/prot/port): (10.1.3.0/255.255.255.0/0/0)
  local crypto endpt.: 202.101.5.2,   remote crypto endpt.: 202.101.5.1
  inbound esp sas:
    spi:0x124596d7(306550487)
      transform:  esp-3des
      in use settings ={ Tunnel }
      sa timing: remaining key lifetime (k/sec):  (4607999/3464)

  inbound ah sas:
    spi:0xc756520f(3344323087)
      transform:  ah-sha-hmac
      in use settings ={ Tunnel }
      sa timing: remaining key lifetime (k/sec):  (4607998/3464)

  outbound esp sas:
    spi:0xf378f864(4084791396)
      transform:  esp-3des
      in use settings ={ Tunnel }
      sa timing: remaining key lifetime (k/sec):  (4607998/3464)

  outbound ah sas:
    spi:0xb27844(11696196)
      transform:  ah-sha-hmac
      in use settings ={ Tunnel }
      sa timing: remaining key lifetime (k/sec):  (4607998/3464)

R2#sh crypto isakmp sa
     dst            src            state         state-id       conn
```

| 202.101.5.1 | 202.101.5.2 | <R>Q_SA_SETUP | 2 | 4 r2 10 |
| 202.101.5.1 | 202.101.5.2 | <R>M_SA_SETUP | 1 | 4 r2 10 |

任务回顾

　　本任务主要讲解 IPsec VPN 的配置，在配置时要注意两端的参数要一致，ACL 的作用是要确定哪些数据需要经过 VPN，密钥要交叉对应。配置顺序为：先定义 ACL，其次配置 IKE 策略，接着设置共享密钥，然后设置变换集，再配置 IPSec 加密映射，最后绑定 IPSec 加密映射。

任务二　防火墙基本配置

任务描述

　　天驿公司规模不断扩大，经理为了提高网络的安全性，让管理员购买一个可以满足网络安全需求的设备，管理员认为：购买 DCFW-1800S-H-V2 防火墙可以实现公司的网络安全需求。

管理主机
192.168.1.2/24

E0/0 接口
192.168.1.1/24

图 9-2　防火墙基本配置

任务分析

　　防火墙的 Web 的登录方式，并且在防火墙里配置 ARP 攻击、dos 攻击、防扫描、过滤、路由和防火墙与路由器的 ipsec vpn 功能。现在需要登录到防火墙并对其进行配置，使其满足基本的网络安全需求。防火墙基本配置如图 9-2 所示。

任务实现

　　步骤 1：配置本机 IP 地址为 192.168.1.2/24，通过网线将本机和设备接口 ethernet0/0 连接，打开浏览器连接设备，在地址栏输入：http://192.168.1.1，如图 9-3 所示。

图 9-3　登录界面

步骤 2：输入用户名（默认用户名：admin）、密码（默认密码：admin）登录，如图 9-4 所示。

图 9-4 登录界面

步骤 3：登录后进入系统首页，如图 9-5 所示。

图 9-5 系统首页

1. 配置路由接口 IP 地址

步骤 1：将接口 ethernet0/0 的 IP 地址设置为 192.168.1.1/24，连接内网。将接口 ethernet0/1 的 IP 地址设置为 10.0.0.1/30，连接外网。进入"网络"→"接口"→"基本配置"，如图 9-6 所示。

图 9-6　接口配置

步骤 2：单击"确认"按钮，提交配置。

步骤 3：编辑 ethernet0/1 接口，如图 9-7 所示。

图 9-7　接口配置

步骤 4：单击"确认"按钮，提交配置。

步骤 5：进入"防火墙"→"策略"界面，单击"新建"按钮，如图 9-8 所示。

图 9-8　策略配置

步骤 6：进入"策略基本配置"界面，如图 9-9 所示。

图 9-9 策略配置

步骤 7：单击"确认"按钮，提交配置。

2．防 ARP 攻击和 IP-MAC 绑定配置

步骤 1：单击"防火墙"→"二层防护"→"静态绑定"按钮，在安全 IP-MAC/静态绑定中，在右边的 arp 列表中可以看到防火墙自学习到 arp 信息，我们将 192.168.1.66 的 arp 信息手工绑定在防火墙上，勾选该项后单击 IT 标志即可，如图 9-10 所示。

图 9-10 IP-MAC 绑定

步骤 2：如果我们此时防火墙并非学习到该 IP 的 arp 信息，可以使用手工输入 IP 和 MAC 的方式来绑定，如图 9-11 所示。

图 9-11 设置 IP-MAC 绑定

步骤 3：在安全 IP-MAC 静态绑定中输入要扫描的地址范围 192.168.1.1~192.168.1.254，单击"确认"按钮，开始扫描，如图 9-12 所示。

图 9-12　配置安全 IP-MAC 绑定

步骤 4：防火墙扫描完后会将学习到的 ARP 信息显示在 arp 列表中，如图 9-13 所示，此时只要选中"绑定所有"，防火墙就会将扫描的 ARP 信息全部绑定在防火墙上。

图 9-13　确定绑定信息

步骤 5：单击"防火墙"→"攻击防护"，选中"ARP 欺骗攻击防护"复选框，设置参数值，单击"确认"按钮提交，如图 9-14 所示。

图 9-14　ARP 配置

3．防 DOS 攻击和防扫描的配置

步骤 1：进入"防火墙"→"攻击防护"，启用"拒绝服务防护"的所有功能，将"扫描/欺骗防护"的所有功能启用，如图 9-15 所示：

图 9-15　防 DOS 攻击和防扫描配置

步骤 2：启用"防 DOS 攻击"功能和"防扫描功能"，输入参数。

步骤 3：单击"确认"按钮完成配置。

4．网站 URL 过滤配置

步骤 1：进入"应用"→"HTTP 控制"，新建一个 http profile，名称为 http-profile，将 URL 过滤设置成启用状态，单击"确认"按钮，如图 9-16 所示。

图 9-16　新建 http-profile

步骤 2：进入"对象"→"profile 组"，单击"新建"按钮添加 http-profile，如图 9-17 所示。

图 9-17　新建 profile 组

步骤 3：在对象/profile 组中新建一个名为"profile-group"中的 profile 组，并将之前创建好的 http profile 加入到该 profile 组中，单击"确认"按钮。

步骤 4：进入"应用"→"URL 过滤"界面，设置 URL 过滤规则，实验中要求我们只是限制访问 baidu 首页，我们在黑名单 URL 中输入 www.baidu.com，单击"添加"按钮，将其添加到了黑名单列表中，单击"确认"按钮，如图 9-18 所示。

图 9-18　建立黑名单

步骤 5：进入"防火墙"→"策略"中，针对内网到外网的安全策略，引用 URL 过滤的 profile 组，如图 9-19 所示。

图 9-19　设置策略

任务回顾

本任务主要讲解防火墙 Web 的登录方式，并且在防火墙里配置 ARP 攻击、Dos 攻击、防扫描、过滤等功能。防火墙的基本配置是防火墙的基础配置，应熟练掌握。

任务三　防火墙典型环境安全策略实施

任务描述

天驿公司为了保证内部网络的安全性，买来了防火墙，考虑到公网地址有限，从为了节约成本角度讲也不能每台 PC 都配置公网地址访问外网。于是管理员想使用防火墙的混合模式来实现，通过少量公网 IP 地址来满足多数私网 IP 上网，以缓解 IP 地址不足和节约园区成本。

任务分析

混合模式相当于防火墙既工作于路由模式，又工作于透明模式。在实际应用环境中，此类防火墙的应用一般也比较广泛。混合模式分为两种：①ISP 分配外网地址，内网为私网地址，服务器区域和内部地址为同一网段。这样，内部区域和服务器区域为透明，内部区域和外网区域为路由，服务器区域和外部区域也为路由；②ISP 分配外网地址，内网为私网地址，服务器区域使用 ISP 分配的公网地址，服务器区域和外网为透明，内部区域和外部区域为路由。在下面的应用环境中我们使用的是第二种混合模式。

任务实现

拓扑结构图如图 9-20 所示。

图 9-20　天驿公司拓扑结构图

步骤 1：设置内网口地址，设置 eth0 口为内网口，地址为 192.168.1.1/24，如图 9-21 所示。

名称	ethernet0/0
安全域类型	◉ 第三层安全域　○ 第二层安全域　○ 无绑定安全域
安全域/接口配置	安全域　trust

图 9-21　设置内网口地址

步骤 2：设置外网口，eth6 口连接外网，将 eth6 口设置成二层安全域 l2-untrust，如图 9-22 所示。

基本　高级配置　RIP	
名称	ethernet0/6
安全域类型	○ 第三层安全域　◉ 第二层安全域　○ 无绑定安全域
安全域/接口配置	安全域　l2-untrust

图 9-22　设置外网口

步骤 3：设置服务器接口，将 eth7 口设置成 l2-dmz 安全域，连接服务器，如图 9-23 所示。

图 9-23　设置服务器接口

步骤 4：配置 vswitch 接口。由于二层安全域接口不能设置地址，需要将地址设置在网桥接口上，该网桥接口即为 vswitch，如图 9-24 所示。

图 9-24　配置 Vswitch 接口

步骤 5：设置 SNAT 策略。针对内网所有地址我们在防火墙上设置源 NAT，内网 PC 在访问外网时，数据包凡是从 vswitch 接口出去的数据包都做地址转换，转换地址为 vswitch 接口地址，如图 9-25 所示。

图 9-25　设置 SNAT 策略

步骤 6：添加路由。要创建一条到外网的缺省路由，如果内网有三层交换机，还需要创建到内网的回指路由，如图 9-26 所示。

图 9-26　添加路由

步骤 7：设置地址簿。在放行安全策略时，我们需要选择相应的地址和服务进行放行，所以这里首先要创建服务器的地址簿。在创建地址簿时，如果是创建的服务器属单个 IP，使用 IP 成员方式的话，掩码一定要写 32 位，如图 9-27 所示。

图 9-27　设置地址簿

步骤 8：放行策略。放行策略时，首先要保证内网能够访问到外网。应该放行内网口所属安全域到 vswitch 接口所属安全域的安全策略，应该是从 trust 到 untrust，如图 9-28 所示。

图 9-28　设置放行策略

步骤 9：另外还要保证外网能够访问 Web_server，该服务器的网关地址设置为 ISP 网关 218.240.143.1。那需要放行二层安全之前的安全策略，应该是放行 l2-untrust 到 l2-dmz 策略。

任务回顾

此任务主要讲述了使用防火墙隐藏内部网络地址保护内网安全，使得外部用户不能轻易连接到内部网络，需要配置源 NAT 实现，防火墙的知识点是今年第一次出现，所以选手要特别注意，多做练习加以熟悉，教练最好给选手多讲解。

任务四　实现防火墙 SSL VPN

任务描述

天驿公司的员工经常出差，在外地的时候经常需要访问公司的服务器，但总是不太安全，管理员想通过防火墙的 vpn 来实现此访问，但基于公司的现状，管理员决定使用 SCVPN 来实现。

任务分析

为解决远程用户安全访问私网数据的问题，DCFW-1800 系列防火墙提供基于 SSL 的远程登录解决方案——Secure Connect VPN，简称 SCVPN。SCVPN 功能可以通过简单易用的方法实现信息的远程连通。防火墙的 SCVPN 功能包含设备端和客户端两部分，配置了 SCVPN 功能的防火墙作为设备端。外网用户通过 Internet 使用 SSL VPN 接入内网。所以管理员的决定是正确的，如图 9-29 所示。

任务实现

图 9-29　防火墙 SSL vpn 拓扑结构图

步骤 1：配置 SCVPN 地址池，在 VPN/SCVPN/地址池中　新建一个名为 scvpn_pool1 的地址池，如图 9-30 所示。

图 9-30　配置 SCVPN 地址池

步骤 2：配置 SCVPN 实例，创建实例，在 VPN/SCVPN/配置中，创建一个 SCVPN 实例，定义 SCVPN 接入使用的各种参数，如图 9-31 所示。

图 9-31　配置 SCVPN 实例

步骤 3：创建完 SCVPN 实例并编辑完成各种参数后，还需要对该实例重新编辑。单击已编辑好的实例后的"修改"按钮，如图 9-32 所示。

名称	HTTPS端口	接口	地址池	SSL协议	信任域	操作
scvpn_case1	4433	ethernet0/7	scvpn_pool1	any	trust_domain_default	

图 9-32　查看实例配置参数

步骤 4：添加隧道路由条目。在客户端与防火墙的 SCVPN 创建成功后会下发到客户端的路由表中。添加的网段就是客户端要通过 VPN 隧道访问的位于防火墙内网的网段。需要注意的是此处添加的路由条目的"度量"值比客户端上缺省路由的度量值要小。度量值越小的路由条目优先级越高，如图 9-33 所示。

图 9-33　添加隧道路由条目

步骤 5：将 WEB Server 服务器的隧道路由下发到客户端，如图 9-34 所示。

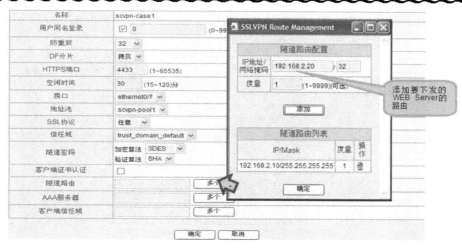

图 9-34 WEB Server 服务器的隧道路由下发到客户端

步骤 6：添加的 AAA 服务器是用来验证客户端登录的用户名、密码。目前防火墙支持的验证方式有 4 种：防火墙本地验证、Radius 验证、Active-Directory 验证和 LDAP 验证。如图 9-35 所示。

图 9-35 添加的 AAA 服务器

步骤 7：创建 SCVPN 所属安全域，在网络/安全域中为创建的 SCVPN 新建一个安全域，安全域类型为"第三层安全域"，如图 9-36 所示。

图 9-36 创建 SCVPN 所属安全域

步骤 8：创建隧道接口并引用 SCVPN 隧道。为了 SCVPN 客户端能与防火墙上其他接口所属区域之间正常路由转发，需要为它们配置一个网关接口，这在防火墙上通过创建一个隧道接口，并将创建好的 SCVPN 实例绑定到该接口上来实现，如图 9-37 所示。

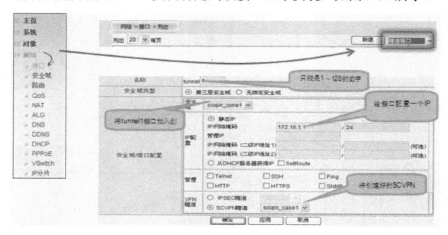

图 9-37   创建隧道接口并引用 SCVPN 隧道

步骤 9：创建安全策略。在放行安全策略前，首先要创建地址簿和服务簿。为创建 SCVPN 客户端访问内网 Server 的安全策略，首先要将策略中引用的对象定义好。

图 9-38   定义 FTP Server 的地址对象

步骤 10：定义 Web Server 的地址对象。添加安全策略，以允许 SCVPN 用户访问内网资源添加策略 1 允许 SCVPN 用户访问内网 FTP Server 仅开放 FTP 服务。添加策略 2 允许 SCVPN 用户访问内网 Web Server 仅开发 HTTP 服务，如图 9-39 所示。

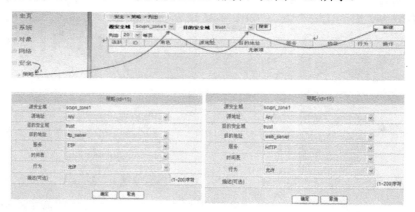

图 9-39   定义 Web Server 的地址对象

步骤 11：添加 SCVPN 用户账号，如图 9-40 所示。

图 9-40   添加 SCVPN 用户账号

步骤 12： SCVPN 登 录 演 示 。 在 客 户 端 上 打 开 浏 览 器 ， 在 地 址 栏 中 输 入 ：
https://222.1.1.2:4433，在登录界面中填入用户账号和密码，单击"登录"按钮，如图 9-41
所示。

图 9-41   登录界面

步骤 13：在初次登录时，会要求安装 SCVPN 客户端插件，此插件以 ActiveX 插件方式
推送下载，并有可能被浏览器拦截，这时需要手动允许安装这个插件，如图 9-42 所示。

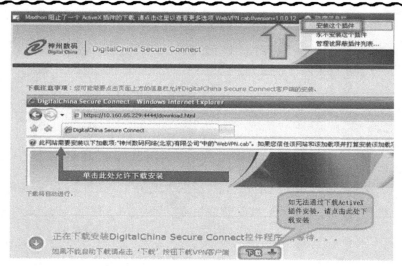

图 9-42　安装插件

步骤 14：SCVPN 客户端的安装，对下载完成的客户端安装程序手动安装，如图 9-43 所示。

图 9-43　安装客户端软件

步骤 15：SCVPN 客户端安装成功后会登录防火墙，在对用户名和密码验证成功后，任务栏右下角的客户端程序图标会变成绿色。并在 Web 界面中显示"连接成功"，如图 9-44 所示。

图 9-44　连接成功界面

步骤 16：鼠标单击任务栏中客户端程序图标，在弹出的菜单中选择"Network Information"，即可查看连接信息，如图 9-45 所示。

图 9-45　查看连接信息

步骤 17：在客户端的"Route"信息中查看下发给客户端的路由信息，如图 9-46 所示。

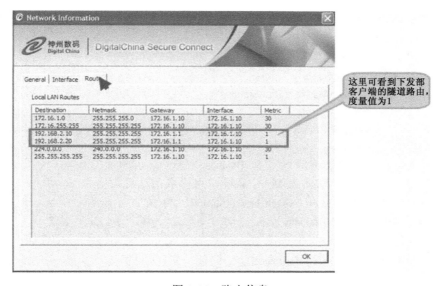

图 9-46　路由信息

任务回顾

此任务主要讲述了 SCVPN 的配置和实现，选手要注意地址池和隧道路由的设置，还有就是合法用户的建立，否则很难实现。此任务选手要多做练习，虽然现在基本都是用 IPSec VPN 来实现，但也不排除有公司使用 SCVPN 的可能，所以此知识点在竞赛中还是有可能会出现的。

任务五　实现无线 AC 与 AP 直连模式

任务描述

天驿公司规模不断扩大，经理为了达到无线网络的覆盖性，让管理员购买一个可以满足无线网络需求的设备，管理员认为：购买 DCWS-6028 无线控制器和 DCWL-7952AP 无线 AP 可以满足公司对无线网络覆盖的需求。

任务分析

将无线控制器 AC 和无线 AP 直连，实现管理和数据转发，即能传输用户 VLAN 的数据。

任务实现

步骤 1：有线网络的配置，先配置一个管理 IP。

```
DCWS-6028(config)#interface vlan 1
DCWS-6028(config-if-vlan1)#ip address 192.168.1.254 255.255.255.0
```

步骤 2：进入无线配置模式，开启无线功能。

```
DCWS-6028(config)#wireless
DCWS-6028(config-wireless)#enable
```

步骤 3：指定 VLAN 发现列表。

```
DCWS-6028(config-wireless)#disconvery vlan-list 1
```

步骤 4：查看 AP 注册状态。

```
DCWS-6028#show wireless ap status
No managed Aps discovered.
DCWS-6028#show wireless ap failure status
    MAC   Address
(*)Peer   Managed   IP Address      Last Failure Type      Age
----------------- ------------- ------------------------ --------------
00-03-0f-19-71-e0   192.168.1.10    No Database Entry   0d:00:00:29
```

步骤 5：AP 认证方式：默认为 MAC 认证，可以取消认证。

```
DCWS-6028(config-wireless)#ap database 00-03-0f-19-71-e0
DCWS-6028(config-wireless)#ap authentication none
```

步骤 6：设置 SSID 网络号。

```
DCWS-6028(config-wireless)#network 1
DCWS-6028(config-network)#ssid dcn_wlan
```

步骤 7：下发 profile 配置。

```
DCWS-6028#wireless ap profile apply1
Configured profile is not valid to apply for AP:00-03-0f-18-c7-00
due to hardware type mismatch!!
```

步骤 8：查看 AP 配置状态。

```
DCWS-6028#show wireless ap failure status
    MAC   Address
(*)Peer   Managed   IP Address      Last Failure Type      Age
----------------- ------------- ------------------------ --------------
00-03-0f-19-71-e0   192.168.1.10    Managed Failure   0d:00:00:04
Total Access Points....................1
```

步骤 9：配置下发失败的原因是硬件类型不匹配，修改 profile 对应的硬件类型。

```
DCWS-6028(config-wireless)#ap profile 1
DCWS-6028(config-ap-profile)#hwtype 1          //AP 型号与硬件类型的对应关系：
```

DCWL-7942AP（R3）	//对应硬件类型为 2
DCWL-7952AP（R3）	//对应硬件类型为 1
DCWL-7962AP（R3）	//对应硬件类型为 3

同一 profile 只能对应一个硬件类型，即如果网络中存在多个型号的 AP，则需建多个 profile

步骤 10：Radio 下需要启用对应的 VAP，network1 对应 vap 1，所以要把 vap 1 开启。

```
DCWS-6028(config-wireless)#ap profile 1
DCWS-6028(config-ap-profile)#radio 1
DCWS-6028(config-ap-profile-radio)#vap 0
DCWS-6028(config-ap-profile-vap)#enable
DCWS-6028(config-ap-profile-vap)#network 1
DCWS-6028(config-ap-profile-network)#enable
```

步骤 11：无线加密设置。

```
DCWS-6028(config-wireless)#network 1
DCWS-6028(config-network)#security mode wpa-personal
DCWS-6028(config-network)#wpa key 12345678
DCWS-6028(config-network)#wpa ciphers tkip
DCWS-6028(config-network)#wpa versions wpa
```

步骤 12：在特权模式下下发 profile 配置。

```
DCWS-6028# wireless ap profile apply 1
```

步骤 13：验证测试，用笔记本连接进搜索到的 SSID 为 dcn_wlan，输入验证密码，连接成功并获取到 IP 地址。

知识链接

每个 AP 关联一个 profile，默认关联到 profile 1 上，network 1-16 为全局配置，且与 vap 一对应，即 network 1 对应 vap 0，更改 profile 配置，都要下发一次，下发命令式 wireless ap profile apply X，X 表示 profile 序号，所有应用这个 profile 的 AP 都会更新配置。

任务回顾

本任务主要讲解如何让 AC 控制 AP 的配置，实现数据的传输接收，并把无线 SSID 信号广播出去，让客户端能实现在覆盖区域接收到并通过验证密码连接进去，实现无线网络办公环境。

比赛心得

本项目在企业网搭建及应用项目中，还没有出现过，但随着竞赛的开展，这类知识点肯定会出现的，所以选手和教练不可忽视，尤其是无线技术在最近几年的实际应用中更是大展手脚，竞赛的知识都是企业中使用比较多的，所以无线技术是非常重要的，当然 VPN 技术也是在现今得到了很多的应用，希望选手一样注意。

实训

1．任务：VPN。

假设你是公司的网络管理员，公司因业务扩大，建立了一个分公司，公司的业务数据很重要，公司总部与分公司传输数据时需要加密，采用 IPSec VPN 技术对数据进行加密。

总公司要加密的子网为 10.1.1.0/24，子公司要加密的子网为 10.1.2.0/24。

2．任务。

自己动手搭建网络环境，实现如下要求：

（1）在防火墙上创建一个 ninternet 区域 winternet 区域。

（2）只允许总部用户在上班时间 9:00 到 17:30 访问外网。

（3）不允许总部用户访问 360.com，用户访问网页时过滤掉 360，只能出现在网页中 3 次。

（4）为了让公司员工出差方便，在防火墙中建立一个 L2TP 让出差用户可以拨号访问总部资源。

第二部分　Windows 系统

Microsoft 开发的 Windows 是目前世界上用户最多且兼容性最强的操作系统。

企业网络搭建及应用项目，在 2012 年全国职业院校计算机技能大赛 Windows 系统平台主要由服务器版和桌面版组成，桌面版主要采用 Windows XP Pro（中文版）和 Windows 7（中文版）两个版本，服务器版主要采用 Windows Server 2003 R2（中文版）、Windows 2008 Server（中文版）和 Windows Server 2008 R2（中文版）三个版本；比赛中虚拟机使用的是：Oracle VM VirtualBox 4.0.4。

项目一 DNS 与 DHCP 配置应用

DNS 是域名系统（Domain Name System）的缩写，它的主要作用就是将域名解析为 IP 地址。当 DNS 客户端与某台主机通信时，例如要访问连接到网站 www.microsoft.com，该客户端会向 DNS 服务器查询网站 www.microsoft.com 的 IP 地址，DNS 服务器收到此请求后，会负责帮客户端查找 www.microsoft.com 的 IP 地址。

DHCP 是 Dynamic Host Configuration Protocol（动态主机分配协议）的缩写，用于向网络中的计算机分配 IP 地址及一些 TCP/IP 配置信息。DHCP 提供安全、可靠和简单的 TCP/IP 网络设置，避免了 TCP/IP 网络中的地址冲突，减轻了管理上的负担，避免因手动输入错误而造成的困扰。

任务一 DNS 正、反向查找区域配置

任务描述

天驿公司为了便于公司员工可以及时了解公司内部的信息，搭建了一台 Web 服务器，但经理发现所有员工只能通过 IP 地址进行访问，无法通过域名来访问，为了满足此需求，经理找到管理员，让管理员来实现此功能，管理员认为可以通过在内部网络中配置一台 DNS 服务器来实现。

任务分析

员工想通过域名访问内部的 Web 服务器，管理员的分析完全正确，在公司内部架设一台 DNS 服务器即可实现，DNS 服务器能解析本网络内的域名，要配置一台 DNS 服务器，就要创建 DNS 正、反向查找区域配置，并新建主机记录、别名记录，设置转发器。

天驿公司的 DNS 服务器为 ty09.tianyi.com，IP 地址为 192.168.1.2，Web 服务器为：www.tianyi.com。

任务实现

1. 创建正向查找区域

步骤 1：单击"开始"→"管理工具"→"DNS"，打开 DNS 管理器界面，如图 1-1 所示。

图 1-1 DNS 管理器

步骤 2：右击"正向查找区域"项，从弹出的快捷菜单中选择"新建区域"，如图 1-2 所示。

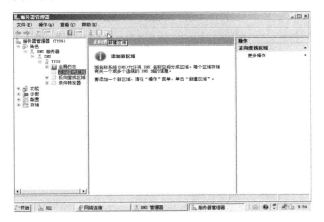

图 1-2 新建正向查找区域

步骤 3：弹出"新建区域向导"对话框，单击"下一步"按钮，打开"选择区域类型"界面，选中"主要区域"单选按钮，如图 1-3 所示。

图 1-3 新建主要区域

小贴士

　　"主要区域"是新区域的主副本，负责在新建区域的计算机上管理和维护本区域的资源记录。如果这是一个新区域，则选中"主要区域"单选按钮。

　　"辅助区域"是现有区域的副本，主要区域中的 DNS 服务器将把区域信息传递给辅助区域中的 DNS 服务器。使用辅助区域的目的是提供冗余，减少包含主要区域数据库文件的 DNS 服务器上的负载。辅助 DNS 服务器上的区域数据无法修改，所有数据都从主 DNS 服务器复制而来。

　　"存根区域"只包含用于标识该区域的权威 DNS 服务器所需的资源记录。含有存根区域的 DNS 服务器对该区域没有管理权，它维护着该区域的权威 DNS 服务器列表，列表存放在 NS 资源记录中。

小贴士

　　"在 Active Directory 中存储区域"选项只有在 DNS 服务器是域控制器时可用。

　　步骤 4：在"区域名称"文本框中输入区域名称，单击"下一步"按钮，如图 1-4 所示。

图 1-4　区域名称

　　步骤 5：在区域文件界面中保留文件名 tianyi.com.dns，该文件存放在%SystemRoot%\system32\dns 中，单击"下一步"按钮，如图 1-5 所示。

图 1-5　区域文件

步骤 6：在动态更新对话框中选中"不允许动态更新"单选按钮，单击"下一步"按钮，如图 1-6 所示。

图 1-6　不允许动态更新

 小贴士

动态更新是指当 DNS 客户机发生更改时，可以使用 DNS 服务器注册和动态更新其资源记录。

步骤 7：在"新建区域向导"对话框中单击"完成"按钮，如图 1-7 所示。

图 1-7　完成新建区域向导

步骤 8：此时，就可以在 DNS 管理控制台中看到新创建的正向查找区域 tianyi.com，如图 1-8 所示。

图 1-8　查看新建正向查找区域

2．创建反向查找区域

步骤1：单击"开始"→"管理工具"→"DNS"，打开 DNS 管理器，如图 1-9 所示。

图 1-9　打开 DNS 管理器

步骤2：右击"反向查找区域"，在弹出的快捷菜单中选择"新建区域"命令，如图 1-10 所示。

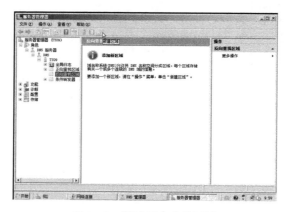

图 1-10　新建反向查找区域

步骤3：出现新建区域向导，单击"下一步"按钮，出现选择区域类型界面，选中"主要区域"单选按钮，如图 1-11 所示。

图 1-11　主要区域

步骤 4：选择是否要为 IPv4 地址或 IPv6 地址创建反向查找区域，选中"IPv4 反向查找区域（4）"单选按钮，如图 1-12 所示。

图 1-12　IPv4 反向查找区域

步骤 5：在"网络 ID"文本框中输入网络 ID。例如，要查找 IP 地址为 192.168.1.100，就应该在"网络 ID"中输入 192.168.1，这样，192.168.1.0 网络内的所有反向查询都在这个区域中被解析，单击"下一步"按钮，如图 1-13 所示。

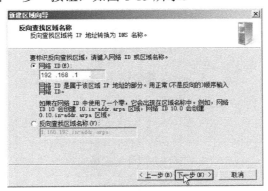

图 1-13　网络 ID 或区域名称

步骤 6：在区域文件对话框中保留文件名 1.168.192.in-addr.arpa.dns，该文件存放在 %SystemRoot%\system32\dns 中，单击"下一步"按钮，如图 1-14 所示。

图 1-14　区域文件

步骤 7：在动态更新对话框中选中"不允许动态更新"单选按钮，单击"下一步"按钮，如图 1-15 所示。

图 1-15　不允许动态更新

步骤 8：在"新建区域向导"对话框中单击"完成"按钮，如图 1-16 所示。

图 1-16　完成新建区域向导

步骤 9：此时，可以在 DNS 管理控制台中看到新创建的反向查找区域，如图 1-17 所示。

图 1-17　查看反向查找区域

3．新建主机记录

步骤 1：右击"tianyi.com"，选择"新建主机"命令。

步骤 2：在"新建主机"对话框中，输入主机名称、IP 地址。勾选"创建相关的指针（PTR）记录"复选框（这样可以在新建主机记录的同时，在反向查找区域 192.168.1.X Subnet 中创建 PTR 记录），如图 1-18 所示，单击"添加主机"按钮。

图 1-18　填写新建主机名称

步骤 3：此时，可以在 DNS 管理控制台中的正向查找区域 tianyi.com 下，看到新添加主机记录 ty09，如图 1-19 所示。

图 1-19　查看新建主机记录

步骤 4：右击"1.168.192.in-addr.arpa"，选择"新建指针（PTR）"命令，如图 1-20 所示。

图1-20　新建指针

步骤5：在"新建资源记录"对话框中输入主机IP地址和主机名，如图1-21所示。

图1-21　新建指针资源记录

步骤6：此时，可以在DNS管理控制台中的反向查找区域1.168.192.in-addr.arpa下，看到新添加PTR记录，如图1-22所示。

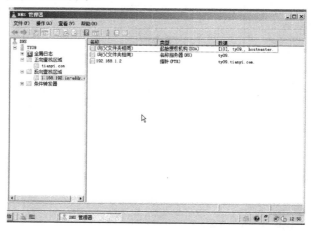

图1-22　查看指针资源记录

4．新建别名记录

步骤 1：按照新建正向查找区域的方法创建区域 tianyi.com。

步骤 2：右击"tianyi.com."，在弹出的快捷菜单中选择"新建别名"命令，如图 1-23 所示。

图 1-23　新建别名

步骤 3：在"新建资源记录"对话框中输入别名"www"和目标主机完全合格的域名 www.tianyi.com，如图 1-24 所示。

图 1-24　新建别名

步骤 4：在"新建资源记录"对话框中，单击"确定"按钮完成创建，此时就会在 tianyi.com 区域中看到 www 别名记录，如图 1-25 所示。

图 1-25　查看别名资源记录

在创建了 Web 别名记录以后，此时 www.tianyi.com 就可以解析到 www.tianyi.com [192.168.1.2]了。

5．配置转发器

如果企业内部拥有多台 DNS 服务器，企业可能会处于安全考虑而只允许其中一台 DNS 服务器可以直接与外界 DNS 服务器通信，而让其他 DNS 服务器将查询请求委托给这一台 DNS 服务器来查询。也就是说，这一台 DNS 服务器是其他 DNS 服务器的转发器。

假设本地 DNS 服务器的 IP 地址为 192.168.1.2，转发器的 IP 地址为 202.96.134.133。下面介绍配置转发器的方法。

步骤 1：右击本地 DNS 服务器，选择"属性"命令，如图 1-26 所示。

图 1-26　属性

步骤 2：在"TY09 属性"对话框中，打开"转发器"选项卡，在所选域的转发器的 IP 地址列表中添加转发器的 IP 地址 202.96.134.133，如图 1-27 所示。

图 1-27　编辑转发器

在配置了转发器以后，如果 202.96.134.133 上有域名 ftp.tianyi.com，而本地 DNS 服务器 192.168.1.2 上没有该记录，则本地 DNS 服务器就可以通过转发器解析到域名 ftp.tianyi.com，然后该记录就会缓存到本地 DNS 服务器上，下次直接解析而不需要再查询转发器。

任务回顾

本任务主要是通过在天驿公司内部架设一台 DNS 服务器，来解析本网络内的域名。配置过程中需要注意以下几点：第一次新建区域的时候，要选择"主要区域"，并且不允许动态更新；"新建主机"的时候，可以同时在反向查找区域中创建 PTR 记录，只需勾选"创建相关的指针（PTR）记录"复选框；新建别名记录的时候，要在"新建资源记录"对话框中输入别名"www"和目标主机完全合格的域名www.tianyi.com。

任务二　DNS 客户端设置

任务描述

天驿公司的内部 DNS 服务器已经配置好，但是员工还是不能用域名访问 Web 服务器，经理找到管理员问明原因，管理员经过查询后告诉经理，这是因为还没有进行 DNS 客户端设置。

任务分析

DNS 服务器配置好后还需要配置 DNS 客户机，主要是为客户机指定 DNS 服务器的 IP 地址，从而使它们能请求 DNS 服务。有两种方法来实现 DNS 客户端设置：一是动态获得 DNS 服务器地址；二是配置静态 DNS 服务器地址。

静态 DNS 服务器地址的设置非常简单，请选手自行完成。下面主要用动态获得 DNS 服务器地址实现。

任务实现

动态获得 DNS 服务器地址，就是与 DHCP 服务器结合使用，即在 DHCP 服务器上为 DHCP 客户端配置 DNS 服务器。

步骤 1：在 DHCP 服务器中，右击"作用域选项"→"配置作用域选项"，如图 1-28 所示。

图 1-28　配置选项

步骤 2：在 DHCP 服务器的"作用域 选项"对话框的"常规"选项卡中，选择"006 DNS 服务器"，在"IP 地址"文本框中输入 DNS 服务器的 IP 地址，单击"添加"按钮，如图 1-29 所示。

步骤 3：在客户机的"Internet 协议（TCP/IP）属性"对话框中，选中"自动获得 DNS 服务器地址"单选按钮，如图 1-30 所示。

图 1-29　DNS 服务器 IP 地址

图 1-30　自动获得 DNS 服务器地址

任务回顾

本任务主要是进行 DNS 客户端设置。配置过程中需要注意以下几点：动态获得 DNS 服务器地址，要与 DHCP 服务器结合使用，即在 DHCP 服务器上为 DHCP 客户端配置 DNS 服务器。在客户机的"Internet 协议（TCP/IP）属性"对话框中，选中"自动获得 DNS 服务器地址"单选按钮。

任务三　DNS 辅助区域配置

任务描述

天驿公司的经理早晨来到公司，准备给客户发一封电子邮件，但发现上不了网，要管理员查明原因，管理员发现 DNS 服务器中毒，导致 DNS 解析失败。为了解决这个问题，管理员建议安装两台 DNS 服务器，一台作为主服务器，另一台作为辅助服务器。这样就可以解决这个问题。

任务分析

为了解决由于主 DNS 服务器发生软/硬件故障导致不能上网的问题，管理员分析非常正确，重新配置一台辅助 DNS 服务器，这样，当主 DNS 服务器正常运行时，辅助服务器只起备份作用，当主 DNS 服务器发生软/硬件故障后，辅助 DNS 服务器便立即启动，承担 DNS 解析服务，自动从主 DNS 服务器上获取相应的数据，因此，无须在辅助 DNS 服务器中添加各种主机记录。

天驿公司主 DNS 服务器 IP 为 192.168.1.2，正向查找区域为 tianyi.com。辅助 DNS 服务器 IP 设为 192.168.1.254，在主 DNS 服务器上配置区域复制属性，在辅助 DNS 服务器中创建辅助区域。

步骤 1：右击主 DNS 服务器中的"tianyi.com"→"属性"，如图 1-31 所示。

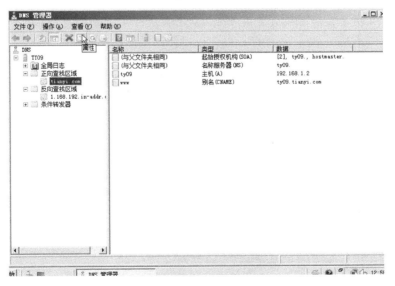

图 1-31　区域属性

步骤 2：在"属性"对话框中打开"区域传送"选项卡，勾选"允许区域传送"复选框，选中"只允许到下列服务器"单选按钮，在"IP 地址"文本框中输入 IP 地址 192.168.1.254，单击"编辑"按钮，如图 1-32 所示。

步骤 3：右击辅助 DNS 服务器中的"正向查找区域"，在下拉菜单中选择"新建区域"命令，如图 1-33 所示。

图 1-32　区域传送

图 1-33　新建区域

步骤 4：在区域类型界面中选中"辅助区域"单选按钮，如图 1-34 所示。

图 1-34　辅助区域

步骤 5：在区域名称界面中，输入域名"tianyi.com"，如图 1-35 所示。

图 1-35 区域名称

步骤 6：在主 DNS 服务器 IP 地址文本框中，输入 192.168.1.2，如图 1-36 所示。

图 1-36 主 DNS 服务器

步骤 7：在图 1-36 所示文本框中单击"下一步"按钮，出现完成新建区域的界面，这样就创建了名为 tianyi.com 的辅助区域，如图 1-37 所示。

图 1-37 辅助区域完成向导

步骤8：在 DNS 管理控制台中的正向查找区域 tianyi.com 下，可以看到从主 DNS 服务器主要区域 tianyi.com 中复制了主机记录 www，如图 1-38 所示。

图 1-38　查看复制的主机记录

　小贴士

　　配置完辅助区域，就可以复制区域文件了。区域文件复制在以下情况时发生。

　　（1）当辅助 DNS 服务器的 DNS 服务启动时，或者辅助区域的刷新间隔（默认 15min）到期时，它会向主 DNS 服务器主动请求更新。

　　（2）当主 DNS 服务器向辅助 DNS 服务器通知区域更改时。

　　（3）当在区域的辅助服务器中使用 DNS 控制台手动启动区域复制时，即右击辅助区域，从弹出的快捷菜单中选择"从主服务器复制"命令时。

步骤9：验证辅助 DNS 是否生效。

将主 DNS 服务器关机，在客户机上的"Internet 协议（TCP/IP）属性"对话框中，选中"使用下面的 DNS 服务器地址"单选按钮，在备用 DNS 服务器选项中，输入辅助服务器的 IP 地址 192.168.1.100。然后让员工利用域名访问 Web 服务器，能访问则验证通过。

任务回顾

本任务主要是进行 DNS 辅助区域应用配置。配置过程中需要注意以下几点：在主 DNS 服务器上配置区域复制属性，在"属性"对话框中打开"区域传送"选项卡，勾选"允许区域传送"复选框，选中"只允许到下列服务器"单选按钮，在"IP 地址"文本框中输入辅助 DNS 服务器 IP 地址。在辅助 DNS 服务器中创建辅助区域，要输入主 DNS 服务器的 IP 地址。

任务四　DHCP 的作用域应用

任务描述

一天中午，天驿公司总经理发现自己的计算机"IP 地址冲突"，并且上不了网，找来管理员解决该问题，管理员认为是有员工擅自修改 IP 地址导致的，可以通过搭建一台 DHCP 服务器解决该问题。

任务分析

网络管理员为每一台计算机手动分配一个 IP 地址，这样将会大大加重网络管理员的负担，还容易导致 IP 地址分配错误，有什么办法既能减少管理员的工作量、减小输入错误的可能，还能避免 IP 地址冲突。熟练掌握 Windows Server 2008 中 DHCP 的作用域配置。

天驿公司有 100 台计算机的网络，属于大中型网络，使用 DHCP 服务器可以大大提高效率。使用 Windows Server 2008 来进行 DHCP 的作用域配置。

知识链接

DHCP 指的是由服务器控制一段 IP 地址范围，客户机登录服务器时就可以自动获得服务器分配的 IP 地址和子网掩码，从而减少管理地址配置复杂性的网络协议。

任务实现

步骤 1：单击"开始"→"管理工具"→"计算机管理"按钮，在服务器管理器中执行添加角色，如图 1-39 所示。

图 1-39　添加角色

步骤 2：选择"DHCP 服务器"复选框，单击"下一步"按钮，如图 1-40 和图 1-41 所示。

图 1-40　DHCP 服务器一

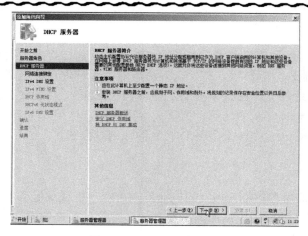

图 1-41　DHCP 服务器二

步骤 3：自动选择"网络连接绑定"后，单击"下一步"按钮，如图 1-42 所示。

图 1-42　网络连接绑定

步骤 4：在 IPv4 DNS 设置、IPv4 WINS 设置、DHCP 作用域、DHCPv6 无状态模式、IPv6 DNS 设置等操作步骤中，都单击"下一步"按钮，如图 1-43～图 1-47 所示。

图 1-43　IPv4 DNS 设置

图 1-44　IPv4 WINS 设置

图 1-45　DHCP 作用域

图 1-46　DHCPv6 无状态模式

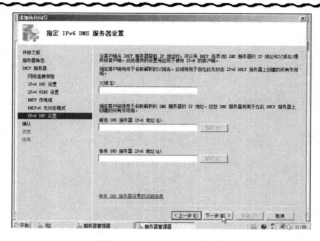

图 1-47　IPv6 DNS 设置

步骤 5：最后，单击"安装"按钮，稍候片刻，完成 DHCP 角色的添加，如图 1-48 所示。

图 1-48　确认安装

步骤 6：展开 IPv4 选项，在快捷菜单中选择"新建作用域"命令，如图 1-49 所示。

图 1-49　新建作用域

步骤 7：单击"下一步"按钮，输入作用域名称，如图 1-50 和图 1-51 所示。

图 1-50　新建作用域向导

图 1-51　输入作用域名称

步骤 8：输入起始 IP 地址等信息，然后单击"下一步"按钮，如图 1-52 所示。

图 1-52　IP 地址范围

步骤 9：输入排除 IP 地址范围、服务器分配的作用域租用期限，可根据需要进行设置，此处省略。

步骤 10：选中"是，我想现在配置这些选项"单选按钮，单击"下一步"按钮，然后，输入路由网关 IP，如图 1-53 和图 1-54 所示。

图 1-53　配置 DHCP 选项

图 1-54　默认网关

步骤 11：在以下几步中，连续单击"下一步"按钮，即可完成 DHCP 配置，如图 1-55～图 1-58 所示。

图 1-55　域名称和 DNS 服务器

图 1-56　WINS 服务器

图 1-57　激活作用域

图 1-58　完成新建作用域向导

验证：在员工的计算机中单击"控制面板"，选择"网络连接"命令，右击本地连接的图标，在弹出的快捷菜单中选择"属性"命令，在打开的对话框中，选中"Internet 协议（TCP/IP）"复选框，然后单击"属性"按钮，在打开的对话框中选中"自动获得 IP 地址"及"自动获得 DNS 服务器地址"单选按钮，单击"确定"按钮。利用 ipconfig 命令来看一下员工计算机的 IP 地址分配情况。进入 DOS 模式下，在命令提示符下输入"ipconfig/all"命令，可以看到，DHCP 客户机已经成功租用了 IP 地址及一些信息，如默认网关192.168.1.1，DNS 服务器 192.168.1.2，还有子网掩码、租约期限等，打开网络能正常上网，则 DHCP 服务器配置成功。

任务回顾

本任务主要是进行 DHCP 的作用域应用配置。配置过程中需要注意以下几点：起始 IP地址和结束 IP 地址要在同一个子网内。配置 DHCP 选项时要把网关和 DNS 一并配置完。

任务五　DHCP 配置保留 IP

任务描述

天驿公司已经配置好 DHCP 服务器，但总经理发现有时 IP 地址会变化，使用起来不方便，现想使用同一个 IP 地址。经理找到管理员，管理员认为此问题可以使用保留 IP 地址来实现。

任务分析

要实现此功能，需要在作用域中配置客户机保留地址，将指定的 IP 地址保留给某个特定的 DHCP 客户计算机。在配置过程中，需要提供客户机的 MAC 地址和支持的类型。

任务实现

步骤 1：右击"保留"项，在弹出的快捷菜单中选择"新建保留"命令，如图 1-59 所示。

图 1-59　新建保留

步骤 2：输入如图 1-60 所示信息。保留名称任意写，IP 地址输入起始的 IP 地址，MAC 地址是输入网卡的地址，中间不要用横杠，描述任意输入。MAC 地址：开始→运行→输入 cmd→ipconfig/all，本机网卡地址为：00-0c-29-E3-39-83。

图 1-60　输入新建保留信息

步骤 3：单击"添加"按钮，完成配置。

步骤 4：验证保留 IP 是否成功。

管理员在总经理的计算机上，进入 DOS 模式，在命令提示符下输入"ipconfig/all"命令，可以看到，总经理的计算机已经成功租用了 IP 地址及一些信息，如 IP 地址 192.168.1.100，默认网关 192.168.1.1，DNS 服务器 192.168.1.2，还有子网掩码、租约期限等，打开网络能正常上网。关机后重复上面的操作，得到的 IP 地址一样，则 DHCP 配置保留 IP 成功。

小贴士

默认情况下大部分计算机使用的一般都是自动获取 IP 地址的方式，无须进行修改。至此，DHCP 客户端计算机已经全部设置完成。在 DHCP服务器正常运行的情况下，首次开机的客户端计算机会自动获取一个 IP 地址并拥有一定时间的使用期限。

客户端无法获得 IP 地址：如果 DHCP 客户端没有已配置的 IP 地址，这通常说明该客户端无法联系 DHCP 服务器。这可能是由网络问题导致的，也可能因为 DHCP 服务器不可用。如果 DHCP 服务器启动并且其他客户端可获得有效地址，请检查该客户端是否具备有效的网络连接，以及所有相关客户端硬件设备（包括电缆和网络适配器）是否工作正常。

任务回顾

本任务主要是进行 DHCP 配置保留 IP。配置过程中需要注意以下几点：要查看需要保留 IP 的主机 MAC 地址。MAC 地址是输入网卡的地址，中间不要用横杠。

比赛心得

在企业网项目的技能比赛中，Windows Server 服务器配置比赛中关于 DNS 与 DHCP 服务器的配置应用是比较广泛的，题目要求的参数一般比较多，临场操作时，众多考生由于阅读题意不太细心，经常在一些操作细节中由于参数的配置不到位而被扣分。所以，在平时的训练中，教练应该在配置参数上变化，让选手多练，在多次的训练中，提高选手的操作速度，同时保证考生做题的完整性、科学性。

实训

1．某企业的网络要配置一台 DHCP 服务器，为网络内部的计算机自动分配 IP 地址。要求如下：

（1）检查系统是否已安装 DHCP 服务，没有则先安装 DHCP 服务；

（2）设置该网络计算机 DHCP 服务器的 IP 地址；

（3）DHCP 服务器必须授权，未经授权操作的服务器无法提供 DHCP 服务；

（4）当 DHCP 服务器被授权后，还需要对它设置 IP 地址范围；

（5）给客户端计算机设置一定时间的租约；

（6）设置服务器端的路由器和 DNS；

（7）保存 DHCP 服务的所有设置；

（8）客户端必须自动获取 IP 地址；

（9）客户端用网络命令来测试 DHCP 服务。

2．新建一个企业的 DHCP 服务器站点，要求如下：

（1）做 DHCP 服务的计算机必须安装能做服务器的操作系统 Windows Server 2008；

（2）设置客户端自动获取 IP 地址。

3．某企业要构建一个 DNS 服务器，能进行本地域名的正向和反向解析。

（1）设置如表 1-1 所示的主机名。

表 1-1

主 机 名	对 应 地 址
www.ks1X.com	192.168. X .37
www.ks2X.com	192.168. X .37

（2）设定以上主机的反向解释地址。

（3）启动 DNS 服务器的动态更新功能。

（4）使用 Ping 命令测试 www.ks1X.com 是否成功连接。

（5）使用 Ping 命令测试 www.ks2X.com 是否成功连接。

项目二 IIS 应用

WWW（万维网）正在逐步改变全球用户的通信方式，这种新的大众传媒比以往的任何一种通信媒体都要快，因而受到人们的普遍欢迎。在过去的十几年中，WWW 飞速增长，融入了大量的信息，利用 IIS 建立 Web 服务器是目前世界上使用最广泛的手段之一。

任务一 安装 IIS 并配置 FTP

任务描述

天驿公司由于规模不断扩大，员工的数量也逐渐增多，经理发现有时员工共享一些文件很麻烦，经理希望有一种技术可以满足这种需要，经理找到管理员让他来解决，管理员认为搭建一个 FTP 服务器就可以了，用 IIS 可以实现此功能。

任务分析

Windows 提供的 IIS 服务器中内嵌了 FTP 服务器软件，包括配置 FTP 站点、配置 Web 站点等功能，所以管理员的决定是正确的，管理员准备实施。

任务实现

步骤 1：右击"我的电脑"，单击"管理"，弹出"服务器管理器"对话框，如图 2-1 所示。

图 2-1　打开服务器管理器

步骤 2：单击"角色"→"添加角色"，单击"下一步"按钮、选择"Web 服务器（IIS）"复选框，如图 2-2 所示。

图 2-2　选择"Web 服务器（IIS）"

步骤 3：单击"下一步"按钮，选择"FTP 发布系统"、"FTP 服务器"、"FTP 管理控制台"复选框，单击"下一步"→"安装"按钮，如图 2-3 所示。

图 2-3　选择角色选项

步骤4：安装完成后，单击"开始"→"程序"→"管理工具"按钮，打开"Internet 信息服务（IIS）6.0 管理器"窗口，如图 2-4 所示。

图 2-4　打开"Internet 信息服务（IIS）6.0 管理器"窗口

步骤 5：右击"FTP 站点"→"新建"→"FTP 站点"，输入该 FTP 的名称，设置该 FTP 的 IP 地址和端口，如图 2-5 所示。

图 2-5　设置该 FTP 的 IP 地址和端口

步骤 6：选择 FTP 的路径，单击"完成"按钮。FTP 站点创建完成，如图 2-6 所示。

图 2-6　FTP 站点创建完成

任务回顾

本任务主要讲述了 FTP 服务器的安装和简单配置，对于选手来说还是比较简单的，但选手切不可粗心大意，要认真练习，达到非常熟练的程度。

任务二　配置 FTP 用户权限与安全性

任务描述

管理员成功创建 FTP 站点后，发现用户的权限非常混乱，也没有什么安全性可言，这样会造成员工之间互相访问，员工也可以访问经理的文件夹，管理员决定解决这些问题，以免经理有一天找自己的麻烦。

任务分析

在 FTP 服务器中，设置用户权限和安全性是非常重要的，这样可以保护用户文件的安全，所以管理员的想法是对的，因为如果不保护好员工的文件，很容易给公司造成损失，管理员决定开始实施。

任务实现

步骤 1：右击"Ftp 新建"→"属性"，如图 2-7 所示。

图 2-7　新建 FTP 站点

步骤 2：打开"安全账户"选项卡，更改匿名登录该 FTP 的用户，如图 2-8 所示。
步骤 3：打开"主目录"选项卡，更改该 FTP 的路径，如图 2-9 所示。
步骤 4：打开"目录安全性"选项卡，设置限制某个 IP 访问该 FTP 或只允许某个 IP 访问该 FTP，如图 2-10 所示。

图 2-8　更改匿名登录该 FTP 的用户

图 2-9　更改 FTP 的路径

图 2-10　访问限制

任务回顾

本任务主要讲述 FTP 的配置，验证各用户使用 FTP 站点的各种权限是否正常。在本任务的配置之前，不仅要清楚了解 FTP 站点的所在位置，并明确站点开放的用户或用户组，正确配置相应用户的权限，保证所要求的用户能按要求正常使用 FTP 站点。

任务三　创建 WWW 站点

任务描述

天驿公司准备搭建一个 Web 服务器为：www.tianyi.com，用来作为宣传公司的形象网站，经理让管理员去实施。

任务分析

使用 Internet 信息服务（IIS），可以很容易地创建 Web 站点，配置 Web 站点之前，必须清楚了解 Web 站点文件所在的位置，正确配置首页文件。配置完成后，应及时使用网页文件，测试 Web 站点是否成功运行。

任务实现

步骤 1：在"服务器管理器"窗口中单击"角色"→"Web 服务器（IIS）"→"Internet 信息服务（IIS）"，如图 2-11 所示。

图 2-11　Internet 信息服务（IIS）管理器

步骤 2：右击"网站"，选择"添加网站"，在弹出的"添加网站"对话框中设置该站点名称、主目录、IP 地址，完成后单击"确定"按钮，如图 2-12 所示。

图 2-12　添加网站

步骤 3：需要浏览站点时，打开 IE 浏览器，在地址栏中输入站点的 IP 地址即可访问该站点，如图 2-13 所示。

任务回顾

本任务操作完成后，必须确保所访问的网页内容正常可见，在验证时留意网页的脱机记录情况，采用刷新所访问站点的方法，力求网站浏览效果对应网页的最新更新。

图 2-13 测试网页

任务四 设置 WWW 网站高级属性

任务描述

为了更好地管理好天驿公司的 Web 服务器，技术部要求每个网络管理员设置 Web 网站高级属性，来保证公司 Web 服务器的稳定性。

知识链接

网站的高级设置包括网站的 IP 绑定、站点的连接限制等，其中连接超时、最大带宽指定、IP 绑定是技能竞赛中要求必须掌握的操作技能。

任务分析

打开"管理网站"→"高级设置"，就可以进行 Web 站点高级属性的管理操作了。本任务涉及 Web 连接限制等高级属性的操作，在操作之前，对所要求的所有属性要明确，力求一次操作成功。

任务实现

步骤 1：右击站点，选择"管理网站"→"高级设置"，弹出"高级设置"对话框，如图 2-14 所示。

步骤 2：右击站点，选择"编辑绑定"命令，在弹出的"网站绑定"对话框中可以修改该站点的 IP 地址和主机名，如图 2-15 所示。

图 2-14　高级设置

图 2-15　网站绑定

任务回顾

本任务操作涉及 Web 服务器的属性设置，在应用操作过程中，不仅要注意站点的连接限制，在网站绑定的操作中，更要注意端口和 IP 绑定的应用。

比赛心得

在企业网项目的技能比赛中，Windows Server 服务器应用知识点众多，选手接触 Windows 操作系统的初期阶段，可以先练习以下操作技能：用户与组的管理、安装 IIS、配置 FTP、配置 Web 站点，并尝试对站点的高级属性进行相应的设置，经过多次操作，选手自然会熟悉 Windows 操作系统配置环境，从而提高选手深入研究 Windows 操作系统的信心和兴趣。队员的钻研信心和兴趣是训练初期阶段的重点培养内容，这对队员在专业技能上的提高帮助极大。

实训

1．在 Windows Server 2008 中配置 FTP 服务，要求如下：

（1）FTP 服务 IP 为 192.168.1.201；

（2）设定 FTP 主机，每组的用户只能访问对应的目录，管理员可以管理所有目录，如表 2-1 所示。

表 2-1

用　户	组	目　录	访 问 性
HjselA	OfficerA	C:\www\site1	只读
HjselB	OfficerB	C:\www\site2	读/写
HjselC	OfficerC	C:\www\site3	读/写

（3）连接超时 2min；

（4）最大连接数为 100。

2．在 Windows Server 2008 中配置 Web 服务，要求如下：

（1）设定 Web 服务 IP 锁定为 192.168.1.201；

（2）设定 Web 主机，分别在相应目录下面创建网页文件 index.htm，index.html，如表 2-2 所示；

表 2-2

主　目　录	启　动　主　页
C:\www\site1	index.htm

（3）每个站点最大访问数设定为 1500 个连接；

（4）每个站点最大带宽为 1024KBps。

项目三　共享和磁盘管理

计算机联网的主要目的就是资源共享，资源共享包括软件资源和硬件资源的共享。软件资源共享主要是共享文件夹。但用户将某个文件夹共享后，网络上的用户在权限许可的情况下就可以访问该文件夹的文件、子文件夹等内容。

数据存储是操作系统的重要功能之一，网络管理员的主要工作就是保证用户和应用程序有足够的磁盘空间保存和应用数据。磁盘管理的主要功能就是磁盘分区和卷的管理、磁盘配额和磁盘的日常维护管理。

任务一　设置共享文件夹

任务描述

天驿公司的员工为了工作的方便，想有一台计算机上可以存放大家的内容，以便有需要的员工可以去访问，这样也就不用拿 U 盘传来传去了，于是找到管理员帮忙解决，管理员认为最简单的方法就是利用共享。

> **小贴士**
>
> 共享配置操作较为容易，在比赛过程中，选手常由于操作失误而丢分，很多配置的参数都有默认值，而比赛一般需要更改默认值。

任务分析

管理员的决定是正确的，因为用 U 盘传来传去很容易让电脑感染病毒，员工们之间最简单的信息访问就是共享了，这样可以解决员工很多烦恼，管理员的工作量也不是很大，于是管理员决定实施。

任务实现

步骤 1：右击需要共享的文件夹，选择"属性"命令，如图 3-1 所示。

步骤 2：打开"共享"选项卡，单击"共享（H）"按钮，设置要与其共享的用户后单击"共享"按钮，如图 3-2 所示。

步骤 3：右击共享文件夹，选择"属性"→"共享"，单击"高级共享"按钮，弹出"高级共享"对话框，如图 3-3 所示。

图 3-1　"文件共享 属性"对话框

图 3-2　选择要共享的用户

图 3-3　设置共享名

步骤 4：单击"添加"按钮，可以添加该文件的共享名称，并设置用户访问数量，再单击"确定"按钮，如图 3-4 所示。

图 3-4　添加共享名称

步骤 5：单击"权限"按钮，弹出"文件共享名称 的权限"对话框，设置用户访问该共享文件夹的权限，再单击"确定"按钮，如图 3-5 所示。

步骤 6：测试共享。采用以下办法，可以测试建立的共享是否正常。单击"开始"→"运行"按钮，输入"\\IP 地址"（例如 IP 地址为：1.1.1.1），如图 3-6 所示。

图 3-5　设置共享权限

图 3-6　测试共享应用

任务回顾

本任务的实现，首先必须确定要设置共享的计算机，明确共享的目录和权限，在 Windows 的操作中实现，这个任务完成后，还要注意测试共享应用效果，这样才可以检查到设置是否正确。

任务二　动态磁盘管理

任务描述

天驿公司的员工，在访问服务器时，经常抱怨速度慢，而且管理员也发现服务器的磁盘空间即将用完，管理员决定添置大容量磁盘为内部员工提供网络存储、文件共享、数据库等网络服务功能，满足日常的办公需要，针对速度慢、空间不够等问题，管理员决定购买硬盘后使用动态磁盘进行管理。

任务分析

动态磁盘的管理是基于卷的管理。卷由一个或多个磁盘上的可用空间组成的存储单元，可以将它格式化为一种文件系统并分配驱动器号。动态磁盘具有提供容错、提高磁盘利用率和访问效率的功能，所以管理员这样解决是正确的。

任务实现

1. 简单卷

步骤 1：在磁盘管理控制台的图形视图下，用鼠标右键单击动态盘上标记为"未分配"的可用空间，按照需要选择"新建简单卷"，如图 3-7 所示。

图 3-7　新建简单卷

> **小贴士**
>
> 基本盘只支持简单卷，这些简单卷可以用于创建主分区、扩展分区和逻辑驱动器。如果把一个基本磁盘升级为动态磁盘时其已经包含有分区，则所有这些分区都将自动转化为简单卷。

步骤 2：在打开的"新建简单卷向导"对话框中列出了新建卷的最大容量和最小容量。默认情况下，简单卷的大小等于磁盘上剩余的未指派空间的大小。设置完毕单击"下一步"按钮，如图 3-8 所示。

 小贴士

> 卷的大小根据需要而定。若先期创建的简单卷容量不足，日后可扩展它的容量。

步骤 3：打开"分配驱动器号和路径"对话框，该对话框中提供了三个可选项，分别是"分配以下驱动器号"、"装入以下空白 NTFS 文件夹中"，或者"不分配驱动器号或驱动器路径"。选中"分配以下驱动器号"单选按钮，并单击"下一步"按钮，如图 3-9 所示。

图 3-8　指定简单卷大小　　　　　　　图 3-9　分配驱动器号和路径

步骤 4：在打开的"格式化"对话框中可以选择卷的格式化类型。另外还要指定分配单位大小和设置卷标，并可以使用快速格式化，选中"执行快速格式化"复选框，并依次单击"下一步"→"完成"按钮。向导会开始创建并配置卷，如图 3-10 所示。

 小贴士

> 只有被格式化为 NTFS 文件系统的简单卷和跨区卷才可以被扩展。快速格式化选项不会进行磁盘错误检查。

步骤 5：在磁盘管理界面，可以看到新添加的简单卷，表示创建成功，如图 3-11 所示。

图 3-10　格式化分区　　　　　　　　图 3-11　显示简单卷

2．跨区卷

步骤 1：在磁盘管理控制台的图形视图下，用鼠标右键单击动态盘上标记为"未分配"的可用空间，按照需要选择"新建跨区卷"，如图 3-12 所示。

步骤 2：在打开的"新建跨区卷"向导对话框中列出了新建卷的最大容量和最小容量。默认情况下，跨区卷的大小等于磁盘上剩余的未指派空间的大小。设置完毕后单击"下一步"按钮，如图 3-13 和图 3-14 所示。

图 3-12　新建跨区卷

图 3-13　选择磁盘

 小贴士

跨区卷可跨越多块磁盘，卷容量大小为所包含的各个磁盘选择空间量的和。

步骤 3：打开"分配驱动器号和路径"对话框，该对话框中提供了三个可选项，分别是"分配以下驱动器号"、"装入以下空白 NTFS 文件夹中"，或者"不分配驱动器号或驱动器路径"。选中"分配以下驱动器号"单选按钮，并单击"下一步"按钮，如图 3-15 所示。

图 3-14　选择磁盘

图 3-15　分配驱动器号和路径

步骤 4：在打开的"格式化"对话框中可以选择卷的格式化类型。另外还要指定分配单位的大小和设置卷标，并可以使用快速格式化，选中"执行快速格式化"复选框，并依次单击"下一步"→"完成"按钮。向导会开始创建并配置卷，如图 3-16 所示。

步骤 5：单击"完成"按钮，跨区卷创建结束，如图 3-17 所示。

图 3-16　卷区格式化

图 3-17　完成跨区卷创建

步骤 6：在磁盘管理界面，可以看到新添加的跨区卷，表示创建成功，如图 3-18 所示。

图 3-18　显示跨区卷

3．带区卷

步骤 1：在磁盘管理控制台的图形视图下，用鼠标右键单击动态盘上标记为"未分配"的可用空间，按照需要选择"新建带区卷"，如图 3-19 所示。

图 3-19　选择"新建带区卷"

　　步骤 2：在打开的"新建跨区卷向导"对话框中列出了新建卷的最大容量和最小容量。默认情况下，跨区卷的大小等于磁盘上剩余的未指派空间的大小。设置完毕后单击"下一步"按钮，如图 3-20 所示。

　　步骤 3：打开"分配驱动器号和路径"对话框，该对话框中提供了三个可选项，分别是分配以下驱动器号、装入以下空白 NTFS 文件夹中，或者不分配驱动器号或驱动器路径。选中"分配以下驱动器号"单选按钮，并单击"下一步"按钮，如图 3-21 所示。

图 3-20　选择磁盘

图 3-21　分配驱动器号和路径

　　步骤 4：在打开的"格式化"对话框中可以选择卷的格式化类型。另外还要指定分配单位的大小和设置卷标，并可以使用快速格式化，选中"执行快速格式化"复选框，并依次单击"下一步"→"完成"按钮。向导会开始创建并配置卷，如图 3-22 所示。

　　步骤 5：单击"完成"按钮，跨区卷创建结束，如图 3-23 所示。

图 3-22　卷区格式化

图 3-23　完成带区卷创建

　　步骤 6：在磁盘管理界面，可以看到新添加的跨区卷，表示创建成功，如图 3-24 所示。

4．镜像卷

　　步骤 1：在磁盘管理控制台的图形视图下，用鼠标右键单击动态盘上标记为"未分配"的可用空间，按照需要选择"新建镜像卷"，如图 3-25 所示。

　　步骤 2：在打开的"新建镜像卷向导"对话框中列出了新建卷的最大容量和最小容量。默认情况下，跨区卷的大小等于磁盘上剩余的未指派空间的大小。设置完毕后单击"下一步"按钮，如图 3-26 所示。

图 3-24　显示带区卷

图 3-25　新建镜像卷

步骤 3：打开"分配驱动器号和路径"对话框，该对话框中提供了三个可选项，分别是"分配以下驱动器号"、"装入以下空白 NTFS 文件夹中"，或者"不分配驱动器号或驱动器路径"。选中"分配以下驱动器号"单选按钮，并单击"下一步"按钮，如图 3-27 所示。

图 3-26　选择磁盘

图 3-27　选择驱动器号和路径

步骤 4：在打开的"格式化"对话框中可以选择卷的格式化类型。另外还要指定分配单位的大小和设置卷标，并可以使用快速格式化，选中"执行快速格式化"复选框，并依次单击"下一步"→"完成"按钮。向导会开始创建并配置卷，如图 3-28 所示。

步骤 5：在磁盘管理界面，可以看到新添加的跨区卷，表示创建成功，如图 3-29 所示。

图 3-28　卷区格式化

图 3-29　显示镜像卷

 小贴士

要创建镜像集的卷必须是简单卷，同时在第二个动态盘上必须有和这个简单卷同等大小或者更大的一块未分配空间。

5. RAID-5

步骤 1：启动磁盘管理控制台，用鼠标右键单击动态盘上的未分配空间。然后选择"新建 RAID-5 卷"。启动新建 RAID-5 卷向导，单击"下一步"按钮，如图 3-30 所示。

图 3-30　新建 RAID-5 卷

小贴士

RAID-5 的工作原理是：每次操作系统写入 RAID-5 卷时，数据都会被写入组成集的每块磁盘上，而用于进行错误检查和纠错的数据奇偶校验信息也会被同时写入磁盘，不过校验信息和数据本身总是会被写入不同的磁盘中。

步骤 2：在打开的"选择磁盘"对话框中，使用该对话框选择需要被包含在该卷中的磁盘，以及需要多少空间用于该卷。从"可用"列表中选择一块或多块具有未分配空间的磁盘，单击"添加"按钮将其添加到"已选的"列表中，并选择空间量的大小，如图 3-31 所示。

图 3-31　选择磁盘

 小贴士

　　RAID-5 卷必须至少选择 3 块以上磁盘。

步骤 3：使用"分配驱动器号和路径"界面分配要使用的驱动器号或路径。选中"分配以下驱动器号"单选按钮，并单击"下一步"按钮，如图 3-32 所示。

步骤 4：在打开的"卷区格式化"对话框中可以选择卷的格式化类型。另外还要指定分配单位的大小和设置卷标，并可以使用快速格式化，选中"执行快速格式化"复选框，并依次单击"下一步"→"完成"按钮。向导会开始创建并配置卷，如图 3-33 所示。

图 3-32　选择驱动器和路径

图 3-33　卷区格式化

步骤 5：单击"完成"按钮，RAID-5 创建结束，如图 3-34 所示。

步骤 6：在磁盘管理控制台可看到新添加的 RAID-5 卷，该卷跨越了三块磁盘，如图 3-35 所示。

图 3-34　RAID-5 创建完成

图 3-35　显示 RAID-5

任务回顾

简单卷是动态盘所支持的动态卷的一种，磁盘上空间是连续的，简单卷不提供容错能力。

跨区卷是指跨越多个驱动器，或者在同一个驱动器上，但空间不连续的卷。Windows 总是会首先将数据写入到跨区集中的第一块磁盘上，当该磁盘写满后，才会开始写入到第二个磁盘上，以此类推。

带区卷是指数据交错分布于两个或更多物理磁盘的卷，此类型卷上的数据交替且平均地分配到各个物理磁盘中，带区卷不能镜像或扩展。

镜像卷可以配置两个驱动器上的两个卷为完全一样的。数据会被同时写入两个驱动器中，如果一个驱动器发生故障，由于另一个驱动器包含了完全一样的数据，因此完全不会有数据丢失。

RAID-5 卷是指使用 RAID-5 方式在三块或更多磁盘上创建的可容错带区卷。RAID5 是带奇偶校验的带区，实现比磁盘镜像更好的读取性能。

任务三　磁盘配额的管理

任务描述

天驿公司共享的目录，公司的员工都有权限访问，但管理员发现，共享文件夹中有很多总是出现有些员工存放过大的文件，造成别人无法存放其他文件，于是管理员决定用配额管理来解决这个问题。

 小贴士

磁盘配额的管理经常涉及的问题有两个：磁盘配额限制和磁盘配额警告级别。例如，可以把用户的磁盘配额限制设为 300MB，把磁盘配额警告级别设为 250MB。在这种情况下，用户可在卷上存储的文件就不能超过 300MB，如果用户在卷上存储的文件超过 250MB，系统将提出警告信息。

任务分析

如果某个员工恶意占领太多的磁盘空间，将导致系统空间不足，员工使用磁盘空间的大小，管理员是无法控制的，只有启用磁盘配额管理，才可以得到解决，所以管理员的想法是正确的。

任务实现

步骤1：右击"我的电脑"→"管理"，选择"角色"，右击"文件服务"→"添加角色服务"，选择"文件服务器资源管理器"复选框，单击"安装"按钮，如图3-36所示。

图3-36　选择角色服务

步骤2：在"服务器管理器"窗口中选择"角色"→"文件服务"→"共享和存储管理"→"文件服务器资源管理器"→"配额管理"→"配额"，如图3-37所示。

图3-37　选择配置

步骤 3：右击"磁盘"，选择"编辑配额属性"，设置对该磁盘的配额，如图 3-38 所示。

图 3-38　设置配额

步骤 4：单击"创建配额"项，在"创建配额"对话框中单击"浏览"按钮选择需要配置的文件夹路径，选择配置限制大小为 100MB，设置后单击"创建"按钮，如图 3-39 所示。

图 3-39　输入配额限制

任务回顾

配额管理是常见的应用案例，目的之一是限制指定用户使用指定磁盘的大小，所以，在操作之前，一定要注意所要限制的用户和限制的存储配额等要求。在本任务中，首先必须确保用户权限的设置正确，这就必须使用相应的用户进行应用，从不同用户的使用成败比较来验证设置是否成功。

任务四　卷影副本

任务描述

天驿公司的管理员在服务器上做了一个共享目录，以便员工们保持，但管理员发现，共享文件夹内的文件一旦被误删除，是无法恢复的，这还是很危险的。于是管理员想到了可以使用卷影副本技术来实现。

> **小贴士**
>
> 卷影副本服务（Volume Shadow Copy Service），它以预定的时间间隔为存储在网络共享文件中的文件创建副本文件。一旦共享文件被恶意修改或破坏，用户就能根据这些副本文件进行还原。

任务分析

大家一定记得 Windows XP 的系统还原功能吧，但它只能还原本机的文件，对共享文件却无能为力了。但随着卷影副本技术的推出，这个问题迎刃而解，所以管理员的决定是正确的。

天驿公司的服务器上有共享文件夹 share，内有文件 config，但不小心在某一天被员工误删了，幸好管理员做了卷影副本，可以将其还原。

任务实现

1．服务器端的设置

步骤 1：在 C 盘上将 share 文件夹进行共享，前面已有讲解，此处略。

步骤 2：开始→我的电脑→右击欲启用卷影副本的 C 盘→选择"属性"，单击"卷影副本"选项卡中的"启用"按钮，再单击"是"按钮，如图 3-40 所示。

图 3-40　启动卷影副本

步骤 3：启动后，系统会自动为该磁盘创建第一个卷影副本，如图 3-41 所示。

小贴士

卷影副本内的文件只可读取，不可更改，而且一个磁盘最多只可有 64 个卷影副本。若到达此上限，最老的卷影副本会被删除。

系统默认是将卷影副本存储区创建在启动卷影副本的磁盘内，但这不是最好的做法，因为会增加该磁盘的负担、降低系统效率。所以最好将卷影副本存储区创建到另外一个未启用卷影副本的磁盘内。

步骤 4：在图 3-41 中，单击"立即创建"按钮，创建新的卷影副本，如图 3-42 所示。

图 3-41　创建第一个卷影副本

图 3-42　创建新的卷影副本

步骤 5：单击图 3-41 中的"设置"按钮，设置卷影副本存储区的容量大小，这里使用默认设置，如图 3-43 所示。

步骤 6：此时服务器端 share 文件夹下有 config 文件，如图 3-44 所示。

图 3-43　设置卷影副本存储区

图 3-44　share 文件夹下的 config 文件

2．客户端访问卷影副本文件

客户端计算机通过网络连接共享文件夹后，不小心误删了某网络文件，可以通过以下的步骤来恢复网络文件。

步骤 1：由于员工的误操作，share 共享文件夹的 config 文件，已经被误删，如图 3-45 所示。

图 3-45　share 文件夹下的 config 文件被误删

步骤 2：右击文件（以 share 文件为例），选择"还原以前的版本"→从"文件夹版本"处选择旧版本的文件，单击"还原"，在弹出的对话框中选择"还原"，单击"确定"按钮，即可还原误删的文件，如图 3-46 所示。

步骤 3：再次打开 share 文件夹，发现 config 文件已经完好恢复回来了，如图 3-47 所示。

图 3-46　还原 config 文件

图 3-47　还原回来的 config 文件

任务回顾

卷影副本是 Windows Server 2003 开始有的技术，到了 Windows Server 2008 已经很成熟了，记得在国赛的试卷中也出现过，所以，选手还是要特别注意，只要掌握了卷影副本的原理，实现起来并不难，主要是选手一定要学会如何验证。

比赛心得

在以往的比赛中，虽然共享配置、磁盘配额和卷影副本等操作所占比例较少，但由于大部分选手平时认为此内容简单，总有人把一些参数设置不当，或没有去更改默认值，所以选手还是要注意，免得因此知识点而丢分。

实训

1. 增加两块硬盘，并升级为动态磁盘，练习跨区卷的创建。
2. 增加的一块硬盘升级成动态磁盘，练习卷的创建和卷的扩展。

项目四 系统安全与防火墙

采用安全策略的创建与管理是 Windows 2008 系统安全的实现方法之一，一般的网络管理员也会应用防火墙技术，为了使网络操作系统更安全地运作。本项目讲述的网络操作系统内容有系统安全策略应用技能案例和防火墙应用案例，包括创建安全策略、防火墙设置两个任务。

任务一 创建安全策略

任务描述

天驿公司的网络操作系统并没有在安全策略上做任务配置，这并不能满足网络操作系统安全运作的需求，本任务要求使用安全配置向导，使用默认的 DNS 名称，新建安全策略，在设置时针对启动 FTP、Web 等服务器角色，采用身份验证的策略建立网络安全规则。

任务分析

安全策略的创建方法有很多，本任务使用最简单的方法，即用安全配置向导实现相关配置，在操作过程中，值得留意的是向导显示的各个步骤所包括的内容，一次操作不会涉及所有内容，但其他内容都是要求每一位网络管理员必须掌握的。

任务实现

步骤 1：单击"开始"→"管理工具"→"安全配置向导"，弹出"安全配置向导"对话框，单击"下一步"按钮，如图 4-1 所示。

图 4-1 安全配置向导

步骤 2：选中"新建安全策略"单选按钮，单击"下一步"按钮，如图 4-2 所示。

步骤 3：输入服务器的 IP 地址或 DNS 名称（可以使用默认名称）后，单击"下一步"按钮，如图 4-3 所示。

图 4-2　新建安全策略　　　　　　　图 4-3　输入服务器的 IP 地址或 DNS 名称

步骤 4：选择启用的服务器角色，单击"下一步"按钮，如图 4-4 所示。

步骤 5：选择客户端功能，单击"下一步"按钮，如图 4-5 所示。

图 4-4　选择启用的服务器角色　　　　　　图 4-5　选择客户端功能

步骤 6：选择管理和其他选项，单击"下一步"，如图 4-6 所示。

图 4-6　选择管理和其他选项

步骤7：选择服务器需要的额外服务，单击"下一步"按钮，如图4-7所示。

步骤8：确认信息是否正确，若不需要更改，单击"下一步"按钮，如图4-8所示。

图4-7　选择服务器需要的额外服务

图4-8　确认服务更改

步骤9：选择启用的网络安全规则，单击"下一步"按钮，如图4-9所示。

步骤10：选择入站身份验证方法，单击"下一步"按钮，如图4-10所示。

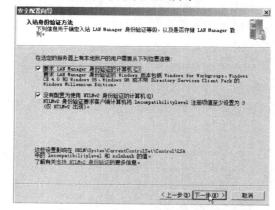

图4-9　选择启用的网络安全规则

图4-10　选择入站身份验证方法

步骤11：确定注册表是否选用正确，单击"下一步"按钮，如图4-11所示。

图4-11　确定注册表是否选用正确

步骤 12：选择系统审核策略，单击"下一步"按钮，如图 4-12 所示。

图 4-12　选择系统审核策略

步骤 13：确认审核策略摘要，单击"下一步"按钮，如图 4-13 所示。

图 4-13　确认审核策略摘要

步骤 14：单击"完成"按钮，创建系统安全策略完成，如图 4-14 所示。

图 4-14　创建系统安全策略完成

任务回顾

使用安全配置向导实现配置，操作过程显得比较容易，但必须重视在操作向导过程中所展示的各种专业术语的具体含义和功能，这只有这样，才能理解操作的原理。

任务二　防火墙设置

任务描述

仅创建相应的安全策略来应对网络操作的安全应用是不足的，也可以采用 Windows 2008 的防火墙技术，使用"高级安全 Windows 防火墙"工具，熟练掌握设置防火墙关闭/开启的设置，掌握防火墙禁止时是否出现提示操作，以及熟练了解 IPSec 设置等。

任务分析

防火墙的应用十分广泛，本任务仅涉及高级安全 Windows 防火墙操作，操作技能显得并不难，一般的方法是在"管理工具"→"高级安全 Windows 防火墙"里实现，但是，关于防火墙的各种功能原理是较难理解的，网络管理员高手都是在经过多次的配置中练出来的。

任务实现

步骤 1：打开"开始"→"程序"→"管理工具"→"高级安全 Windows 防火墙"，如图 4-15 所示。

图 4-15　高级安全 Windows 防火墙

步骤 2：单击"属性"项，弹出"本地计算机上的高级安全 Windows 防火墙 属性"对话框，如图 4-16 所示。

步骤 3：设置防火墙关闭/开启，单击"自定义（设置）"按钮，在弹出的对话框中可设置防火墙禁止时是否出现提示，设置完成后单击"确定"按钮，如图 4-17 所示。

图 4-16　高级安全 Windows 防火墙属性

图 4-17　设置防火墙关闭/开启

步骤 4：打开"IPSec 设置"选项卡，用于 IPSec 建立安全连接的设置，如图 4-18 所示。

图 4-18　IPSec 设置

任务回顾

防火墙属性的安全配置直接影响到 Windows 的安全，配置的完成，有时候会影响 Windows 的一些资源访问，如入站连接或出站连接的访问。所以，在发现有影响时，必须及时联想是否是由防火墙引起的。

比赛心得

安全策略、防火墙应用配置涉及网络安全的操作，是网络管理员必备的操作技能，在平时的训练中，必须让选手重点练习，不仅了解所有默认值的功能，更要了解许多自定义参数的设置和作用。在竞赛中，操作必须按题意进行，这是比赛胜出的关键，所以，必须让选手在平时的训练中养成按题意进行配置的操作习惯。

实训

1．使用安全配置向导，在本地服务器平台上新建安全策略，启动 FTP、Web 等服务器角色，采用身份验证的策略建立网络安全规则。

2．进入高级安全 Windows 防火墙属性，启用防火墙，实现出站链接允许、入站链接阻止等操作。

项目五　组策略管理

　　系统的组策略是管理员为用户和计算机定义并控制程序、网络资源及操作系统行为的一种系统工具。通过使用组策略可以设置各种软件、计算机和用户策略。例如，可以使用组策略从桌面删除图标，自定义"开始"菜单并简化"控制面板"。还可添加在计算机启动或停止及用户登录或注销时运行的脚本，甚至可配置 Internet Explorer。

任务一　域的安装与升级

任务描述

　　天驿公司的经理想让只要任何一台计算机接入网络，其他计算机就都可以访问共享资源，如共享上网等。经理明白尽管对等网络上的共享文件可以加访问密码，但是非常容易被破解，包括数据的传输也是非常不安全的。为了满足公司的需求，现需要实现此功能。

任务分析

　　要把服务器上的资源共享，并且还要确保安全性，只要在服务器上的服务器管理中安装域控制器（Domain Controller，DC）即可。它具有对整个 Windows 域及域中的所有计算机的管理权限。当计算机连入网络时，域控制器首先要鉴别这台计算机是否属于这个域、用户使用的登录账号是否存在、密码是否正确。如果以上信息有一样不正确，那么域控制器就会拒绝这个用户从这台计算机登录。不能登录，用户就不能访问服务器上有权限保护的资源，他只能以对等网用户的方式访问 Windows 共享出来的资源，这样就在一定程度上保护了网络上的资源。

知识链接

　　Windows 界面提供了两个向导，引导用户完成 AD DS 安装过程。第一个向导是添加角色向导，可以在服务器管理器中访问该向导。第二个向导是 Active Directory 域服务安装向导，可以通过下列方法对其进行访问：

　　（1）完成添加角色向导后，单击链接启动 Active Directory 域服务安装向导；

　　（2）单击"开始"→"运行"，输入"dcpromo.exe"，然后单击"确定"按钮。

　　在将 Windows Server 2008 服务器升级为域控制器前，请注意以下事项：

　　（1）DNS 域名。请提前为 Active Directory 域想好一个符合 DNS 格式的域名，如 sayms.com。

　　（2）DNS 服务器。由于域控制器需要登记到 DNS 服务器内，以便让其他计算机通过 DNS 服务器来找到这台域控制器，因此必须要有一台可支持 Active Directory 的 DNS 服务器，也就是它必须支持动态更新。

任务实现

步骤 1：选择"开始"→"管理工具"→"服务器管理"，单击"角色"项，在右侧的"角色"界面中单击"添加角色"项，如图 5-1 所示。

图 5-1　添加角色

步骤 2：在"开始之前"界面中直接单击"下一步"按钮，在"服务器角色"界面中选择"Active Directory 域服务"复选框，如图 5-2 所示，单击"下一步"按钮。

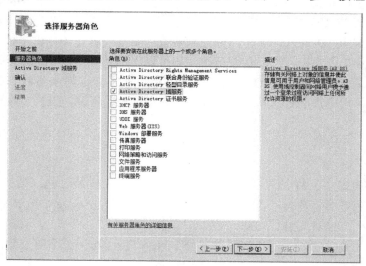

图 5-2　选择服务器角色

步骤 3：在"Active Directory 域服务"界面中单击"下一步"按钮，在"确认"界面中单击"安装"按钮。

步骤 4：完成安装后，直接单击"关闭"按钮。从图 5-3 所示对话框中可知，还必须运行 Active Directory 域服务安装向导（dcpromo.exe），之后这台服务器才会成为功能完善的域控制器。

图 5-3　安装结果

步骤 5：在图 5-4 所示窗口中单击"角色"下的"Active Directory 域服务"项，再单击"运行 Active Directory 域服务安装向导（dcpromo.exe）"。

图 5-4　服务器管理器

步骤 6：在"欢迎使用 Active Directory 域服务安装向导"对话框中直接单击"下一步"按钮，出现"操作系统兼容性"界面时单击"下一步"按钮。

步骤 7：选中"在新林中新建域"单选按钮，单击"下一步"按钮，如图 5-5 所示。

步骤 8：在图 5-6 所示界面中输入域名"sayms.com"后单击"下一步"按钮。

图 5-5　创建域控制器

图 5-6　命名林根域

步骤 9：在图 5-7 所示界面中，将林功能级别设置为 Windows Server 2008。

步骤 10：在图 5-8 所示界面中直接单击"下一步"按钮。由图 5-8 中可知，它会在这台服务器上安装 DNS 服务器，同时第一台域控制器也必须是全局编录服务器的角色、第一台域控制器不可以是只读域控制器。

图 5-7　设置林功能级别

图 5-8　其他域控制器选项

图 5-9　DNS 服务器委派域

步骤 11：出现图 5-9 所示的界面时，直接单击"是"按钮。

步骤 12：在图 5-10 所示的对话框中直接单击"下一步"按钮，其中，数据库文件夹用来存储 Active Directory 数据库；日志文件文件夹用来存储 Active Directory 的变更日志，此日志文件可用来修复 Active Directory；SYSVOL 文件夹用来存储域共享文件（如与组策略有关的文件），注意它必须位于 NTFS 磁盘内。

步骤 13：在图 5-11 所示界面中设置目录服务还原模式的管理员密码，完成后单击"下一步"按钮，目录服务还原模式是一个安全模式，进入此模式可以修复 Active Directory 数据库。用户可以在系统启动时按【F8】键来选择此模式，不过必须输入此处所设置的密码。

图 5-10　域控制器的位置　　　　　　　　　　　图 5-11　设置密码

 小贴士

　　域用户的密码默认必须至少有 7 个字符，且不可包含用户账户名称中超过两个以上的连续字符，另外，至少要包含 A~Z、a~z、0~9、非字母数字（如!、$\#、%）等 4组字符中的 3 组，如 ABCabc123 就是一个有效的密码，而 1234567 则是无效的密码。

　　步骤 14：在"摘要"界面中直接单击"下一步"按钮，完成后重启系统、重新登录。

任务回顾

　　通过域控制器实现了用户访问 Windows，并使 Widows 共享出来的网络资源得到了保护。

任务二　域用户管理应用

任务描述

　　在天驿公司的网络中，经理想让某些指定的用户才可以访问服务器上的部分资源（计算机内的文件、打印机等），为了满足公司的需求，网络管理员通过域控制器实现此功能。

任务分析

　　安装域控制器后，只需将其他计算机加入到域中，域控制器就可以对每个域用户可以进行管理。域控制器中包含了由这个域的账户、密码、属于这个域的计算机等信息构成的数据库。当计算机连入网络时，域控制器首先要鉴别这台计算机是否属于这个域，用户使用的登录账号是否存在、密码是否正确。如果以上信息有一样不正确，那么域控制器就会拒绝这个用户从这台计算机登录。不能登录，用户就不能访问服务器上有权限保护的资源，这样就在一定程度上保护了网络上的资源。

任务实现

　　步骤 1：将 Windows 计算机加入到域。

　　Windows 系统的计算机加入域后，便可以访问 Active Directory 数据库与其他域资源，例如，用户可以在这些计算机上使用域用户账号来登录域，并使用此域用户来访问域内其他计算机内的资源。

（1）选择"开始"→"控制面板"→"系统"，打开"系统"窗口，如图 5-12 所示，单击"改变设置"项。

图 5-12　"系统"窗口

 小贴士

　　必须是 Administrator 才有权限改变设置。因为 Windows Server 2008 计算机默认已经启动用户账户控制，因此它会先要求输入 Administrator 的密码。

（2）在如图 5-13 所示的"系统属性"对话框中单击"更改"按钮。

（3）在如图 5-14 所示的"计算机名称更改"对话框中，选择隶属于"域"，输入域名"sayms.com"，单击"确定"按钮；再输入 Administrator 与其密码，单击"确定"按钮。

（4）出现提醒用户需要重新启动计算机的画面时，单击"确定"按钮。

步骤 2：脱离域。

脱离域的方法与加入域的方法大同小异，其方法一样是通过"开始"→"控制面板"→"系统"，单击"改变设置"项，选择图 5-14 中的"工作组"单选按钮，输入工作组名后出现欢迎加入工作组画面时，单击"确定"按钮，重新启动计算机，之后在这台计算机上就只能使用本地用户账户登录了，无法再使用域用户账户登录。

图 5-13　系统属性

图 5-14　计算机或域改名

小贴士

　　必须是 Enterprise Admins、Domain Admins 的成员或本地系统管理员才有权限将此计算机脱离域。还有，因为 Windows Server 2008 或 Windows Vista 计算机默认已经启用用户账户控制，因此若没有将此计算机脱离域的权限，系统会先要求输入账户与密码。

　　图 5-14 中的工作组名可自行设置或输入网络上现有的工作组名，将计算机设置为同一个工作组的好处是，在浏览网络上的计算机时，可以比较迅速地找到同一个工作组的计算机。

　　步骤 3：管理 Active Directory 内的域用户账户。

　　可以使用 Active Directory 用户和计算机控制台来管理域账户，如用户账户、组账户与计算机账户等，不过只有域控制器才有这个控制台，因此需到域控制器计算机上运行此控制台，运行方法为"开始"→"管理工具"→"Active Directory 用户和计算机"。

　　（1）选择"开始"→"管理工具"→"Active Directory 用户和计算机"，右击域名 sayms.com，选择"新建"→"组织单位"项，输入组织单元名"销售部"，单击"确定"按钮。

　　（2）右击"销售部"，在弹出的快捷菜单中选择"新建"→"用户"命令，如图 5-15 所示。

图 5-15　新建用户

　　（3）弹出如图 5-16 所示的"新建对象-用户"对话框时，进行设置后，单击"下一步"按钮。

　　（4）出现如图 5-17 所示的界面。

图 5-16　新建用户　　　　　　　　　图 5-17　新用户设置密码

在登录画面中，单击"切换用户"按钮，选择"其他用户"，如图 5-18 所示，输入用户名：sayms\dalin，密码：×××××××××登录。

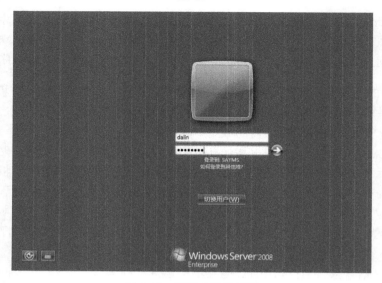

图 5-18　新用户登录界面

（5）单击"开始"→"管理工具"→"组策略管理"，在打开的窗口中展开"林：sayms.com"，展开"域"→"sayms.com"→"Domain Controllers"，如图 5-19 所示，右击"Default Domain Controllers Policy"项，在弹出的快捷菜单中选择"编辑"命令。

图 5-19　组策略管理

（6）在"组策略管理编辑器"窗口中双击"计算机配置"中的"策略"项，选择"Windows 设置"→"本地策略"→"用户权限分配"，双击"从网络访问此计算机"项，单击"添加用户或组"，然后将用户或组添加到列表内，如图 5-20 所示。

图 5-20　组策略设置

完成设置后，还必须等设置值被应用到域控制器后才生效，具体方法：

单击"开始"→"命令提示符"，然后运行命令 gpupdate 或 gpupdate/force 。

最后，用前面创建的用户名和密码来测试新用户是否可以正常登录。

（7）域用户也可以更改属性设置，如图 5-21 所示。

（8）域组的创建与管理。

域内的组可分为三种：本地域组、全局组、通用组。

单击"开始"→"管理工具"→"Active Directory 用户和计算机"，单击域名，右击任意一个容器或组织单元，选择"新建"→"组"项。输入组名、供旧版操作系统访问的组名、选择组作用域和域组类型等，如图 5-22 所示。

图 5-21　域用户属性

图 5-22　新建对象组

右键单击组账户，选择"重命名"项可更改组名，也可以选择"删除"选项将组删除。

任务回顾

用户可以加入到域控制器中，域控制器可以对加入的域用户进行管理和限制，当然，域用户也可以脱离域控制器独立出来。

比赛心得

企业网项目的技能比赛中，Windows Server 2008 服务器应用知识点众多，通过练习如何加入到域、脱离域、域用户管理等多次的操作，选手自然会熟练 Windows 操作系统配置环境，从而提高选手深入研究 Windows 操作系统的兴趣。

实训

在 Windows Server 2008 中创建一个域控制器（DC），然后将局域网的另一台计算机加入到这个域中，最终以域用户的方式登录。要求如下：

（1）在 Windows Server 2008 系统中安装域控制器服务，域控制器为 dc01；

（2）将 Windows XP 加入到 dc01 中；

（3）将 Windows XP 以域用户的方式登录系统。

项目六 NAP 服务配置

在组网规模相对大一些的局域网工作环境中，连接到网络中的每一台计算机的安全状况各不相同，那些没有任何安全防护的计算机一旦连接到局域网中时，病毒、木马很可能会通过网络袭击局域网中的文件服务器或其他重要计算机，严重时能导致局域网网络发生瘫痪现象。如何才能有效制止那些没有采取任何安全措施的计算机直接连接到局域网中呢？自从有了 Windows Server 2008 系统后，这样的难题就迎刃而解了，因为该系统推出了一种新的安全防护措施——网络访问保护功能，该功能会自动对访问局域网的所有普通计算机强制进行安全检查，如果发现其安全标准不达标，会责令其立即采取安全修正措施，或者干脆禁止其访问局域网网络，这样，局域网网络的安全性就能得到有效保证了！

任务一 NAP 安装与基本配置

任务描述

天驿公司的管理员为了保证整个网络的安全，要把局域网内所有要访问服务器的计算机进行健康策略检查，防止客户端计算机的病毒、木马袭击局域网中的文件服务器或其他重要计算机。

任务分析

网络访问保护（NAP）是 Windows Vista、Microsoft Windows XP 和 Windows Server 2008 操作系统中内置的策略执行平台，它通过强制计算机符合系统健康要求更好地保护网络资产。借助网络访问保护，可以创建自定义的健康策略以在允许访问或通信之前验证计算机的健康状况、自动更新符合要求的计算机以确保持续的符合性，也可以将不符合要求的计算机限制到受限网络，直到它们变为符合为止，为了满足公司的需求，管理员决定实现此功能。

任务实现

在 Nap Server 上配置 DHCP、NPS、GPMC，NAP 配置如图 6-1 所示。

图 6-1 NAP 配置

步骤1：安装DHCP服务。前面介绍过DHCP服务的安装，请参照项目二。

IP地址：192.168.1.2；子网掩码：255.255.255.0；网关：192.168.1.1；地址范围：192.168.1.11~200。

步骤2：安装NPS组件。

（1）安装方法与安装DHCP相同，打开"服务器管理器"窗口，在"角色"中添加"网络策略和访问服务"，单击"下一步"按钮，如图6-2所示。

图6-2　添加角色向导

（2）选择"网络策略服务器"复选框，单击"下一步"按钮，如图6-3所示。

图6-3　添加角色服务

（3）单击图 6-4 中的"安装"按钮，开始安装。

（4）图 6-4 为完成安装后的画面，单击"关闭"按钮，如图 6-5 所示。

图 6-4　确认安装

图 6-5　安装结果

步骤 3：安装 GPMC 组策略管理器。

（1）打开"服务器管理器"窗口，单击左侧的"功能"项，再单击右侧窗口中的"添加功能"，如图 6-6 所示。

（2）选择"组策略管理"，单击"下一步"按钮，再根据提示单击"安装"即可。如果"组策略管理"是灰色的，就代表已经安装了"组策略管理"组件。

图6-6　服务管理器

知识链接

网络访问保护（Network Access Protection）是 Windows Vista、Microsoft Windows XP 和 Windows Server 2008 操作系统中内置的策略执行平台，它通过强制计算机符合系统健康要求来更好地保护网络。借助网络访问保护，用户可以创建自定义的健康策略，以在允许访问或通信之前验证计算机的健康状况、自动更新符合要求的计算机，以确保持续的符合性，也可以将不符合要求的计算机限制到受限网络，直到它们符合为止。

任务回顾

Windows Server 2008 中安装网络策略服务，通过网络策略和访问服务来设置客户端访问权限，从而保护整个网络的安全。

任务二　网络访问保护实用设置

任务描述

天骅公司有很多移动用户，经常出差，很长时间不登录内部网络。网络中统一部署了防病毒软件及系统补丁更新，很多移动用户通过 VPN 或其他方式连接公司网络时，连接时间非常短，不能立即下载系统补丁和病毒库。由于病毒库更新不及时，以及系统补丁没有安装，使其笔记本电脑处于"危险"状态，一旦感染病毒并将病毒或木马等其他恶意软件带到内部网络中，将对网络造成极大影响。公司要求网络管理员在用户刚登录网络时自动检测客户端计算机的安全性，符合安全标准后，才允许登录到网络中。为了满足公司的需求，现实现此功能。

任务分析

管理员通过配置网络保护策略（NAP），使用 NPS（Network Policy Server）策略配合 DHCP 服务，完成网络访问保护。

知识链接

NPS 策略包含四部分的内容，分别为：网络健康验证器、更新服务器组、健康策略和网络策略。

网络健康验证器：评估计算机运行状态，需要执行哪些检查及设置检查列表，根据设置的策略检测连接到网络中的计算机时，哪些是安全的、哪些是不安全的，如防火墙关闭就认为不安全、没安装杀毒软件就是不安全的计算机等。启动"网络策略服务器"组件，打开"NPS（本地）"→"网络访问保护"→"系统健康验证器"，在属性列表中配置需要检测的状态。

更新服务器组：允许网络管理员设置状态不良的计算机可以访问的系统，通过访问定义的系统，状态不良的计算机将恢复到正常状态。在设置的过程中，注意目标服务器的 IP 地址和 DNS 域名解析要一致。启动"网络策略服务器"组件，打开"NPS"→"网络访问保护"→"系统健康验证器"，新建一个"更新服务器组"，设置病毒库更新服务器或补丁更新服务器的 IP 地址及名称。

健康策略：用于创建客户端计算机是否健康的标准。建议创建两个策略：一个是安全计算机策略；另一个是不安全计算机策略。网络健康验证器验证出来的计算机如果是安全的就归类到安全计算机策略中，如果网络健康验证器验证出计算机是不安全的，将其归类到不安全计算机策略。启动"网络策略服务器"组件，打开"NPS"→"策略"→"健康策略"，新建两个"健康策略"：一个是"通过所有安全验证"策略；另一个是"没有通过安全健康检查"策略。

网络策略：定义处理逻辑规则，根据计算机运行状况确定如何对其进行处理。网络健康验证器、更新服务器组及健康处理通过网络策略组合在一起。网络策略由管理员定义，用于指导 NPS 如何根据计算机的运行状态处理计算机。NPS 会从上到下评估这些策略，一旦计算机与策略规则相符，处理将立即停止。

任务实现

使用 NAP 向导配置 NPS。

步骤 1：在"运行"对话框中输入"nps.msc"，单击"确定"按钮，如图 6-7 所示（或者启动"开始"→"管理工具"→"网络策略服务器"）。

图 6-7　运行向导

　　步骤 2：单击左侧的"NPS（本地）"项，再在右侧窗口中单击"配置 NAP"项，如图 6-8 所示。

图 6-8　网络策略服务器

　　步骤 3：在"网络连接方法"的下拉列表框中选择"DHCP"，单击"下一步"按钮，如图 6-9 所示。

图 6-9　配置 NAP

　　步骤 4：由于 DHCP 服务器就安装在本机，所以无须设置 RADIUS 客户端，可以跳过这一步设置，直接单击"下一步"按钮，如图 6-10 所示。

　　步骤 5：在"指定 DHCP 作用域"界面，也可不用设置，直接单击"下一步"按钮，如图 6-11 所示。

图 6-10　添加 RADIUS 客户端　　　　　　　　图 6-11　DHCP 作用域

　　步骤 6：在"配置用户组和计算机组"界面，也可不用设置，直接单击"下一步"按钮，如图 6-12 所示。

　　步骤 7：对于"补救服务器"的设置，可以在后面的操作中进行设置，此处可直接单击"下一步"按钮，如图 6-13 所示。

图 6-12　配置计算机组　　　　　　　　　　图 6-13　更新服务器

　　步骤 8：在"定义 NAP 健康策略"界面，保留默认设置，单击"下一步"按钮，如图 6-14 所示。

　　步骤 9：在"显示摘要"界面，可以看到向导完成后，将根据上述设置自动创建图中上半部分所示的各项策略，如图 6-15 所示。

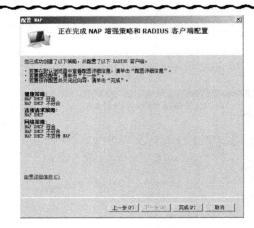

图 6-14　定义 NAP 健康策略　　　　　　　　　图 6-15　完成配置

步骤 10：单击图 6-15 所示"配置 NAP"对话框中的"配置详细信息"项，可以查看 NPS 的具体设置，如图 6-16 所示。

图 6-16　查看网络策略服务器

步骤 11：查看向导设置结果，如图 6-17~图 6-20 所示。

图 6-17　网络策略服务器一

图 6-18　网络策略服务器二

图 6-19　网络策略服务器三

图 6-20　启动安全健康验证

NAP DHCP 符合、NAP DHCP 不符合和 NAP DHCP 不支持 NAP，分别对应安全、不安全的客户端和没有 NAP 功能的客户端。

NAP DHCP 符合、NAP DHCP 不符合两个模板分别对应安全和不安全的设置。

步骤 12：展开"网络访问保护"，单击"系统健康验证器"项，在右侧窗口中，右键单击"Windows 安全健康验证程序"，在弹出的快捷菜单中选择"属性"命令，弹出"Windows 安全健康验证程序 属性"对话框，如图 6-21 所示。

步骤 13：单击"配置"按钮，在"Windows Vista"和"Windows XP"两个选项卡中，只选中防火墙下的复选框，如图 6-22 所示。

图 6-21　配置安全健康验证一

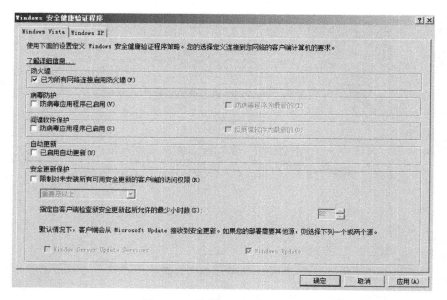

图 6-22　配置安全健康验证二

步骤 14：单击两次"确定"按钮，返回控制台界面。

任务回顾

在网络访问保护（NAP）中，通过配置 NPS（Network Policy Server）策略配合 DHCP 服务来完成网络访问保护。

任务三　配置 NAP 策略服务器

任务描述

天驿公司有很多移动用户，IP 地址是经常变化的，每次接入网络前都必须改成公司内部的 IP 地址，很不方便。公司要求网络管理员实现计算机 IP 地址自动分配。为了满足公司的需求，现需要实现此功能。

任务分析

网络管理员通过配置 DHCP 服务来实现 IP 地址自动分配。DHCP 可以通过租约和预置 IP 相联系，为本地 TCP/IP 网络上自动并安全地分配和租用 IP 地址信息，从而实现 IP 的集中式管理，基本上不需要管理员的人为干预。

知识链接

DHCP 指的是由服务器控制一段 IP 地址范围，客户机登录服务器时就可以自动获得服务器分配的 IP 地址和子网掩码。

任务实现

在 Nap Server 上配置 DHCP 的操作步骤如下所述。

步骤 1：在"运行"对话框中输入"dhcpmgmt.msc"，单击"确定"按钮（或启动"开始"→"管理工具"→"DHCP"），打开 DHCP 控制台，如图 6-23 所示。

图 6-23 DHCP 控制台

步骤 2：右键单击"NAP"作用域，选择"属性"命令，切换到"网络访问保护"选项卡，在"网络访问保护设置"下选中"对此作用域启用"单选按钮，并保持"使用默认网络访问保护配置文件"的选中状态，单击"确定"按钮，如图 6-24 所示。

步骤 3：右键单击"NAP"下的"作用域选项"，选择"配置选项…"，弹出"作用域选项"对话框，如图 6-25 所示。

图 6-24　作用域

图 6-25　配置路由器

步骤 4：切换到"高级"选项卡，确保"用户类别"中选择的是"默认用户类"，再在"可用选项"下勾选"006 DNS 服务器"，并输入"192.168.1.1"；勾选"015 DNS 域名"，并输入"sayms.com"，此域名为通过检查可以完全访问网络的 NAP 客户端的域名后缀，如图 6-26 和图 6-27 所示。

图 6-26　配置 DNS 一

图 6-27　配置 DNS 二

步骤 5：按照步骤 4 中的方法，设置"用户类别"中的"默认的网络访问保护级别"，"006 DNS 服务器"选项的值与步骤 4 相同，"015DNS 域名"选项的值则设为"restricted.sayms.com"，如图 6-28 所示。

图 6-28　完成配置

任务回顾

在 NAP 策略中配置 DHCP 服务，使客户端自动获取 IP 地址，从而实现 IP 的集中式管理，基本上不需要管理员人为干预。

任务四　配置 NAP 客户端

任务描述

天驿公司使用 NPS（Network Policy Server）策略配合 DHCP 服务，完成网络访问保护。公司要求管理员在 NapServer 服务器上配置 NAP 客户端，并在客户端验证是否符合健康策略。为了满足公司的需求，现需要实现此功能。

任务分析

在"组策略"中配置"NAP 客户端设置"，并配置 NAP client settings GPO 的安全筛选，最后通过 NAP 客户机来测试。

知识链接

NAP 客户端配置包含 Windows 服务、强制客户端和 NAP 强制专用设置。要显示 NAP 客户端状态和配置信息，可以使用 netsh nap client show state 和 netsh nap client show configuration 命令。

请注意，如果 NAP 客户端设置由组策略提供，则所有的 NAP 客户端设置都将由组策略指定，且所有本地 NAP 客户端设置都将被忽略。在这种情况下，可以使用 netsh nap client show grouppolicy 命令显示基于组策略的 NAP 客户端配置，并通过组策略进行更改。

任务实现

1. 在"组策略"中配置"NAP 客户端设置"

步骤 1：在"运行"对话框中输入"gpmc.msc"，单击"确定"按钮（"开始"→"管理工具"→"组策略管理"），打开"组策略管理"窗口。

步骤 2：在左侧找到"sayms.com"域并右键单击，选择快捷菜单中的"在这个域中创建 GPO 并在此处链接"命令，并将 GPO 命名为"NAP client settings"，如图 6-29 所示。

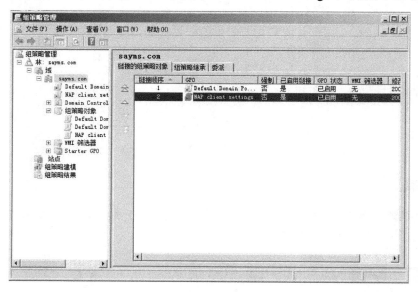

图 6-29　组策略管理

步骤 3：右击新建的 GPO 对象，选择"编辑"命令，打开"组策略管理编辑器"窗口，如图 6-30 所示。

图 6-30　组策略管理编辑器

步骤 4：参考图 6-31 中所示位置和值完成设置，如图 6-32 所示。

图 6-31　安全策略配置

图 6-32　DHCP 强制客户端

启用后，右击"NAP 客户端配置"，选择"应用"命令。

2. 配置 NAP client settings GPO 的安全筛选

步骤 1：打开"组策略管理"。

步骤 2：找到"组策略对象"下的"NAP client settings GPO"，在右侧的窗口中的"安全筛选"下，删除"Authenticated Users"项，如图 6-33 所示。

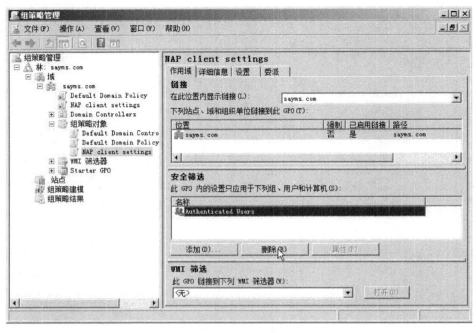

图 6-33　安全筛选

步骤 3：在"安全筛选"中添加"NAP client computers"项。

3. 配置 NAP 客户端计算机——PC01

步骤 1：在 NapServer 上打开"启用网络共享和文件发现"功能。

（1）选择"开始"→"网络"，右键单击窗口上的提示栏，选择"启用网络发现和文件共享"命令，如图 6-34 所示。

图 6-34　网络

（2）启用后，单击工具栏上的"网络和共享中心"按钮，可以看到图 6-35 中的设置结果。

步骤 2：在客户机上测试网络连通性。

（1）在"运行"对话框中输入"CMD"，打开"命令提示符"窗口，通过 ipconfig /all 查看客户端的 IP 地址，如图 6-36 所示。

图 6-35　网络和共享中心

图 6-36　命令提示符

可以看到客户端可以从 NapServer 上获取 IP 地址，如果所获取的 IP 地址不在 DHCP 所设置的地址池内，应当检查 DHCP 服务的设置。但是由于现在客户端还没有加入到域，不符合域的策略设置，所以得到的域名后缀为：restricted.sayms.com，网络访问应该处于限制状态。

（2）使用 Ping 命令测试网络连通性，如图 6-37 所示。

测试发现客户端可以 Ping 通 NapServer，但是 Ping 不通 DC。

图 6-37　Ping 命令测试

（3）通过 route print 命令查看路由表的结果，如图 6-38 所示。

图 6-38　查看路由表

步骤 3：配置 DC01 作为"补救服务器"。

（1）在 NapServer 上，打开"运行"对话框，输入"nps.msc"，启动"网络策略服务器"。

（2）展开"策略"，打开"网络策略"，双击右侧窗口中的"NAP DHCP 不支持 NAP"，弹出"NAP DHCP 不支持 NAP 属性"对话框，如图 6-39 所示。

（3）切换到"设置"选项卡，单击左侧"设置"栏中"网络访问保护"下的"NAP 强制"，然后单击"配置"按钮，弹出"更新服务器和疑难解答 URL"对话框，如图 6-40 所示。

图 6-39　NAP 属性

图 6-40　更新服务器

（4）单击"更新服务器组和…"中的"新建组…"按钮，在组名中输入：domain services，单击对话框上的"添加"按钮，弹出"添加新服务器"对话框，在"友好名称"文本框中输入"dc01"，在 IP 地址文本框中输入"192.168.1.1"，单击"确定"按钮返回，如图 6-41 所示。

图 6-41 添加新服务器

（5）连续单击"确定"按钮返回主界面。

步骤 4：在客户端上重新获取 IP，再次测试网络连通性。

（1）在客户端上使用 ipconfig /renew 命令重新获取 IP，并使用 route print 命令查看路由表，发现路由表中已经可以看到 DC01 的 IP 地址：192.168.1.1，因为它现在是客户端的"补救服务器"，如图 6-42 所示。

图 6-42 查看路由表

（2）使用 Ping 命令测试网络连通性，如图 6-43 所示。

结果表明，客户端已经可以与 DC 建立连接（也就是说，现在可以将客户端加入到域中了）。

图 6-43　测试连通性

步骤 5：把客户端加入域中，如图 6-44 和图 6-45 所示。

图 6-44　更改计算机名称　　　　　　　图 6-45　加入域

步骤 6：在 DC 中（DC01 计算机上），把 PC01 加入到 NAP client computers 组中，如图 6-46 所示。

步骤 7：由于实验中的客户端安装的操作系统为 Windows XP，所以要使用 NAP 功能，必须先安装 SP3 补丁。

步骤 8：检查 XP SP3 客户端上有关 NAP 客户端的组策略设置和 NAP 客户端运行状态。

（1）打开"运行"对话框，输入"cmd"，进入命令提示符窗口。

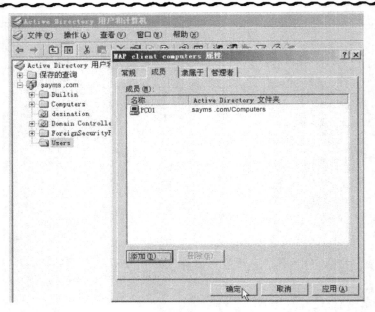

图 6-46　用户和计算机

（2）输入命令"netsh nap client show grouppolicy"，查看 NAP 客户端的组策略设置，如图 6-47 所示。

图 6-47　查看 NAP 客户端的组策略设置

结果显示，DHCP 隔离强制客户端处于 Enable（启用）状态，其他类型的客户端都处于 Disable（禁用）状态，这与在组策略中的设置是一致的。

（3）输入命令"netsh nap client show state"，查看 NAP 客户端状态，如图 6-48 所示。

结果显示："网络访问保护代理"服务没有运行。

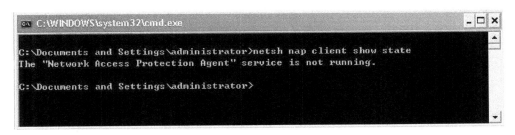

图 6-48　查看 NAP 客户端状态一

（4）右击桌面上的"我的电脑"图标，选择"管理"命令，打开"计算机管理"窗口，单击"服务和应用程序"下的"服务"项，找到右边窗口中的"Network Access Protection Agent"，如图 6-49 所示。

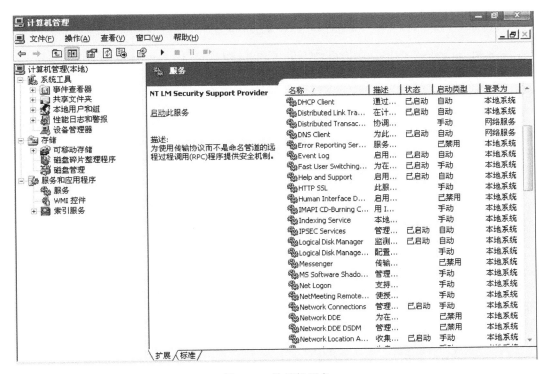

图 6-49　计算机服务

结果显示：该服务的启动类型为 Automatic（自动），可服务并没有成功启动。

（5）单击左上角的"开启"按钮，手工启动服务，并再次运行"netsh nap client show state"，查看 NAP 客户端状态，如图 6-50 所示。

图 6-50　查看 NAP 客户端状态二

结果显示："DHCP 隔离强制客户端"的 Initialized 状态为 Yes，运行状态正常。

步骤 9：检查 NAP 功能。

（1）在客户端，右击桌面上的"My Network Places"（网上邻居），打开"网络连接"窗口，如图 6-51 所示。

图 6-51　网络连接

根据图标显示，可以看到"本地连接"上已经启用了防火墙，按照在 NAP 服务器上的 Shvs（系统健康验证）策略设置，当前系统是可以完全访问网络的。

（2）右击"本地连接"，选择"属性"命令，弹出"本地连接 属性"对话框，切换到"高级"选项卡，单击"Windows 防火墙"下的"设置"按钮，如图 6-52 所示。

（3）在"Windows 防火墙"设置对话框的"General（常规）"选项卡中，将设置改为"关闭"，再单击两次"确定"按钮，保存设置并退出。

（4）此时会发现 Windows 防火墙的状态虽然会变成"Windows 防火墙已关闭"，可是立刻又会变回"Windows 防火墙已启用"的状态，因为客户端的 Windows security health agent 会自动开启 Windows 防火墙。

4．NPS 限制未通过健康检查的客户端只能访问隔离网络的测试

步骤 1：为满足测试需要，再开一台主机，在其网络属性中添加一个 IP 地址，设为 192.168.1.10，可以不加入到域。

图 6-52 本地连接

步骤2：在 NapServer 上启动"网络策略服务器"，在"网络访问保护"→"系统健康验证器"中，更改"Windows 安全健康验证程序"中的设置，启用防病毒软件，具体设置如图 6-53 所示。

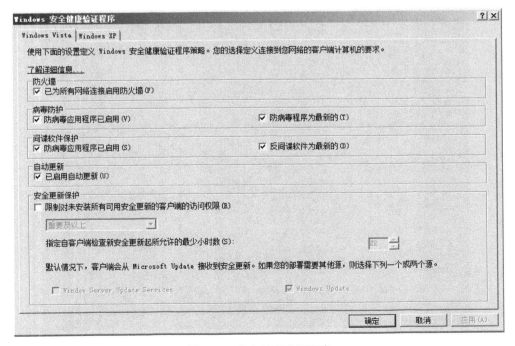

图 6-53 安全健康验证程序

步骤3：单击"确定"按钮返回控制台，并刷新配置使其生效，如图 6-54 所示。

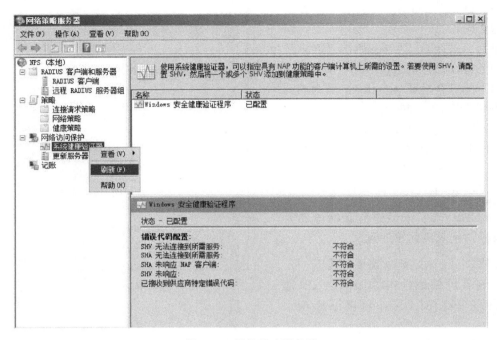

图 6-54　网络策略服务器

步骤 4：在 DC 上测试与新开主机的连通性，如图 6-55 所示。

图 6-55　测试连通性

步骤 5：从图 6-55 中可以看出连接成功。

步骤 6：在客户端计算机上，打开"命令提示符"窗口，先运行"ipconfig/release"释放

IP，再运行 "ipconfig /renew" 命令重新获取 IP，如图 6-56 所示。

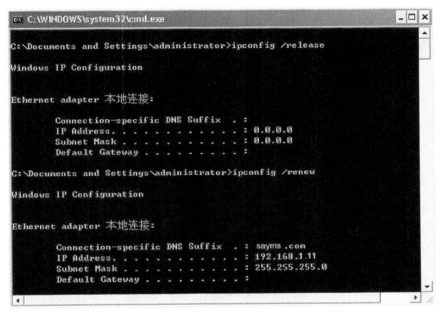

图 6-56　释放租约

步骤 7：如图 6-56 所示，此时由于客户端不能通过新的健康验证策略，所以得到的连接后缀为：restricted.sayms.com，说明在重新获取 IP 时，在 NPS 中设置的新策略已生效，在客户端上，系统也会给出如图 6-57 所示的警告信息。提示用户的计算机不符合网络环境，原因是因为在用户的计算机上找不到防病毒软件。

图 6-57　网络访问保护

步骤 8：在客户端上测试连通性，如图 6-58 所示。结果显示 "目标不可达"，说明客户端已被 "隔离"。

图 6-58　客户端测试连通性

　　步骤 9：在 NapServer 上，恢复"系统健康验证策略"，具体设置如图 6-59 所示，并刷新配置。

图 6-59　安全健康验证程序

　　步骤 10：在客户端重新测试与新开主机的连通性，重新获取 IP，如图 6-60 所示。结果显示客户端现在的连接后缀为"sayms.com"，表明客户端已通过健康检查。

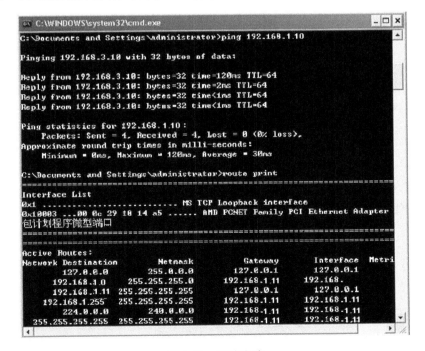

图 6-60　获取 IP 地址

步骤 11：测试连通性，结果显示连接成功，在客户端计算机的路由表中已有一条到 "192.168.1.0" 网络的路由记录，如图 6-61 所示。

图 6-61　测试成功

任务回顾

使用 "网络访问保护"（NAP）对客户端计算机强制应用健康策略之前，需要先在客户端计算机上配置 NAP 设置，然后通过客户端测试 NAP 服务配置是否成功。

项目小结

　　网络访问保护 NAP 功能可以通过加强的安全机制，有效降低企业内部网络面临的安全威胁。在企业网项目的技能比赛中，利用 Windows Server 2008 熟练搭建 NAP 服务器，选手可以先练习以下操作技能：NAP 的安装、DHCP NAP 的搭建、VPN NAP 的搭建，经过多次操作，选手自然会熟练掌握 Windows Server 2008 环境下的网络访问保护（NAP），从而提高网络的安全。

比赛心得

　　企业网项目的技能比赛中，利用 Windows Server 2008 来搭建 NAP 服务，对于刚接触这个知识点的选手来说，有点难度，而且配置过程比较复杂，最后还要经过客户端测试来验证服务配置的正确与否，所以，在平时的训练中，教练就应该在配置中，变化多样，让选手多练，在多次的训练中提高选手的操作速度，同时也要保证选手做题的科学性。

实训

　　案例：VPN 的 NAP 强制。
　　根据已掌握 VPN 的知识，在一个企业网络中，如何利用 VPN 来实现网络访问保护。要搭建 NAP 的环境，需要一台 Windows 2003 或 Windows 2008 及一台 Windows Server 2008 Beta 2 的计算机，一台 Windows XP SP3 或 Windows Vista 的计算机；如果客户端是 Windows XP 的计算机，那么还必须安装 NAP Client 软件。主机名及 IP 地址如表 6-1 所示。

表 6-1

主 机 名	IP 地址
DC02	192.168.9.1
NapServer	192.168.9.2
XP SP3	192.168.9.3

　　（1）安装一台 Windows 2003 或 Windows 2008，计算机名为 DC001，配置网络属性（IP、网关和 DNS，都设为 192.168.9.1），并升级为 DC，重新创建域名为 domain。创建一个新用户 USER001，加入域管理员组；并创建一个全局安全组 NAP client computers，用于存放 NAP 客户端的计算机账号。
　　（2）安装一台 Windows 2008，计算机名为 NapServer，配置网络属性（IPv4：IP 设为 192.168.9.2，网关和 DNS 都设为 192.168.9.1，取消 IPv6），并将其加入域中。
　　（3）安装一台 Windows XP 或 Windows Vista 作为客户端，计算机名为 PC001，配置网络属性（IP 和 DNS 都设为自动获取），后面步骤中为 Windows XP 安装 SP3，也可以在此提前完成。
　　要求如下：
　　（1）在 Windows 2003 中安装域控制器 DC，并取名为 daomain，IP 地址为 192.168.9.1；
　　（2）在另一台计算机名为 NapServer 的 Windows Server 2008 系统中安装配置 NAP 服务、VPN 服务，IP 地址为 192.168.9.2；
　　（3）NapServer 配置客户端；
　　（4）在 Windows XP SP3 上进行测试。

项目七　NLB 负载平衡

网络负载平衡（NLB）服务增强了 Web、FTP、防火墙、代理、VPN 和其他关键任务服务器之类的 Internet 服务器应用程序的可用性和可伸缩性。运行 Windows 的单个计算机可提供有限的服务器可靠性和可伸缩的性能。但是，通过将两个或多个运行一种 Windows Server 2003 家族产品的计算机资源组合为单个群集，网络负载平衡可以提供 Web 服务器和其他关键任务服务器所需的性能和可靠性。

任务一　网络负载平衡群集创建与参数设置

任务描述

天驿公司市场部目前的 Web 服务器 Server1 并发访问业务量相当大，常常出现服务器响应缓慢甚至死机现象。为了解决此问题，可以增加一台 Web 服务器 Server2，但是新的问题产生了：用户只能在访问其中一台 Web 服务器响应缓慢时手动切换到第二台 Web 服务器，给用户使用造成不便，对此，管理员决定引入网络负载平衡（NLB）来解决此问题。

任务分析

本任务中，可以引入网络负载平衡群集（NLB）来解决问题。网络负载平衡群集是各独立服务器之间的一套统一的资源调配机制，能让各个服务器充分发挥其性能，达到优势互补的目的。网络负载平衡群集有很多实现方式，此处可使用 Windows Server 2008 中提供的网络负载平衡群集来实现。

拓扑结构图如图 7-1 所示，服务器、客户机安装及配置如表 7-1 所示，服务器、客户机 IP 设置如表 7-2 所示。

图 7-1　项目拓扑图

表 7-1　服务器、客户机安装及配置

服务器/客户端	设备与服务			
NLB-1	网卡 1（NBL）	网卡 2（LAN）	IIS 信息服务	编写测试网页、架设测试网站
NLB-2	网卡 1（NBL）	网卡 2（LAN）	IIS 信息服务	编写测试网页、架设测试网站
Client-1	网卡			

表 7-2　服务器、客户机 IP 设置

服务器/客户端	IP 地址		备　注
NLB-1	LAN:10.10.1.111/8	NLB:192.168.1.1/24	LAN 用于设置公共网
NLB-2	LAN:10.10.1.112/8	NLB:192.168.1.2/24	络 IP　NLB 用于设置
Client-1	LAN:10.10.1.51/8		专用网络 IP

任务实现

步骤 1：重命名服务器网卡显示名，以方便识别，如图 7-2 所示。

图 7-2　重命名服务器网卡显示名

步骤 2：安装网络负载平衡管理工具，如图 7-3 所示。

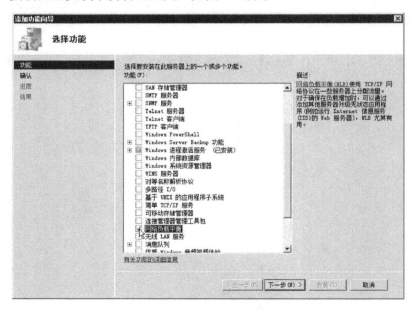

图 7-3　安装网络负载平衡管理工具

步骤 3：创建群集。在 NLB-1 的计算机上运行"nlbmgr"或选择"开始"→"管理工具"→"网络负载平衡管理器"，打开"网络负载平衡管理器"窗口，新建一个群集名称，如图 7-4 所示。

图 7-4　新建群集

步骤 4：输入本机 NLB 专用网络 IP 地址（此处也可输入计算机名），选择 LAN 网络 IP 后单击"下一步"按钮，如图 7-5 所示。

步骤 5：主机参数卡里可以设置 NLB 分配时的优先顺序，设置完成后单击"下一步"按钮，如图 7-6 所示。

图 7-5　连接群集所在的主机

图 7-6　设置优先级别

步骤 6：设置群集虚拟 IP，以后外部访问此 IP 即可，单击"下一步"按钮，如图 7-7 所示。

步骤 7：设置完整 Internet 名称，如图 7-8 所示。

图 7-7　设置群集 IP 地址　　　　　　　图 7-8　设置集群参数

 小贴士

如果在 DNS 有设置 A 记录，则在完整 Internet 名称栏输入域名；选择群集操作模式（推荐使用双网卡单播模式），各种模式说明如下。

单播：单播模式是指各节点的网络适配器被重新指定了一个虚拟 MAC（由 02-bf 和群集 IP 地址组成，确保此 MAC 的唯一性）。由于所有绑定群集的网络适配器的 MAC 都相同，所以在单网卡的情况下，各节点之间是不能通信的，这也是推荐双网卡配置的原因之一。为了避免交换机的数据洪水，应该结合 VLAN 使用。

多播：网络适配器在保留原有 MAC 地址不变的同时，还分配了一个各节点共享的多播 MAC 地址。所以，单网卡的节点之间也可以正常通信，但是大多数路由和交换机对其支持不是太好。

IGMP 多播：IGMP 多播（只有在选中多播时，才可以选择此项），在继承多播的优点之外，NLB 每隔 60 秒发送一次 IGMP 信息，使多播数据包只能发送到这个正确的交换机端口，避免了交换机数据洪水的产生。

步骤 8：在端口规则里添加端口，单击"完成"按钮，如图 7-9 所示。

步骤 9：添加、编辑端口规则，如图 7-10 所示。

图 7-10 中的参数设置说明如下。

（1）群集 IP 地址：指定规则所针对的群集 IP。

（2）端口范围：默认为所有，可以指定群集监听的端口范围（如从 80 到 80，表示只针对 Web 服务实现负载均衡）。

（3）协议：指定群集所服务的协议类型。

（4）筛选模式。

① 多个主机。

无相似性：客户端的服务请求会平均分配到群集内的每一部服务器。假设 NLB 群集内有 2 部服务器。当接到客户端的请求时，NLB 会将第 1 个请求交由第 1 部服务器来处理，将第 2 个请求交由第 2 部服务器来处理，将第 3 个请求交由第 1 部服务器来处理……依此类推。因为所有客户端连机会平均分配到每一部服务器，因此可以达到最佳的负载平衡。如果需要执行交易处理，为了能够共享 session 状态，则必须将 session 状态集中储存在 state 或 database server 中，这种方式适用于大部分应用程序。

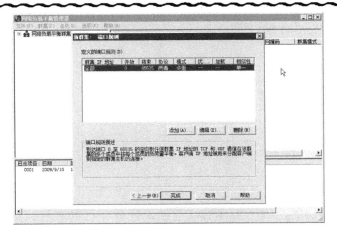

图 7-9　设置端口规则

单一相似性：客户机的服务请求会固定分配到群集内的某一部服务器。当接到客户机的请求时，NLB 会根据客户机的 IP 来决定交由哪一部服务器来处理，也就是一部服务器只会处理来自某些 IP 的请求。因为一个 IP 的服务请求只会固定由一个服务器来处理，因此没有 session 状态共享的问题，但可能会导致负载不平衡。这种方式适用于联机需支持 SSL 集多重联机的通信协议（如 FTP 与 PPTP 等）。

网络（类 C）：根据 IP 的 Class C 屏蔽来决定交由哪一部服务器来处理，也就是一部服务器只会处理来自某些网段 C 的请求。这种方式可确保使用多重 Proxy 的客户端能导向到相同的服务器。

图 7-10　添加/编辑端口规则

② 单一主机：若选择此选项，该端口范围内的所有请求都将由一台主机进行处理，此选项将配合后面的主机优先级来进行主机判定。

③ 禁用此端口范围：一般这个选项会在端口例外中进行设置，也就是说，当指定了一个比较大的范围端口时，其中有一个或几个端口不需要客户端用户访问到，这时将利用这个规则来进行设定，防止用户访问此端口请求。

至此，群集创建完毕。

任务回顾

本任务讲述了使用 Windows Server 2008 自带功能创建 NLB 的过程。其中群集的操作模式、筛选模式等是设置的关键点，选手可结合上文反复训练，达到熟练掌握的目的。

任务二　管理网络负载平衡群集

任务描述

天驿公司已经创建了一个网络负载平衡群集，公司要求服务器管理员将另一台 Web 服务器 NLB-2 加入群集，并实施管理。

任务分析

任务一中已经为天驿公司市场部创建了群集，但是目前群集中只有一个成员服务器，为了使其他服务器能成为该群集的成员服务器，这里还必须将其他服务器添加至群集并实施管理。

任务实现

1．实现说明

本任务是在任务一的基础上实现的，请确保任务一已经顺利完成，此外本任务涉及"管理"的内容相对独立性较强，因此，实现过程中将它们独立开来。

2．主机连接到现有网络负载平衡群集

步骤1：在准备连接到群集的主机上即图 7-1 中的 NLB-2 上，安装"网络负载平衡管理器"（具体方法参见任务一）。

步骤2：依次单击"开始"→"管理工具"→"网络负载平衡管理器"，如图 7-11 所示。

> **小贴士**
>
> 也可以通过在命令提示符下输入"Nlbmgr"打开 NLB 管理器，这种方式可以更加方便快捷地打开管理器，为日常的管理甚至竞赛赢得时间。

步骤3：右击"网络负载平衡群集"，然后单击"连接到现存的"，如图 7-12 所示。

图 7-11　网络负载平衡管理器

图 7-12　连接到现存的群集

步骤4：输入一个群集主机的名称，然后单击"连接"按钮。将在对话框的底部列出该主机上存在的 NLB 群集，如图 7-13 所示。

步骤5：单击要从 NLB 管理器管理的群集名称，然后单击"完成"按钮，如图 7-14 所示。

图 7-13 输入一个群集主机的名称

图 7-14 选择现存群集

 小贴士

主机连接到群集的方法还有很多种，如通过使用主机列表等，具体做法参见系统帮助。

步骤 6：验证。

（1）打开群集管理器，查看各服务器是否已聚合，若显示已聚合，则表示操作成功，如图 7-15 所示。

（2）在客户端"Client-1"上使用 IE 访问群集上的 Web 服务，查看是否能够成功访问到群集中的 Web 页面，如图 7-16 所示。

（3）禁用或断开 NLB-1 上名为"LAN"的网络连接，在客户端"Client-1"上使用 IE 访问群集上的 Web 服务，查看是否能够成功访问到群集中的连接状态正常的服务器的 Web 页面，如图 7-17 所示。

图 7-15 查看各服务器是否已聚合

图 7-16 客户端正确访问到 NLB-1 上的 Web 站点

图 7-17 客户端访问到了 NLB-2 上的 Web 站点

3. 配置网络负载平衡管理器日志设置

记录网络负载平衡（NLB）管理器中的事件与记录 NLB 驱动程序生成的事件有所不同。NLB 管理器仅记录与使用 NLB 管理器有关的事件。若要查看与 NLB 驱动程序有关的事件，必须使用"事件查看器"。

步骤 1：打开 NLB 管理器（方法参见图 7-11）。

步骤 2：单击"选项"菜单中的"日志设置"命令，如图 7-18 所示。

步骤 3：选中"启用日志"复选框并指定日志文件的名称和位置，如图 7-19 所示。

图 7-18　日志设置　　　　　　　　　　　图 7-19　启用日志

4．从网络负载平衡群集中删除主机

步骤 1：打开 NLB 管理器（方法参见图 7-11）。

步骤 2：如果网络负载平衡管理器没有列出群集，请连接群集（方法参见图 7-12）。

步骤 3：若要删除单个主机，请右击要禁用网络负载平衡的主机，然后在弹出的快捷菜单中选择"删除主机"命令，如图 7-20 所示。

5．删除网络负载平衡群集

步骤 1：打开 NLB 管理器（方法参见图 7-11）。

步骤 2：如果网络负载平衡管理器没有列出群集，请连接群集（方法参见图 7-12）。

步骤 3：若要删除群集，请右击要禁用网络负载平衡的群集，然后在弹出的快捷菜单中选择"删除群集"命令。这时将丢失与该群集中主机的所有现有连接，并且该群集将不再存在，如图 7-21 所示。

图 7-20　删除主机　　　　　　　　　　　图 7-21　删除群集

任务三　NLB 应用实例

任务描述

恒发技术有限公司是一家网游技术公司，由于其开发的游戏服务现在已经面向广大用

户使用，公司要求为用户提供 24 小时不间断的网游服务，所以公司提出要搭建适合本业务的服务器。

任务分析

针对公司提出的要求，技术工程师选择用 Windows Server 2008 企业版操作系统，并且暂时选用两台服务器做 Windows 群集（主要是有故障的切换功能），并且在服务器上安装 SQL 2005 的数据库，存储用户的数据。

拓扑结构如图 7-22 所示。

图 7-22　拓扑结构

任务回顾

目前可以用来实现 NLB 的产品、设备有很多，包括软件和硬件等，本项目采用 Windows Server 2008 自带的功能来实现 NLB，实现的关键在于采取哪一种群集操作模式（往往取决于所使用的交换设备是否对多播有良好的支持），因为它决定了需要在服务器上安装多少块网卡，同时决定后面的关键设置。

比赛心得

本项目在全国的竞赛中出现过一次，但能做出来的组不多，因为很多备赛的人是不会想到这个知识点的，群集在实现时也是有难度的，选手可能很难掌握，所以教练还是要特别注意，要从原理入手，让选手彻底理解群集的概念和配置，更希望教练可以将 NLB 群集和服务器群集都对选手进行讲述，并说明二者的区别，这样选手更容易掌握和实现。

实训

任务描述：某公司目前有 3 台使用 IIS 搭建的 Web 服务器，由于客户访问量逐渐增多，网站响应速度越来越慢。公司决定使用两台 Web 服务器供客户访问。这两台服务器提供相同的网站内容，利用网络负载平衡技术，根据每台服务器的负载情况来决定客户具体访问哪台服务器。实训拓扑图如图 7-23 所示。

图 7-23　实训拓扑图

完成标准：群集中的服务器能够在适当的时候响应客户端的请求。

项目八 证书服务的配置应用

CA（Certificate Authority)即"认证机构"，是负责签发证书、认证证书、管理已颁发证书的机构，是 PKI 的核心。CA 要制定政策和具体步骤来验证、识别用户的身份，对用户证书进行签名，以确保证书持有者的身份和公钥的拥有权。CA 也拥有自己的证书（内含共钥）和私钥，网上用户通过验证 CA 的签字从而信任 CA，任何用户都可以得到 CA 的证书，用以验证它所签发的证书。CA 必须是各行业各部门及公众共同信任的、认可的、权威的、不参与交易的第三方网上身份认证机构。

任务一 CA 服务器配置

任务描述

天驿公司的电子商务网站在平时的应用过程中发现有用户信息在通信过程中泄露，造成重大的损失，经查明，该网站在传输信息时并未采取必要的加密措施，加之 TCP/IP 协议在传输数据时以明文方式进行，这无疑给用户信息泄露提供了机会，为了使用户与服务器之间的通信更加安全可靠，管理员决定在原有的基础上引入证书服务，对数据进行必要的加密，确保万无一失。

任务分析

通常情况下，证书都是向权威机构申请并有偿使用的，但为了节约成本，可以考虑自己架设证书颁发机构来为自己颁发证书，这情况下证书无须由外部证书颁发机构（CA）颁发，有助于降低证书的颁发成本，并且方便了证书的部署，管理员准备开始实施。

项目拓扑图如图 8-1 所示。

图 8-1 项目拓扑图

设备与服务安装如表 8-1 所示。

表 8-1　设备与服务安装

服务器/客户端	设　备	IP 地址	服　务
服务器	网卡（1 块）	192.168.1.1/24	DNS 服务 （A 记录：www.myCA.com）
客户机	网卡（1 块）	192.168.1.2/24	—

任务实现

步骤 1：安装证书颁发机构：打开"服务器管理器"窗口，单击窗口右侧的"添加角色"项，单击"下一步"按钮，然后单击"Active Directory 证书服务"。单击两次"下一步"按钮，如图 8-2 所示。

图 8-2　服务器管理器

 小贴士

CA 的名称中虽然有"Active Directory"，但并不表示一定要在域环境下才能正常运行。

步骤 2：在"选择角色服务"界面中，选中"证书颁发机构"复选框，单击"下一步"按钮，如图 8-3 所示。

步骤 3：在"指定安装类型"界面中，选中"独立"或"企业"复选框，单击"下一步"按钮，如图 8-4 所示。

图 8-3　选择角色服务

图 8-4　指定安装类型

小贴士

网络必须连接到域控制器，才能安装企业 CA。

步骤 4："指定 CA 类型"界面中，选中"根 CA"复选框，单击"下一步"按钮，如图 8-5 所示。

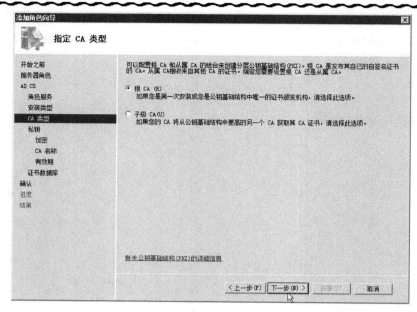

图 8-5　指定 CA 类型

　　所有颁发机构都必须是"根 CA"或"根"的"子级 CA"，因此创建颁发机构的首要任务是创建"根 CA"。出于对安全的考虑，往往会创建"子级 CA"，并通过"子级 CA"为用户颁发证书，而"根 CA"常常会设置为离线状态。

　　步骤 5：在"设置私钥"界面中，选中"新建私钥"单选按钮，单击"下一步"按钮，如图 8-6 所示。

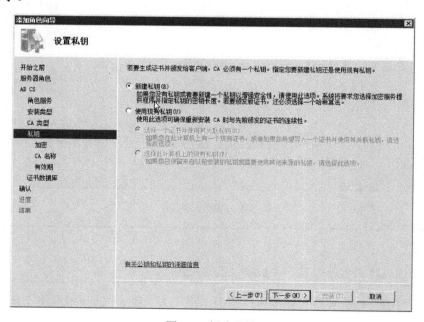

图 8-6　新建私钥

步骤 6：在"为 CA 配置加密"界面上，选择加密服务提供程序、密钥长度和哈希算法，单击"下一步"按钮，如图 8-7 所示。

图 8-7　配置加密算法

步骤 7：在"配置 CA 名称"界面中，创建标识 CA 的唯一名称，单击"下一步"按钮，如图 8-8 所示。

图 8-8　配置 CA 名称

步骤 8：在"设置有效期"界面中，指定根 CA 证书有效的年数或月数，单击"下一步"按钮，如图 8-9 所示。

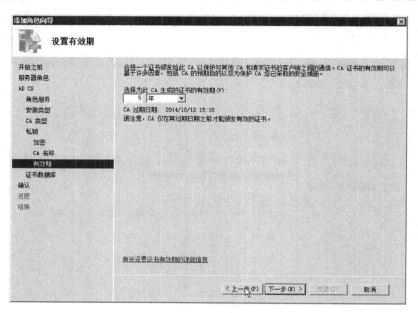

图 8-9　设置有效期

　　步骤 9：在"配置证书数据库"界面上，选择加密服务提供程序、密钥长度和哈希算法，单击"下一步"按钮，如图 8-10 所示。

图 8-10　配置证书数据库

　　步骤 10：在"确认安装选择"界面上，查看选择的所有配置设置，如果要接受所有这些选项，单击"安装"按钮，然后等待安装过程完成，如图 8-11 所示。
　　步骤 11：完成安装并重启服务器，至此证书颁发机构安装完毕。

图 8-11 确认安装选择

任务回顾

本任务通过 Windows Server 2008 的角色添加向导添加了证书服务，到目前为止，该证书颁发机构已经可以为客户进行证书颁发、吊销等操作了。值得注意的是，在添加证书服务之前可以不预先安装 Web 服务，该服务可在"选择角色"中勾选"证书颁发机构 Web 注册"复选框顺带安装。

任务二 IIS7 服务器证书配置

任务描述

天驿公司希望用户在通过浏览器访问公司 Web 站点时，安装必要的证书并只能使用 https://域名方式访问。

任务分析

针对天驿公司的需求，可在任务一的基础上结合 Windows Server 2008 中的 IIS7.0 加以实现。首先通过 IIS 创建一个证书申请，并提交给 CA，在 CA 颁发合法证书后将证书绑定到需要使用 SSL 的站点上。

任务实现

1. 在 IIS 7.0 中创建务器证书申请

步骤 1：启动 IIS 管理器，单击"开始菜单"→"所有程序"→"管理工具"→"Internet 信息服务（IIS）管理器"命令，打开信息服务管理器，如图 8-12 所示。

图 8-12　打开信息服务管理器

步骤 2：选择"服务器证书"，如图 8-13 所示。

图 8-13　服务器证书

步骤 3：在右边窗口，选择"创建域证书"，如图 8-14 所示。

步骤 4：输入证书请求信息，在"通用名称"文本框中输入完整的域名（包含主机名），企业名称可以用中文，国家代码一般用 CN（请按照 ISO 3166-1 A2），如图 8-15 所示。

图 8-14　创建域证书

图 8-15　填写证书信息

步骤 5：选择加密服务程序和密钥长度，加密服务程序选择默认的 Microsoft RSA SChannel Cryptographic Provider，加密长度一般可以为 1 024 位，如果申请 EV 证书则至少 2 048 位。单击"下一步"按钮，如图 8-16 所示。

步骤 6：输入"申请书"的文件名称，然后单击"完成"按钮，如图 8-17 所示。

2. 向 CA 提交申请

步骤 1：在 IE 中输入 http://www.myCA.com/certsrv 访问 CA 颁发机构，单击"申请证书"→"高级证书申请"→"使用 Base-64 编码的 CMC 或 PKCS #10 文件提交一个证书申请，或使用 Base-64 编码的 PKCS #7 文件续订证书申请"，打开如图 8-18 所示的窗口。

图 8-16　选择加密服务程序和密钥长度

图 8-17　制定申请的文件名

图 8-18　保存证书申请

步骤 2：复制"申请书"（即 c:\myCA.txt）中的内容并粘贴到图 8-20 中的"保存的申请"文本框中，并单击"提交"按钮，如图 8-19 和图 8-20 所示。

图 8-19　复制证书申请文件内容

图 8-20　提交申请

步骤 3：证书申请提交成功后显示"证书正在挂起"，如图 8-21 所示。

3. CA 颁发证书

步骤 1：依次单击"开始"→"管理工具"→"Certification Authority"，打开证书颁发机构，如图 8-22 所示。

步骤 2：在证书颁发机构中"挂起的申请"栏目下右击相应的证书申请，然后单击"所有任务"→"颁发"命令，完成证书颁发，如图 8-23 所示。

图 8-21　证书正在挂起

图 8-22　打开证书颁发机构

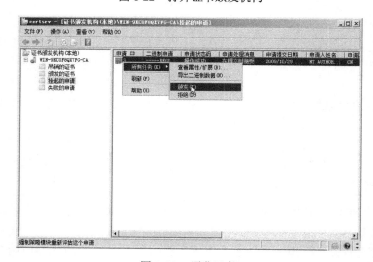

图 8-23　颁发证书

步骤 3：重新登录证书颁发机构申请界面，单击"查看挂起的证书申请的状态"→"保存申请的证书"→"下载证书"，如图 8-24 所示。

图 8-24　下载证书

步骤 4：保存证书，如图 8-25 和图 8-26 所示。

图 8-25　保存证书　　　　　　　图 8-26　保存在本地硬盘上的证书

4．完成申请

步骤 1：在图 8-14 所示窗口中，单击"完成证书申请"项，如图 8-27 所示。

步骤 2：输入 CA 签好的证书文件，如图 8-28 所示。

图 8-27　完成证书申请

图 8-28　指定证书颁发机构响应

步骤 3：证书导入成功，如图 8-29 所示。

图 8-29　证书导入成功

5. 将 SSL 证书和网站绑定

步骤 1：选择需要使用证书的网站，单击"SSL 设置"图标，如图 8-30 所示。

图 8-30 SSL 设置

步骤 2：单击"添加"按钮，添加一个新的绑定，如图 8-31 所示。

图 8-31 添加网站绑定一

步骤 3：将类型改为"https"，端口改为"443"，然后选择刚才导入的 SSL 证书，单击"确定"按钮，则 SSL 证书安装完成，如图 8-32 所示。

图 8-32 添加网站绑定二

6．设置 SSL 参数及验证

步骤 1：启动 IIS 管理器，选择"网站"，双击"SSL 设置"图标，如图 8-33 所示。

图 8-33　双击"SSL 设置"

步骤 2：显示 SSL 高级设置，如图 8-34 所示。

图 8-34　SSL 设置

步骤 3：为了使用户只能通过 https 来访问 Web 站点，勾选"要求 SSL"复选框。在客户端访问网址：https://www.myca.com 时将出现网站相应页面，如图 8-35 所示。

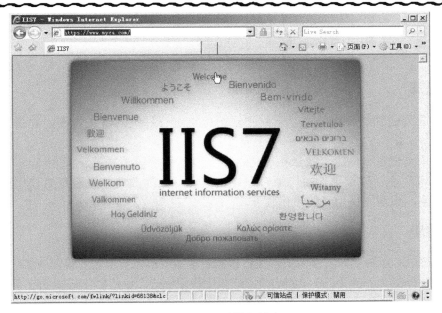

图 8-35 正确访问站点

步骤 4：此时若用户通过 http 访问，或当客户端试图访问http://www.myca.com时，将会出现访问错误，如图 8-36 所示。

图 8-36 错误信息

任务回顾

本任务实现了证书的申请、颁发及绑定到特定站点。此时用户可以通过 https://域名的方式安全地与特定网站进行信息交换，不必担心这些已被加密了的信息被截获。值得注意的是，在 IIS 中对 SSL 参数的不同设置将影响到客户端的访问方式。

任务三　证书应用案例

任务描述

浙江盐业公司强烈希望能有一个对集团的信息进行保护的解决方案，并提出以下建设目标：

（1）手段安全可靠，能有效弥补单纯的用户名/密码手段的缺点，可信赖；

（2）成本经济、建设周期短，原有系统无须进行大的改造，以避免对使用造成大的影响，使用方便，不增加使用者的工作强度。

任务分析

首先，可以考虑搭建制发证系统，通过该制发证系统可以实现盐业集团 ERP 系统所有用户的数字证书的发放。制发证系统的构建策略采用租用模式，租用汇信科技 PKI 系统实现，盐业集团的管理员远程登录汇信科技数字证书签发系统，管理并维护盐业集团所有数字证书。

其次，完成盐业集团 ERP 系统身份认证应用接入。通过在 ERP 系统服务器上配置服务器证书并开通数字证书客户端认证，实现 ERP 系统用户必须通过数字证书才能登录 ERP 系统的目标。在数字证书认证后，用户必须再次输入账号和口令，实现双重认证，保证 ERP 系统安全。

任务实现

系统的拓扑结构如图 8-37 所示。

图 8-37　拓扑结构

项目建设成效：针对 ERP 管理系统，完成制发证系统的搭建及 ERP 管理系统身份认证应用接入，并配置服务器证书，建立 SSL 通道，保障客户端与系统之间数据传输的安全性。

本项目为盐业集团资金管理信息系统申请了一张 SSL 服务器证书，并替客户在服务器上进行相关配置。效果如图 8-32 和图 8-33 所示。

图 8-38 通过安全的 https 连接访问系统，并表明系统安全性

图 8-39 可验证的服务器证书，表明连接加密

采用制发证系统平台，为集团员工颁发电子工作证，并帮助盐业集团完成资金系统身份认证应用接入，使系统对申请登录的用户首先以数字证书方式进行认证，避免因用户名/密码被窃取而造成损失。

比赛心得

证书服务在每年的竞赛中是不可缺少的一项内容，从这里也可以看出，竞赛的试题是和企业的应用分不开的，企业用得多，竞赛中自然就会有，证书服务在比赛中占据的分值大概有 5 分左右，但选手在备赛时却忽视了此知识点，有时教练也没有给选手讲解，所以还是要引起注意的，这都是取得名次的关键。另外，像邮件安全，虽然本书没有涉及，但也是不容忽视的内容。

实训

任务描述：某银行正准备为客户开通网络银行服务，请您为该银行提供一套符合安全要求的方案，并实现，此处使用证书可通过自行部署证书颁发机构实现。

任务分析：考虑到网络银行与客户之间的通信内容相当敏感，采用传统的用户名+密码方式已经很难满足要求，此处可以采用 Windows Server 2008 提供的证书服务配合 IIS 来实现。

建议步骤：

（1）安装并配置 CA；

（2）在 IIS 中创建域服务器证书并进行必要的安装和配置；

（3）在客户端测试。

完成标准：客户端安装证书后能够通过https://域名或 IP 地址与网络银行系统进行通信。

项目九　Hyper-V 配置与管理

虚拟化是一个广义的术语，是指计算元件在虚拟的基础上而不是真实的基础上运行，是一个为了简化管理，优化资源的解决方案。如同空旷、通透的写字楼，整个楼层几乎看不到墙壁，用户可以用同样的成本构建出更加自主适用的办公空间，进而节省成本，发挥空间最大利用率。这种把有限的固定的资源根据不同需求进行重新规划以达到最大利用率的思路，在 IT 领域就叫做虚拟化技术。

Hyper-V 是微软最新推出的服务器虚拟化解决方案，微软具有全面的从数据中心到桌面虚拟化的产品，桌面有 Virtual PC，服务器有 Virtual Server。Hyper-V 和 Virtual Server 虽同为服务器虚拟化产品，Hyper-V 在构架上相比后者 Virtual Server 有了突破性的进展。使用 Hyper-V 发布的虚拟机是可以看成与宿主机具有同等地位，只是管理权限不同的宿主机。

任务一　安装 Hyper-V 服务角色

任务描述

天驿公司由于规模的扩大，购置了一批配置高的计算机，其中有支持 64 位操作系统的，恰好管理员想试试微软的虚拟化功能，于是这下子派到用场了，管理员可以实现这个想法了。管理员把 Windows Server 2008 R2 操作系统完成安装后，发现默认没有安装 Hyper-V 角色，需要单独安装 Hyper-V 角色。

> **小贴士**
>
> Windows Server 虚拟化需要特定的 CPU：
>
> 基于 x64：Windows Server 虚拟化功能只在 x64 版本的 Windows Server 2008 标准版、企业版和数据中心版中提供。
>
> 硬件辅助虚拟化：需要具有虚拟化选项的特定 CPU，即包含 Intel VT（Vanderpool Technology）或 AMD Virtualization（AMD-V，代号 "Pacifica"）功能的 CPU。
>
> 硬件数据执行保护（DEP），而且被开启（如果 CPU 支持 Server 2008 x64 默认开启）。

任务分析

Windows Server 2008 R2 默认是没有安装 Hyper-V 服务角色的，需要单独安装，所以管理员是正确的，这里可以通过 "添加角色向导" 完成。

任务实现

步骤 1：选择 "开始" → "管理工具" → "服务器管理器" → "角色" 选项，如图 9-1 所示。显示窗口如图 9-2 所示。

图 9-1　开始菜单

图 9-2　"服务器管理器"窗口

步骤 2：在"角色摘要"选项区域中，单击"添加角色"超链接，启动"添加角色向导"，显示如图 9-3 所示的对话框。

图 9-3　添加角色向导

步骤 3：单击"下一步"按钮，显示"选择服务器角色"对话框，在"角色"列表中选择"Hyper-V"，如图 9-4 所示。

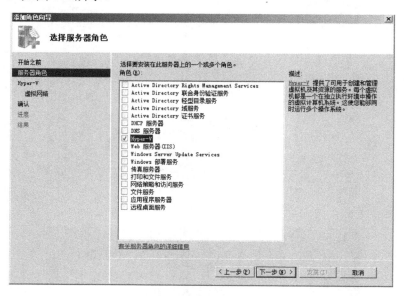

图 9-4　"选择服务器角色"对话框

步骤 4：单击"下一步"按钮，显示"Hyper-V"对话框，简要介绍 Hyper-V 的功能，如图 9-5 所示。

图 9-5　"Hyper-V"对话框

步骤 5：单击"下一步"按钮，显示"创建虚拟网络"对话框。在"以太网卡"列表中，选择用于虚拟网络的物理网卡，建议至少为物理计算机保留一块物理网卡，所以部署"Hyper-V"的计算机中，至少需要两块物理网卡，如图 9-6 所示。

步骤 6：单击"下一步"按钮，显示"确认安装选择"对话框，如图 9-7 所示。

图 9-6　"创建虚拟网络"对话框

图 9-7　"确认安装选择"对话框

步骤 7：单击"安装"按钮，开始安装 Hyper-V 角色，显示"安装进度"对话框，如图 9-8 所示。

图 9-8　"安装进度"对话框

步骤 8：文件复制完成后，显示 "安装结果"对话框，提示需要重启服务器完成 Hyper-V 的安装，如图 9-9 所示。

图 9-9　 "安装结果"对话框

步骤 9：单击"关闭"按钮，在弹出如图 9-10 所示的"添加角色向导"对话框中，直接单击"是"按钮，完成重新启动。重启完成后，继续执行安装进程，安装完成后，弹出"安装结果"，对话框，提示 Hyper-V 角色已经安装成功，如图 9-11 所示。

图 9-10　 "添加角色向导"对话框

图 9-11　 "安装结果"对话框

步骤 10：单击"关闭"按钮，完成 Hyper-V 角色的安装。安装成功后，在选择"开始"→"管理工具"菜单中会看到"Hyper-V 管理器"项，以后就从该处管理 Hyper-V 虚拟机，如图 9-12 所示。

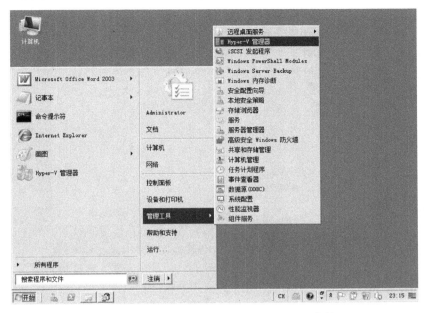

图 9-12　添加 Hyper-V 角色后的管理工具菜单

任务回顾

此任务主要介绍了 Hyper-V 角色的添加，只要 Windows Server 2008 R2 的系统安装成功，添加此角色并不难，这里需要特别注意的是，Window Server 2008 R2 的系统必须安装在真机上，并且需要支持 64 位操作系统。这个知识点在 2011 年国赛的时候就有要求，需要选手特别注意。

任务二　创建虚拟机

任务描述

管理员添加了 Hyper-V 角色之后，于是决定马上创建 Hyper-V 的虚拟机。

任务分析

使用虚拟机创建向导，根据向导即可创建虚拟机，具体操作步骤如下：

任务实现

步骤 1：打开"Hyper-V 管理器"窗口，可以通过"操作"→"新建"→"虚拟机"选项，或者右键单击当前计算机名称，在快捷菜单中选择"新建"选项，在弹出的子菜单中选择"虚拟机"项，如图 9-13 所示。

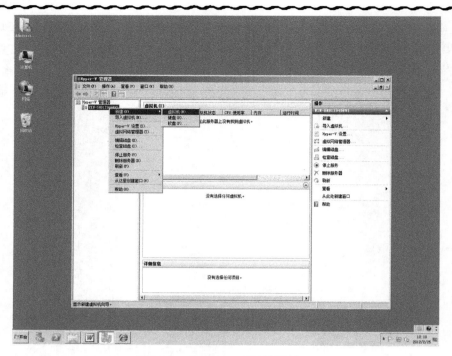

图 9-13 "Hyper-V 管理器"窗口

步骤 2：启动"新建虚拟机向导"，显示"开始"之前对话框，如图 9-14 所示。

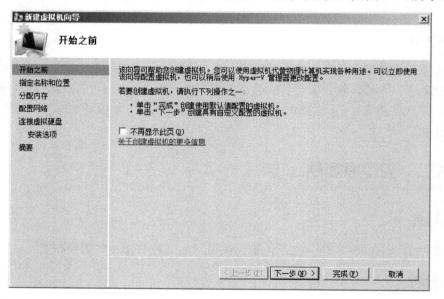

图 9-14 "开始之前"对话框

步骤 3：单击"下一步"按钮，显示"指定名称和位置"对话框。在"名称"文本框中输入虚拟机的名称，默认虚拟机将虚拟机的文件保存到"c:\ProgramData\Microsoft\Windows\Hyper-V\"目录中。可以选中"将虚拟机存储在其他位置"复选框，单击"浏览"按钮可以设置存储虚拟机配置文件的目标文件夹，本例选择"F:\windows7\"，如图 9-15 所示。

图 9-15　"指定名称和位置"对话框

步骤 4：单击"下一步"按钮，显示"分配内存"对话框，设置虚拟机内存，如图 9-16 所示。

图 9-16　"分配内存"对话框

步骤 5：单击"下一步"按钮，显示"配置网络"对话框，配置虚拟网络，在"连接"下拉列表中选择网络类型，如图 9-17 所示。

图 9-17　"配置网络"对话框

步骤 6：单击"下一步"按钮，显示"连接虚拟硬盘"对话框，设置虚拟机使用的虚拟硬盘，可以创建一个新的虚拟硬盘，也可以使用已经存在的硬盘。本例创建新的虚拟硬盘，因此选择"创建虚拟硬盘"，系统自动分配名称和位置，如若想修改也可以，本例使用默认设置，如图 9-18 所示。

图 9-18　"连接虚拟硬盘"对话框

步骤 7：单击"下一步"按钮，显示"安装选项"对话框，选择安装操作系统的方式，本例选择"从引导 CD/DVD-ROM 安装操作系统"，并使用映像文件 iso 安装操作系统，如图 9-19 所示。

图 9-19　"安装选项"对话框

步骤 8：单击"下一步"按钮，显示"正在完成新建虚拟机向导"对话框，显示虚拟机的配置信息，如图 9-20 所示。

图 9-20　"正在完成新建虚拟机向导"对话框

步骤 9：单击"完成"按钮，成功创建虚拟机，如图 9-21 所示。

图 9-21　创建完成的虚拟机

步骤 10：在"Hyper-V 管理器"窗口中，选择刚创建的"windows 7"虚拟机，单击右键，在弹出的快捷菜单中选择"连接"项，如图 9-22 所示。弹出 9-23 所示的"虚拟机连接"窗口，单击绿色的电源按钮，开始虚拟机安装，按照 Windows 7 的安装流程安装即可，如图 9-24 所示。

图 9-22　连接虚拟机

图 9-23　虚拟机连接窗口

图 9-24　Windows 7 安装

任务回顾

此任务主要介绍在 Hyper-V 中安装虚拟机，其实还是比较简单的，主要就是前期的创建过程，选手一定要熟练，后面的安装就和在其他虚拟机上安装系统没有区别。

任务三　Hyper-V 网络

任务描述

天驿公司的管理员安装好了系统后，急于想试试虚拟机系统之间的局域网络情况，于是决定马上进行试验。

任务分析

Hyper-V 的虚拟网络由一个或多个配置为可访问本地、外部和专用网络资源的虚拟机组成。在安装 Hyper-V 角色过程中，根据选择的物理网卡默认已经创建了一个虚拟网络。

使用"虚拟网络管理器"，管理虚拟网络，网络分为外部、内部和专用。虚拟机系统之间的网络互通情况可以使用内部虚拟网络来实现，所以管理员需要采用此方法来实现。这里使用内部网络。

管理员使用的服务器真实网卡 IP 为：192.168.1.220，虚拟网卡 IP 为：192.168.1.250，虚拟机 TEST1 的 IP 为：192.168.1.100，虚拟机 TEST2 的 IP 为：192.168.1.200。

任务实现

1．Hyper-V 服务器的设置

步骤 1：在 Hyper-V 服务器上建立内部网络，单击"开始"→"管理工具"→"Hyper-V 管理器"，如图 9-25 所示。

图 9-25　Hyper-V 管理器

步骤 2：单击右方"虚拟网络管理器"，打开"虚拟网络管理器"，选择"新建虚拟网络"，在右边选择"内部"，再单击"添加"按钮，如图 9-26 所示。

图 9-26　　"虚拟网络管理器"添加对话框

步骤 3：完成建立内部虚拟网络，在建立内部虚拟网络窗口下，名称输入"内部"，连接类型选择"仅内部"，单击"应用"按钮，再单击"确定"按钮，如图 9-27 所示。

图 9-27　　"虚拟网络管理器"对话框

步骤 4：打开 Hyper-V 服务器的网络连接，在 Hyper-V 服务器的网络连接窗口有三个连接，一个是物理网卡，一个是刚建立的内部虚拟网卡，一个是无线网络连接，如图 9-28 所示。

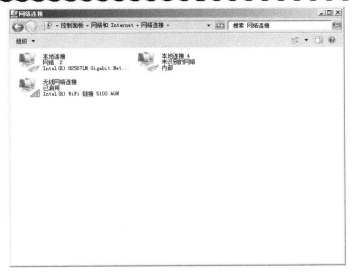

图 9-28　网络连接属性

步骤 5：设置物理网卡和内部虚拟网卡的 IP 地址分别为：192.168.1.220 和 192.168.1.250，此处略。

2. TEST1 和 TEST2 虚拟机的设置

步骤 1：进入 TEST1 虚拟机的设置窗口，在图 9-25 的界面上选择"TEST1 虚拟机"，单击鼠标右键，选择"设置"，如图 9-29 所示。

图 9-29　设置 TEST1 虚拟机

步骤 2：打开 TEST1 设置窗口，设置 TEST1 虚拟机的网卡，更改链接至内部网络，选择"网络适配器"，在右边窗体选择"内部"，单击"应用"按钮，再单击"确定"按钮，如图 9-30 所示。

步骤 3：设置 TEST2 的网络适配器的内部虚拟网络与 TEST1 的设置方法相同，此处略。

图 9-30　设置 TEST1 虚拟机内部网络

步骤 4：启动 TEST1 和 TEST2 虚拟机，设置 TEST1 和 TEST2 的网卡 IP 设置，TSET1 的 IP 地址为 192.168.1.100，TEST2 的 IP 地址为 192.168.1.200。

3. 验证

在 TEST1 中进行验证，打开命令行窗口，先 ping192.168.1.200（TEST2 虚拟机）通，再 ping192.168.1.250（服务器内部虚拟网卡）通，最后 ping192.168.1.220（服务器实体网卡）响应不通，此为正常，如图 9-31 所示。

图 9-31　TEST1 虚拟机验证

　小贴士

在验证时需要关闭服务器和虚拟机的防火墙，否则无法验证测试结果，具体如何关闭请参考具体操作系统的关闭方法。

任务回顾

此任务主要介绍了 Hyper-V 内部虚拟网络架构，Hyper-V 内部虚拟网络不仅允许位于同一个 Hyper-V 服务器上的虚拟机相互通信，同时也允许虚拟机对服务器通信，但虚拟机对服务器实体网卡不能通信。

任务四　虚拟硬盘

任务描述

天驿公司的管理员在 Hyper-V 上已经创建了虚拟机，也搭建好了网络，但现在想要复制数据到虚拟机中，按照以前的方法，发现复制和存储起来都不方便，所以管理员想找个更好的办法解决。

任务分析

管理员经过查找资料发现，虚拟硬盘是很好的解决方式。虚拟硬盘是虚拟机存储的主要方式，虚拟硬盘可以在服务器之间复制，并且支持压缩、转换、合并和扩展，我们可以根据具体的需要管理虚拟硬盘，虚拟硬盘类型不同，完成的功能将不同。

虚拟硬盘可以单独创建，也可以在创建虚拟机时创建。在"Hyper-V 管理器"中可以使用"虚拟硬盘创建向导"完成虚拟硬盘的创建。

任务实现

一、创建虚拟硬盘

步骤 1：打开 Hyper-V 管理器，右键单击主机，在弹出的快捷菜单中选择"新建"→"硬盘"项，如图 9-32 所示。

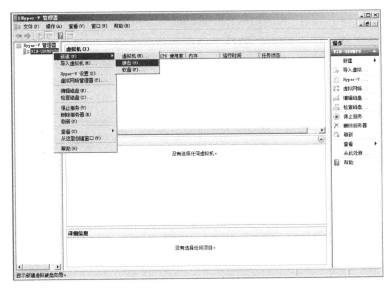

图 9-32　Hyper-V 管理器

步骤 2：启动"新建虚拟硬盘向导"对话框，创建新的虚拟硬盘，如图 9-33 所示。

图 9-33　"开始之前"对话框

步骤 3：单击"下一步"按钮，显示"选择磁盘类型"对话框。Hyper-V 支持"动态扩展"、"固定大小"以及"差异"3 种磁盘类型，本例选择"动态扩展"类型，创建动态扩展硬盘，如图 9-34 所示。

图 9-34　"选择磁盘类型"对话框

步骤 4：单击"下一步"按钮，显示"指定名称和位置"对话框，设置虚拟硬盘名称以及存储的目标文件夹，更改存储位置请单击"浏览"按钮，如图 9-35 所示。

图 9-35　"指定名称和位置"对话框

　　步骤 5：单击"下一步"按钮，显示"配置磁盘"对话框，本例选择"新建空白虚拟硬盘"，大小为 50GB，如图 9-36 所示。

图 9-36　"配置磁盘"对话框

　　步骤 6：单击"下一步"按钮，显示"正在完成新建虚拟硬盘向导"对话框，显示所创建的虚拟硬盘的配置信息，如图 9-37 所示。

图 9-37　"正在完成新建虚拟硬盘向导"对话框

　　步骤 7：单击"完成"按钮，在物理硬盘相应的位置可以找到虚拟硬盘文件，如图 9-38 所示。

二、创建差异硬盘

　　差异硬盘基于一个现有的虚拟硬盘（父硬盘）而创建，当你使用差异硬盘时，差异硬盘上的数据基于父硬盘上的数据，但是对父硬盘所做的任何修改都将保存在差异硬盘而不是提交到父硬盘中，并且差异硬盘只是保存对父硬盘所做的修改。当启用差异磁盘时，父硬盘应设置为只读，否则差异硬盘上保存的数据将会失效；父硬盘也可以是其他差异硬盘，此时，位于此硬盘链上的任何父硬盘都不能再进行修改，否则位于硬盘链末尾的差异硬盘上保存的数据将会失效。

图 9-38 虚拟硬盘文件

　　差异磁盘是非常有用的功能，它可以极大减小你所创建的虚拟机测试系统所占用的磁盘空间，应该尽可能多地使用差异磁盘。本例中创建"父-子"级别的差异虚拟硬盘。

　　步骤 1：打开 Hyper-V 管理器，启动"新建虚拟硬盘向导"对话框，创建新的虚拟硬盘，在"选择磁盘类型"下选择"差异"，如图 9-39 所示。

图 9-39 "选择磁盘类型"对话框

　　步骤 2：单击"下一步"按钮，显示"指定名称和位置"对话框，设置虚拟硬盘名称以及存储的目标文件夹，建议"父-子"硬盘存放在同一目录下，且不同名，如图 9-40 所示。

图 9-40　"指定名称和位置"对话框

步骤 3：单击"下一步"按钮，显示"配置磁盘"对话框，设置"父"虚拟硬盘，单击"浏览"按钮，找到以上创建的虚拟硬盘作为本例的父硬盘，如图 9-41 所示。

图 9-41　"配置磁盘"对话框

步骤 4：单击"下一步"按钮，显示"正在完成新建虚拟硬盘向导"对话框，如图 9-42 所示。

图 9-42　"正在完成新建虚拟硬盘向导"对话框

步骤 5：单击"完成"按钮，成功创建差异虚拟硬盘，如图 9-43 所示。

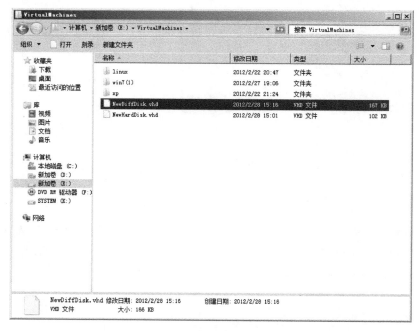

图 9-43　虚拟硬盘文件

三、管理虚拟硬盘

1．压缩虚拟硬盘

步骤 1：打开 Hyper－V 管理器，在窗口右侧的"操作"窗格中，选择"编辑磁盘"超链接，启动"编辑虚拟硬盘向导"，如图 9-44 所示。

图 9-44　"开始之前"对话框

步骤 2：单击"下一步"按钮，显示"查找虚拟硬盘"对话框，单击"浏览"按钮，找到需要操作的虚拟硬盘，本例选择之前创建的虚拟磁盘，如图 9-45 所示。

图 9-45　　"查找虚拟硬盘"对话框

步骤 3：单击"下一步"按钮，显示"选择操作"对话框，由于选择的是普通虚拟硬盘，所以有"压缩"、"转换"以及"扩展"等 3 个选项，本例选择"压缩"，如图 9-46 所示。

图 9-46　　"选择操作"对话框

步骤 4：单击"下一步"按钮，显示"正在完成编辑虚拟硬盘向导"对话框，如图 9-47 所示。

图 9-47　　"正在完成编辑虚拟硬盘向导"对话框

步骤 5：单击"完成"按钮，显示"正在编辑虚拟磁盘"，编辑完成自动关闭该对话框，如图 9-48 所示。

图 9-48　　正在编辑虚拟磁盘

2．转换虚拟硬盘

步骤 1：在"选择操作"对话框中，选择"转换"，实现动态虚拟硬盘向固定虚拟硬盘的转换，如图 9-49 所示。

图 9-49　　"选择操作"对话框

步骤 2：单击"下一步"按钮，显示"正在完成编辑虚拟硬盘向导"对话框，如图 9-50 所示，单击"完成"按钮，将完成转换，由于是分配固定大小，所以时间会稍长。

图 9-50　　"正在完成编辑虚拟硬盘向导"对话框

3．扩展虚拟硬盘

步骤 1：在"选择操作"对话框中，选择"扩展"，实现扩展虚拟硬盘的容量，如图 9-51 所示。

图 9-51　"选择操作"对话框

步骤 2：单击"下一步"按钮，显示"扩展虚拟硬盘"对话框，如图 9-52 所示，在新大小文本框内输入新的硬盘容量，本例由 50GB 扩展到 70GB。

图 9-52　"扩展虚拟硬盘"对话框

步骤 3：单击"下一步"按钮，显示"正在完成编辑虚拟硬盘向导"对话框，如图 9-53 所示，单击"完成"按钮，将完成扩展。

图 9-53　"正在完成编辑虚拟硬盘向导"对话框

4．合并差异虚拟硬盘

步骤 1：如果以上第二步选择的是差异虚拟硬盘则弹出的"选择操作"对话框中将支持"压缩"和"合并"功能。"压缩"基本同普通虚拟硬盘，本例选择"合并"，将子虚拟硬盘合并到父虚拟硬盘中，如图 9-54 所示。

图 9-54 "选择操作"对话框

步骤 2：单击"下一步"按钮，显示"合并差异磁盘中的更改"对话框，本例选择"到父虚拟硬盘"，如图 9-55 所示。

图 9-55 "合并差异磁盘中的更改"对话框

步骤 3：单击"下一步"按钮，显示"正在完成编辑虚拟硬盘向导"对话框，如图 9-56 所示，单击"完成"按钮，将使差异虚拟硬盘合并到父虚拟硬盘。

步骤 4：若在"合并差异磁盘中的更改"对话框中选择"到新虚拟硬盘"，将选择的差异虚拟硬盘合并到新的虚拟硬盘中，在文本框中输入新虚拟硬盘的位置和名称，并选择新建虚拟硬盘类型为"动态虚拟硬盘"，如图 9-57 所示。

图 9-56　　"正在完成编辑虚拟硬盘向导"对话框

图 9-57　　"合并差异磁盘中的更改"对话框

步骤 5：单击"下一步"按钮，显示"正在完成编辑虚拟硬盘向导"对话框，如图 9-58 所示，单击"完成"按钮，将使差异虚拟硬盘合并到新虚拟硬盘。

图 9-58　　"正在完成编辑虚拟硬盘向导"对话框

任务回顾

本任务主要介绍了虚拟硬盘，虚拟硬盘可为虚拟机提供存放区，在虚拟机中，虚拟硬盘就像是一台物理磁盘，虚拟机将它当成物理磁盘来使用。这里特别要注意三种不同类型的虚拟硬盘。

任务五　虚拟机快照

任务描述

天驿公司的管理员安装了虚拟机，在进行实验时，经常搞错，就想再重新做一遍，想把系统还原到先前的状态，管理员突然想到了，虚拟机有强大的快照功能，于是想马上试试。

任务分析

虚拟机快照是虚拟机强大的功能之一，虚拟机快照是虚拟机在特定时刻的状态、磁盘数据和配置的基于文件的快照。可以获取虚拟机的多个快照（甚至在其运行时）。然后，通过将相应快照应用于虚拟机可将虚拟机恢复为任何以前的状态。所以管理员的想法是正确的。

任务实现

1．建立快照

步骤 1：在虚拟机窗口的"操作"菜单中选择"快照"项，如图 9-59 所示。则会弹出"快照名称"对话框，在文本框中输入虚拟机快照名称，单击"是"按钮，图 9-60 所示，虚拟机会将当前的状态保存在硬盘中。

图 9-59　"虚拟机连接"窗口

图 9-60　快照名称对话框

步骤 2：此时在 Hyper-V 管理器下方的快照窗口中会看到快照树，如图 9-61 所示。

图 9-61　快照树

2. 应用快照

在快照树中选择要应用的快照，单击鼠标右键，在弹出的快捷菜单中选择"应用"，在弹出的"应用快照"对话框中选择"应用"按钮，则虚拟机会恢复到快照时的状态，如图 9-62 和图 9-63 所示。

图 9-62　选择"应用"

图 9-63　应用快照

3．删除快照

如果虚拟机快照不再需要，则可以删除，在快照树中选择要删除的快照，单击鼠标右键，在弹出的快捷菜单中选择"删除"，在弹出的"删除快照"对话框中选择"删除"按钮，则虚拟机快照被删除，如图 9-64 和图 9-65 所示。

图 9-64　删除快照

图 9-65　删除快照

任务回顾

本任务主要描述了快照的应用，快照的主要用途就是让虚拟机恢复至先前状态，在展示及测试时尤其方便，操作的方法比较简单，选手只要认真操作就容易学会的。

比赛心得

本项目主要介绍了 Hyper-V 的配置与管理，这部分内容是 2011 年比赛中新增加进来的，所以选手要熟练应用，否则一旦丢分，那成绩就不会好了，选手应注意三种虚拟网络的不同，更要注意快照的灵活应用。

实训

1. 在学校实训室内，使用一台计算机安装 Windows Server 2008 R2 操作系统，打开计算机的设置看是否支持 64 位操作系统的安装，如果支持将此设置打开。

2. 安装完 Windows Server 2008 R2 操作系统后，安装 Hyper-V 服务角色，并安装两台 Windows 7 虚拟机系统。

3. 设置 Windows 7 虚拟机操作系统的网络连接为外部，测试虚拟机系统和真实主机是否连通。

第三部分 Linux 系统

      Linux 是当前最具发展潜力的计算机操作系统，Internet 的旺盛需求正推动着 Linux 的热潮一浪高过一浪，自由与开放的特性，加上强大的网络功能，使 Linux 在 21 世纪有着无限广阔的发展前景。

      Linux 是一类 UNIX 计算机操作系统的统称。Linux 操作系统内核的名字也是 "Linux"。Linux 操作系统也是自由软件和开放源代码发展中最著名的例子。严格来讲，Linux 这个词本身只表示 Linux 内核，但在实际上人们已经习惯了用 Linux 来形容整个基于 Linux 内核，并且使用 GNU 工程各种工具和数据库的操作系统。

      企业网络搭建及应用这个项目，在 2012 年全国职业院校计算机技能大赛中使用的 Linux 版本为：Centos 5.5，但这里需要注意的是：比赛期间对 Linux 操作系统进行的所有操作都是在虚拟机环境下进行的，虚拟机使用的是：Oracle VM VirtualBox 4.0.4。

项目一　Linux 系统的安装

Linux 提供多种安装方式，包括：本地光盘安装、本地硬盘安装、NFS 安装、FTP 安装和 HTTP 安装。通常采用本地光盘安装方式。如果拥有足够的硬盘空间，可以先将光盘内容复制到硬盘中，再通过硬盘进行安装。如果计算机连接网络，还可以选择网络安装方式。

本项目主要介绍 Linux 系统的本地安装和网络安装。

任务一　本地安装 Linux 系统

任务描述

天驿公司由于扩大了规模，购买了服务器，现需要安装 Linux 系统，于是让管理员来安装系统，他决定立刻安装来看看期待已久的 Linux 系统。

任务分析

本地光盘安装 Linux 系统最基本的一种安装方式，安装光盘也很容易获得，于是管理员开始准备安装，由于本系统是作为服务器使用，所以在安装时选择合适的服务很重要。

任务实现

步骤 1：开启虚拟机，选择界面方式安装 Linux，本任务使用文本方式安装，如图 1-1 所示。

图 1-1　文本安装界面

步骤 2：输入"linux text"选择文本方式安装后，按【Enter】键，等待会出现检测光盘界面，选择"Skip"即可，如图 1-2 所示。

下来选择安装过程中使用的语言，选择 Chinese Simplified（简体中文），如图 1-3 所示。

图 1-2　检测光盘界面　　　　　　　　　　　　图 1-3　选择语言界面

步骤 3：单击"OK"按钮进入下一步，键盘布局为"us"，单击"OK"按钮进入下一步，如图 1-4 所示。

步骤 4：进入下一步，出现新硬盘分区警告提示，单击"OK"按钮进入下一步，对硬盘进行分区选择，如图 1-5 所示。

图 1-4　键盘布局界面　　　　　　　　　　　　图 1-5　硬盘分区警告界面

选择使用第一选项安装 Linux，选择"OK"进入下一步；进入删除分区警告提示，选择"Yes"进入下一步，看到硬盘分区提示，选择"NO"进入下一步；进入内存使用大小提示，选择"Yes"进入下一步，打开网卡配置提示，选择"Yes"进入下一步，进入网卡其他配置，请根据具体要求进行设置 IP 地址和网关等，选择"OK"进入下一步，进入 Hostname 设置，根据要求填入主机名，选择"OK"进入下一步，进入时区（time zone）选择，可以直接选择"OK"进入下一步，也可以在列表中选择 Asia/Shanghai，再选择"OK"进入下一步，进行系统 root 用户密码设置。

步骤 5：root 用户密码设置完成后，开始进入选定安装包界面，可以根据具体需求选择安装桌面，服务器，虚拟化等服务，本任务选定 Server 软件包，使用自定义方式选择软件包安装，如图 1-6 所示。

下一步进入自定义选择安装软件包，选择自己需要的软件包，如图 1-7 所示。

图 1-6　选择软件包安装界面　　　　　　　图 1-7　选择软件包界面

步骤 6：开始安装。

自定义选择安装软件包完成后，单击"OK"选项进入下一步开始检查软件包依赖关系，安装确认信息，单击"OK"选项进入下一步开始硬盘分区格式化后，开始进行安装，如图 1-8 所示。

步骤 7：安装完成后，重启计算机，看到 Linux 系统登录界面，输入用户名 root 和密码（安装系统时设置的密码，这里密码为了安全是不显示的），如图 1-9 所示。

图 1-8　安装进度界面　　　　　　　　　图 1-9　系统登录界面

任务回顾

本任务主要讲述 Linux 的本地安装，本地安装是最基本的知识，但也要求选手必须灵活掌握，在安装时主要注意是采用图形界面安装，还是文本方式安装。

任务二　FTP 网络安装 Linux 系统

任务描述

天驿公司新买了一台服务器，需要安装 Linux 系统，于是让管理员来安装系统，但管理员发现没有 Linux 系统的安装光盘，管理员正发愁的时候，突然想起来其他的服务器存放了 Linux 系统的镜像，管理员决定采用网络 FTP 方式安装 Linux 系统。

任务分析

网络 FTP 方式安装 Linux 系统的前提是必须在局域网内有一台 FTP 服务器，并且存放了

Linux 的系统镜像，还有就是需要有 Linux 的引导程序 boot.iso，于是管理员开始准备安装。

任务实现

步骤 1：架设 FTP 服务器。

（1）在局域网中架设一台 FTP 服务器，将 Linux 系统镜像解压到某个目录下，然后把 FTP 服务器路径指定到该目录。

（2）把 images 目录下的 boot.iso 文件复制出来。

（3）新建虚拟机的设置完毕后，将 boot.iso 加载到虚拟机的光驱中，如图 1-10 所示。

步骤 2：安装前的基本设置。

开启虚拟机，选择界面方式安装 Linux，本任务使用文本界面方式安装，如图 1-1 所示。

> **小贴士**
>
> 图 1-1 中的第一选项为使用图形界面方式安装 Linux；第二选项为使用文本界面方式安装 Linux；第三选项使用功能键获取更多信息。

图 1-10　boot.iso 加载

语言为 English，单击"OK"按钮进入下一步，键盘布局为 us，单击"OK"按钮进入下一步，安装模式选择 FTP（如图 1-11 所示）。

TCP/IP 配置只启用 IPv4 协议，本任务使用自动分配 IP 方式，如图 1-12 所示。

图 1-11　FTP 安装模式

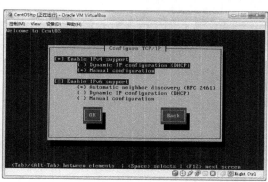

图 1-12　配置 IPv4 协议

步骤 3：连接 FTP 服务器。

FTP 安装配置，FTP site name 指定架设 FTP 服务器的名称或 IP，本例使用 IP：192.168.10.3 连接 FTP 服务器，CentOS directory 目录指定为：/，如图 1-13 所示。

图 1-13　连接 FTP 设置

步骤 4：参考任务一完成安装。

等待数据传输完成后，开始进入 Linux 欢迎安装界面，单击"OK"按钮进入下一步，其他步骤参考任务一安装步骤。

任务回顾

本任务介绍在虚拟机平台上使用网络 FTP 方式安装 Linux 系统。内容相对简单，可按照安装流程进行。本项目的重点内容有 FTP 服务器、挂载引导程序 boot.iso、连接 FTP 服务器、分区操作、服务及应用程序安装。难点内容是连接 FTP 服务器、分区操作、服务安装。

比赛心得

Linux 的安装是进行配置服务器的前提，在企业网项目试题中此部分是必考题，而考察的重点是 Linux 的安装方式、分区和服务选择。难度级别为简单，在比赛中此题目为送分题。虚拟机的设置是安装 Linux 系统的重要步骤，不能有一点差错，建议在培训学生时反复练习，让学生设置 100%正确。学生在比赛时要注意以下几点内容：系统的安装方式；系统硬件环境要求；Linux 的保存目录；确认文本还是桌面安装模式；管理员密码。

实训

1．Web 网络安装 Linux 系统。

2．本地安装 Linux 系统。

项目二 Linux 的系统管理

Linux 系统管理是 Linux 系统中一个非常重要的部门。作为系统管理员，必须掌握基本用户和组的管理、文件系统的管理、服务的维护与升级、磁盘管理、Linux 系统软件的应用等技能。本项目将对 Linux 系统的用户管理、磁盘操作、文件系统操作、软件安装及应用等进行详细介绍。

任务一　用户和组管理

任务描述

天驿公司的管理员对 Linux 服务器进行了基本的设置后，刚刚想休息一下，但经理找到他，说员工还无法进行工作，希望管理员尽快解决，来让员工投入工作，管理员经过查看后，发现用户还没有合适的用户名和密码，所以决定开始设置用户名和密码。

任务分析

Linux 是一个真正的多用户操作系统，无论用户是从本地还是从远程登录 Linux 系统，用户都必须拥有用户账号。用户登录时，系统将检验输入的用户名和口令，只有当该用户名已存在，而且口令与用户名相匹配时，用户才能进入系统。

任务实现

步骤 1：添加用户并设置密码。

增加一个普通用户 newuser，然后用 passwd newuser 为新添加的用户设置密码，在 Linux 中输入密码是不显示的，这里的 newuser 用户密码为 123，如图 2-1 所示。

```
[root@Linux ~]# useradd newuser
[root@Linux ~]# passwd newuser
Changing password for user newuser.
New UNIX password:
BAD PASSWORD: it is WAY too short
Retype new UNIX password:
passwd: all authentication tokens updated successfully.
```

图 2-1　添加用户 newuser

 小贴士

Linux 中用户分为三大类型：超级用户、系统用户和普通用户。

● 超级用户，又成为 root 用户，拥有计算机系统的最高权限。所有系统的设置和修改都只有超级用户才行执行。

● 系统用户是与系统服务相关的用户，通常在安装相关软件包时自动创建，一般不需要改变其默认设置。

● 普通用户在安装后由超级用户创建，普通用户的权限相当有限，只能操作其拥有权限的文件和目录，只能管理自己启动的进程。

用 useradd 增加一个用户后应立刻用 passwd 给新用户修改密码，没有密码的新账号将不能使用。

用户可以用-d 开关设置新用户的宿主目录（如 useradd -d /www newuser），也可以用-g 开关为用户指定新组名（如 useradd -g Linuxusers newuser），还可以用-G 开关把新用户设置成系统其他一些组的成员（useradd -G root newuser）。

例：

#useradd user1	添加一个用户 user1。
#useradd -g root user1	指定用户 user1 所属的用户组为 root。
#useradd -u 510 user1	指定用户 user1 的 uid 为 510。

步骤 2：修改现有用户的账号。

新用户可以使用自己的账号登录，然后修改用户密码。修改 newuser 密码为 Linux.com，如图 2-2 所示。

```
[newuser@Linux ~]$ passwd
Changing password for user newuser.
Changing password for newuser.
(current) UNIX password:
New UNIX password:
Retype new UNIX password:
passwd: all authentication tokens updated successfully.
```

图 2-2 修改 newuser 密码

小贴士

普通用户可以用 passwd 修改自己的密码，只有管理员才可以用 passwd username 为其他用户修改密码。修改用户的密码需要两次输入密码确认。密码是保证系统安全的一个重要措施，在设置密码时，不要使用过于简单的密码。密码的长度应在 8 位或 8 位以上，由数字和英文组合而成。

步骤 3：修改用户 shell。

```
#chsh -s /sbin/nologin newuser
Changing shell for newuser
Shell changed
```

如果用户的默认 Shell 不合适，可以把它改成任何已经加入到/etc/Shells 文件中的 Shell。使用 chsh 命令可以修改自己的 Shell，只有管理员才能用 chsh username 为其他用户修改 Shell 设置。

小贴士

指定 Shell 必须是列入/etc/shells 文件中的 Shell，否则该用户将不能登录。也可以使用 usermod 命令修改 Shell 信息。如：#usermod -s /bin/bash newuser

步骤 4：修改主目录设置。

```
#usermod -d -m /www/newuser newuser
```

如果想将现有主目录的主要内容转移到新的目录，应该使用-m 开关。

步骤 5：修改 UID。

> # usermod　-u　UID　username

主目录中所有该用户所拥有的文件和目录都将自动修改 UID 设置。但是对于主目录，该用户所拥有的文件只能手工用 chown 命令修改所有权设置。

修改默认组设置。修改 user2 的 UID 为新的值 600、所属组为 wyq，如图 2-3 所示。

[root@Linux ~]# usermod -u 600 -g wyq user2

图 2-3　UID 修改

步骤 6：锁定用户账号。

在系统中，有时需要临时禁止某个用户账号登录而不删除，可使用 passwd 命令锁定用户账号。

（1）锁定用户账号 user1 登录。

> # passwd -l user1

> **小贴士**
>
> 查看 Linux 系统中用户口令的加密文件/etc/shadow，可看到其 MD5 加密密码域的第一个字符前加了符号 "!!"。

恢复时，使用带 "-u" 参数的 passwd 命令。

（2）恢复 user1 用户账号登录。

> # passwd -u user1
> Unlocking password for user user1
> passwd: Success

步骤 7：删除多余用户。

> #userdel newuser

如果想同时删除该用户的主目录及其所有内容，要用-r 开关来递归删除/home/newuser 目录，该目录中包含的任何文件和子目录都将被删除，需要用 groupdel 命令删除该用户的组，否则，再添加下一位用户将具有不同的用户 ID 和组 ID，将来管理新用户时会带来问题。例如：

> # groupdel newuser

> **小贴士**
>
> 值得注意的是：无法删除已经登录的用户。

任务回顾

本任务以添加新用户为例，来讲述如何创建用户和组、修改用户密码、shell、宿主目录和删除用户等操作，Linux 中的每个用户账户都包括用户名、口令、用户 ID、所属群组 ID、等 shell、用户主目录等信息。/etc/passwd 和/etc/shadow 文件保存着用户账号信息。

任务二　配额管理

任务描述

天驿公司的管理员为公司的每个员工都设置了合理的账号和口令，员工们可以使用系统了，他觉得可以轻松了，但新的问题又来了，他发现员工在自己的目录中什么都放，存储空间很容易就满了，对每个员工的主目录根本没有限制，于是管理员想到了用磁盘配额来解决此问题。

任务分析

文件系统配额是一种磁盘空间的管理机制。使用文件系统配额可限制用户或组群在某个特定文件系统中所能使用的最大空间，它可以保证所有用户都拥有自己独占的文件系统空间，从而确保用户使用系统的公平性和安全性。

天驿公司对用户 newuser 用户设置磁盘配额要求如图 2-4 所示。

任务实现

要为具体用户创建配额，可以执行下面的 5 个步骤。

图 2-4 设置配额流程

步骤 1：修改/etc/fstab 并重新挂载。

修改/etc/fstab 中的配额设置很容易，以该配置文件中一行典型的设置为例。下面这一行是在一个单独分区上建立/home 文件系统：

```
LABEL=/home ext3 defaults 1 2
```

现在可以通过重新挂载/home 目录激活所做的修改：

```
# mount - o remount /home
```

步骤 2：创建配额文件。

可以使用如图 2-5 所示的 touch 命令在/home 目录中创建一个空的文件 aquota.user。

```
[root@Linux ~]# touch /home/aquota.user
```

图 2-5 touch 命令创建文件

设置该文件让它只能被根用户访问，对于保证文件的安全性是很重要的。由于该文件不必是可执行的，因此可以执行下面的命令：

```
#chmod  600  /home/aquota.user
```

步骤 3：执行 quotacheck。

现在用 quotacheck –avum 命令初始化配额文件。该命令用于扫描（-a）/etc/mtab 中所有启用了配额的文件系统，创建详细（-v）输出，检查用户配额（-u），并重新挂载扫描的文件系统（-m）。

步骤 4：使用 edquota 编辑用户配额。

接下来具体设置用户的配额。运行 edquota 配置所选的用户。以 newuser 为例，运行如下命令：

```
# /usr/sbin/edquota newuser
```

打开 newuser 的磁盘信息文件，如图 2-6 所示。

```
[root@Linux ~]# edquota -u newuser_
```

图 2-6 打开 newuser

可以看出，用户 newuser 有两个限制：一个是 soft（软）限制；另一个是 hard（硬）限制。如果用户想把软限制设置为 100MB，把硬限制设置为 110MB，可像下面这样编辑 newuser 的配额，如图 2-7 所示。

图 2-7　newuser 软/硬限制

步骤 5：启用配额。

启用配额是最简单的，只需运行下面的命令，为/home 文件系统上的所有配置用户启用配额即可。

```
# /sbin/quotaon   /home
```

用户可以使用 quotaoff/home 命令停止同一文件系统的配额。

 小提示

组配额和用户配额的操作思路相同，不同之处是用户创建 aquota.user 关联文件，而组创建 quota.group 文件。可以根据用户配额的做法为组创建磁盘配额。

任务回顾

本任务以用户 newuser 磁盘配额为例讲解如何为用户设置磁盘配额。对文件系统可以只采用用户级配额管理或组群级配额管理，也可以同时采用用户级和组群级配额管理。配额还分为软配额和硬配额。

任务三　分区操作

任务描述

天驿公司的管理员，在进行了用户和配额的管理后，总算轻松了几天，但突然有一天经理拿了一块新的硬盘找到管理员，说：公司要增加新的业务软件，需要在新拿来的硬盘上实现，让管理员把新硬盘挂在 Linux 服务器上，并让其可以正常使用，管理员知道要对现有的磁盘进行分区操作，同时对其分区进行格式化和调优设置。

任务分析

经理新拿来的硬盘要对其分区和格式化后才能使用，分区从实质上说就是对硬盘的一种格式化，新买回来的硬盘只有分区和格式化后才能使用，所以管理员的做法是正确的，在 Linux 中可采用 fdisk 命令实现。

任务实现

步骤 1：查看磁盘的数据信息。

添加一个新的硬盘后，要查看该硬盘的数据信息，可用下面的命令语句：

```
#/sbin/fdisk   /dev/hdd
```

步骤 2：使用 fdisk 命令进行分区。

在命令行中输入 fdisk 命令后，会看到 fdisk 实用程序提示符：

Command （m for help）：

输入 m 命令查看 fdisk 实用程序内可用的选项。现在要做的第一件事是创建一个新分区。使用 n 命令，创建一个逻辑分区：

Command （m for help）：n
Command action
    e   extended
    p   primary partition （1-4）

首先使用 p 命令创建一个主分区，使之成为第一个主分区，并使之开始于第一个可用的柱面。继续执行这个过程，直到把这个硬盘的所有空间分配完毕。如果配置完毕，用 w 命令保存所做的设置，若想从头再来，可用 q 命令不保存任何更改退出 fdisk。

 小贴士

硬盘主要有三种分区：

主分区，在一个 IDE 或 SCSI 硬盘驱动器上最多可以创建 4 个不同的主分区；

扩展分区，如果需要更多的分区，可以把一个主分区转换为一个扩展分区；

逻辑分区，可以把扩展分区再分成所需的逻辑分区。一个硬盘驱动器上最多可有 12 个逻辑分区。

步骤 3：格式化分区。

使用下面的命令将硬盘上的第一个分区格式化成指定的文件系统。

#mkfs -t ext3 /dev/sdb1：将 sdb1 格式化成 ext3 文件系统。

#mkfs -t ext2 /dev/sdb1：将 sdb1 格式化成 ext2 文件系统。

#mkfs -t vfat /dev/sdb1：将 sdb1 格式化成 vfat 文件系统。

#mkfs -t reiserfs /dev/sdb1：将 sdb1 格式化成 reiserfs 文件系统。

 小贴士

创建 ext3 文件系统的另一种方式是使用以下命令：

#mke2fs -j /dev/sdb1 -j 用于创建日志

把/dev/sdb3 设置成一个交换分区，命令如下：

#mkswap   /dev/sdb3

步骤 4：挂载目录。

在读或写一个 Linux 分区前，需要先挂载它，可使用 mount 命令。换句话说，可以使用以下命令，在格式化成 ext3 文件系统的/dev/sdb1 分区上挂载/home/zj 目录，如图 2-8 所示。

```
[root@Linux ~]# mount -t ext3 /dev/sdb1 /home/zj
```

图 2-8　挂载目录

卸载该挂载目录的命令如下：

#umount /home/zj

步骤 5：调优。

　　ext3 分区比 ext2 分区多包含一个日志，因此，如果为 ext2 文件系统创建一个日志，它就会自动转换为 ext3 文件系统。使用 tune2fs　-j 命令，将/dev/sdb1 分区从 ext2 转化成 ext3：

```
#tune2fs   -j   /dev/sdb1
```

任务回顾

　　本任务采用 fdisk 命令对硬盘分区，步骤比较烦琐，学生在备赛时，教练一定要告诉学生具体的步骤和操作方法，否则学生很难熟练掌握，分区后可按环境需求选择分区格式，值得提醒的是：在读或写一个 Linux 分区前，需要先把分区挂载到系统中。

任务四　文件权限

任务描述

图 2-9　文件权限示意图

　　　　天驿公司的经理这几天发现有些用户去访问别人的文件，而且有时会访问经理的文件夹，这是很危险的事情，于是经理找到管理员，让管理员解决这一技术问题，管理员想到：防止 Linux 系统中未授权用户访问某些用户文件，必须为用户设置相应的权限，就可以实现该功能，文件权限示意图如图 2-9 所示。

任务分析

　　Linux 系统是个多用户系统，能做到不同的用户同时访问不同的文件，因此一定要有文件权限控制机制。Linux 的文件或目录被一个用户拥有时，这个用户称为文件的拥有者（或文件主），同时文件还被指定的用户组所拥有，这个用户组称为文件所属组。一个用户可以是不同组的成员，这可以由管理员控制。文件的权限由权限标志来决定，权限标志决定了文件的拥有者、文件的所属组、其他用户对文件访问的权限。管理员根据这些特点，开始着手来实现。

任务实现

步骤 1：文字设定法设置文件权限。
将文件 ex1 的权限改为所有用户对其都有执行权限，如图 2-10 所示。

```
[root@Linux ~]# chmod a+x ex1
[root@Linux ~]# ls -l ex1
-rwxr-xr-x 1 root root 0 2009-09-04 16:28 ex1
```

图 2-10　修改 ex1 的权限

　　将文件 ex1 的权限重新设置为：文件主可以读和执行，组用户可以执行，其他用户无权访问，如图 2-11 所示。

```
[root@Linux ~]# chmod u=r,ug=x ex1
[root@Linux ~]# ls -l ex1
---x--xr-x 1 root root 0 2009-09-04 16:28 ex1
```

图 2-11　修改 ex1 读、执行权限

小贴士

文件的一般权限:

Linux 系统中规定了 3 种不同类型的用户: 文件主 (user)、同组用户 (group)、可以访问系统的其他用户 (others),其权限如图 2-9 所示。

访问权限规定 3 种访问文件或目录的方式: 读 (r)、写 (w)、可执行或查找 (x)。

(1) 文件访问权限

读权限 (r) 表示只允许指定用户读取相应文件的内容,禁止对它做任何更改操作。写权限 (w) 表示允许指定用户打开并修改文件。执行权限 (x) 表示允许指定用户将该文件作为一个程序执行。

(2) 目录访问权限

读权限 (r) 表示可以列出存储在该目录下的文件,即读目录内容。写权限 (w) 表示允许从目录中删除或创建新的文件或目录。执行权限 (x) 表示允许在目录中查找,并能用 cd 命令将工作目录切换到该目录。

设定文件权限时,在模式中常用以下字母代表用户或用户组:

u (user) 表示文件的所有者;

g (group) 表示文件的所属组;

o (others) 表示其他用户;

a (all) 代表所有用户 (即 u+g+o)。

权限用以下字符表示: r 表示读权限; w 表示写权限; x 表示执行权限。最后要指明是增加 (+) 还是取消 (−) 权限,或者只赋予权限 (=)。

步骤 2: 数字设定法设置文件权限。

设定 chap1.txt 文件权限为主用户和所在组具有读/写权限,其他用户有读权限,如图 2-12 所示。

```
[root@Linux ~]# chmod 644 chap1.txt
[root@Linux ~]# ls -l chap1.txt
-rw-r--r-- 1 root root 0 2009-09-04 16:32 chap1.txt
[root@Linux ~]# chmod u=rw,g=rw,o=r chap1.txt
[root@Linux ~]# ls -l chap1.txt
-rw-rw-r-- 1 root root 0 2009-09-04 16:32 chap1.txt
```

图 2-12　修改 chap1.txt 权限

将目录 wn1 及其下面的所有子目录和文件的权限改为所有用户对其都有读、写权限。如图 2-13 所示。

```
[root@Linux ~]# chmod -R a+rw wn1
[root@Linux ~]# ls -l wn1
total 0
-rw-rw-rw- 1 root root 0 2009-09-04 16:36 wn.txt
[root@Linux ~]# ls -l wn1/wn.txt
-rw-rw-rw- 1 root root 0 2009-09-04 16:36 wn1/wn.txt
[root@Linux ~]# _
```

图 2-13　修改 wn1 权限

 小贴士

在设置以上权限时,可以使用数值来绝对赋予权限。用三位二进制数表示其 rwx 权

限，000~111 对应设置位，r 为 100、w 为 010、x 为 001，转换为十进制，读、写、执行
权限依次对应 4、2、1。权限的组合等于相应数字相加的和。例如，所有者的文件权限
为 rwx 时，二进制数表示为 111，用十进制数 7 表示；组用户的文件权限为 rw-时，二进
制数表示为 110，用十进制数 6 表示；其他用户的文件权限为 r-x 时，二进制数表示为
101，用十进制数 5 表示。假设要求上述用户对文件"file1"具有上述权限，使用的命令
是$ chmod 765 file1：

```
#chmod    765    file1
#chmod    u=rwx,g=rw-,o=r-x    file1
以上两条命令是等效的
```

任务回顾

本任务讲述了用两种方法设置文件权限：数字设定法和文字设定法。需要提醒学生注
意的是：在设定文件权限前，要搞清楚该文件应具有什么权限。

任务五　文件压缩与归档管理

任务描述

天驿公司的员工经常需要将多个文件和目录归档为一个文件以供备份或者发送邮件，
有时为了减少文件所占用的存储空间，有时需要对文件进行压缩，于是找到管理员希望他来
帮忙，管理员想到了用户可以根据需要，从归档文件或压缩文件还原文件和目录，也就是使
用文件压缩和归档管理的办法可以解决。

任务分析

当需要把一组文件储存成一个文件以便备份或传输到另一个目录甚至另一台计算机，
或者让某些文件占用少量磁盘空间，通常需要将文件压缩，所以管理员的办法是正确的，于
是管理员决定开始解决这个问题。

任务实现

步骤 1：使用 bzip2 和 bunzip2 压缩与解压缩文件。
使用 bzip2 和 bunzip2 命令的格式如图 2-14 所示。

图 2-14　bzip2 压缩

说明：使用 bzip2 压缩 filename1 时，文件会被压缩并被保存为 filename1.bz2。当解压
缩时，filename1.bz2 文件会被删除，filename1 被还原。

小贴士

常用的压缩文件类型表如表 2-1 所示。

表 2-1　常用压缩文件类型表

扩　展　名	类　型　属　性
bz2	使用 bzip2 压缩的文件
gz	使用 gzip 压缩的文件
tar	使用 tar 压缩的文件
tar.bz2	用 tar 和 bzip 压缩的文件
tar.gz	用 tar 和 gzip 压缩的文件
zip	使用 zip 压缩的文件

文件压缩工具 gzip、bzip2 和 zip 对应的解压工具分别是 gunzip、bunzip2、unzip。bzip2 和 gzip 压缩工具提供了最大限度的压缩，并且可在多数类似 UNIX 的操作系统上找到，因此得到广泛应用。如果需要在 Linux 和其他操作系统如 Windows 间传输文件，应该使用 zip，因为该命令与 Windows 上的压缩工具最兼容。

使用 bzip2 命令把 file1、file2 的内容同时压缩，如图 2-15 所示。

图 2-15　bzip2 处理多个文件

步骤 2：使用 gzip 和 gunzip 压缩与解压缩文件。

使用 gzip 和 gunzip 命令的格式如图 2-16 所示。

图 2-16　gzip 压缩

说明：使用 gzip 压缩文件 filename1，保存为 filename1.gz。当解压缩时，filename1.gz 会被删除，同时 filename1 被还原。

使用 gzip 命令把 file1、file2 的内容压缩，如图 2-17 所示。

图 2-17　gzip 处理多个文件

步骤 3：使用 zip 和 unzip 压缩与解压缩文件。

使用 zip 和 uzip 命令的格式如图 2-18 所示。

图 2-18　zip 压缩

如图 2-19 所示：是否替换文件名？Y（是），N（否），A（全部覆盖），None（全部不覆盖），r（重命名）。可以根据自己的需要做出选择。

```
replace filename? [y]es, [n]o, [A]ll, [N]one, [r]ename: y
```

图 2-19　是否替换文件名

说明：使用 zip 压缩，file 代表用户创建的压缩文件，-r 选项指所有在"要压缩文件存放目录"中的文件和目录；解压缩时，filename 被还原。

使用 zip 命令把 file1、file2、file3 及/usr/work 目录的内容压缩起来，然后放入 filename.zip 文件中，如图 2-20 所示。

```
[root@Linux ~]# zip -r filename file1 file2 file3 /usr/work
  adding: file1 (stored 0%)
  adding: file2 (stored 0%)
  adding: file3 (stored 0%)
  adding: usr/work/ (stored 0%)
[root@Linux ~]# dir
anaconda-ks.cfg  file3        install.log.syslog  ■ ■  ■ ■
file1            filename.zip ■ ■  ■ ■
file2            install.log  ■ ■  ■ ■
```

图 2-20　zip 解压缩

步骤 4：使用 tar 压缩与解压缩文件。

（1）建立 tar 文件：

```
[root@Linux ~]# tar -cvf bak.tar /boot/boot_b /boot/message /tmp_
```

（2）查看 tar 文件的内容：

```
[root@Linux ~]# tar -tf bak.tar _
```

（3）压缩一组文件，使后缀为 tar.gz：

```
[root@Linux ~]# tar -cvf backup.tar /tmp_
[root@Linux ~]# gzip backup.tar_
```

（4）释放一个后缀为 tar.gz 的文件：

```
[root@Linux ~]# gunzip backup.tar.gz_
[root@Linux ~]# tar xvf backup.tar_
[root@Linux ~]# tar xvfz backup.tar.gz _
```

（5）解开后缀为 tar.z 的文件：

```
[root@Linux ~]# tar xvfz backup.tar.Z_
```

（6）解开后缀为.tgz 的文件：

```
[root@Linux ~]# gunzip backup.tgz_
```

任务回顾

本任务通过对各种压缩软件的压缩方法进行简单描述、举例讲解，意在让同学们掌握如何使用压缩软件。重点掌握 tar、gz、zip 文件格式的压缩与解压缩。

任务六　rpm 软件包的管理

任务描述

天驿公司的员工在使用 Linux 系统过程中，有时需要安装一些常用的软件，但他们发现自己根本无法安装，于是又只能找管理员来解决，管理员告诉同事，Linux 的安装不是那么容易的，于是管理员来解决这个比较棘手的问题。

任务分析

Linux 系统下软件的安装和 Windows 是完全不一样的，Linux 系统的软件有两种形式：rpm 包和源码。在此，管理员找到了相关软件的 rpm 包，来教员工们如何安装，下面开始着手安装这些软件。

任务实现

步骤 1：rpm 软件包安装。

安装 zhcon-0.2.5-5.i386.rpm 包：

```
#rpm    -ivh    zhcon-0.2.5-5.i386.rpm
```

 小贴士

-i: 安装指定的 rpm 软件包；

-h: 用 "#" 显示完成的进度；

-v: 显示安装过程信息。

步骤 2：更新软件包。

如果当前已经安装了某一个软件包，只想更新该软件包，可以使用-U 参数，命令格式如下：

```
#rpm -Uvh 需要更新软件
```

步骤 3：rpm 软件包查询。

查询是否安装 Samba 服务程序：

```
#rpm -q samba              -q：查询指定的软件包
```

查询系统所有安装的 rpm 软件包：

```
#rpm -qa             -qa：查询系统所有安装的 rpm 软件包
```

步骤 4：rpm 软件包删除。

删除 samba 软件包：

```
#rpm -e samba    -e：删除指定的 rpm 软件包
```

任务回顾

本任务通过对 rpm 软件包的查询、更新、安装来讲解在 Linux 中如何安装软件。如果用 tar 格式的软件安装程序，还需将其解压、编译后才可以安装。tar 包的解压、编译请查询其他参考书，这里不再讲述。

任务七　进程调度

任务描述

天驿公司的管理员终于可以每天轻松一下了，但有个苦恼的问题一直让管理员很痛苦，就是大家都下班了，他还要留下来备份和维护数据库等工作，于是管理员想让这些工作在晚上自动运行，这样他就可以正常下班了，他想到了进程调度可以实现。

任务分析

进程调度允许用户根据需要在指定的时间自动运行指定的进程，也允许用户将非常消耗资源和实践的进程安排到系统比较空闲的时间来执行。进程调度有利于提高资源的利用率，均衡系统负载，并提高系统管理的自动化程度。管理员针对目前的情况可以采用以下方法实现进程调度：

（1）对于偶尔运行的进程采用 at 调度。

（2）对于特定时间重复运行的进程采用 cron 调度。

任务实现

步骤 1：配置 cron 实现自动化。

（1）cron 是 Linux 的内置服务，可以用以下的方法启动、关闭这个服务：

```
/sbin/service crond start //启动服务
/sbin/service crond stop //关闭服务
/sbin/service crond restart //重启服务
/sbin/service crond reload //重新载入配置
```

（2）cron 的主配置文件是 /etc/crontab，它包含如图 2-21 所示的几行。

```
SHELL=/bin/bash
PATH=/sbin:/bin:/usr/sbin:/usr/bin
MAILTO=root
HOME=/

# run-parts
01 * * * * root run-parts /etc/cron.hourly
02 4 * * * root run-parts /etc/cron.daily
22 4 * * 0 root run-parts /etc/cron.weekly
42 4 1 * * root run-parts /etc/cron.monthly
~
```

图 2-21　cron 配置

小贴士

SHELL 变量的值告诉系统要用哪个 shell 环境；

PATH 变量用来定义执行命令的路径；

MAILTO 变量定义执行任务的用户；

HOME 变量可以用来设置在执行命令或脚本时使用的主目录；

/etc/crontab 文件中的任务格式如下：

```
minute hour day month dayofweek command
```

在以上任何值中星号（*）代表所有有效值。

（3）配置 crontab 的应用实例。

每月 1 日、10 日、22 日的 4:45 运行/apps/bin/目录下的/clean.sh，如图 2-22 所示。

```
45 4 1,10,22 * * /apps/bin/clean.sh
```

图 2-22　运行/clean.sh

每个周六、周日的 1:10 运行一个 find 命令，如图 2-23 所示。

```
10 1 * * 6,0 /bin.fine -name"core" -exec rm {} \;
```

图 2-23　运行一个 find 命令

每天的 18:00~23:00 之间每隔 30 分钟运行/apps/bin 目录下的 dbcheck.sh。如图 2-24 所示。

```
0,30 18-23 * * * /apps/bin/dbcheck.sh_
```

图 2-24　运行 dbcheck.sh

步骤 2：配置 at 命令实现自动化。

（1）指定在今天下午 5:30 执行某命令。假设现在时间是中午 12:30，2009 年 8 月 24 日，其命令格式如下：

```
at 5:30pm
at 17:30
at 17:30 today
at now + 5 hours
at now + 300 minutes
at 17:30 24.8.09
at 17:30 2/24/06
at 17:30 Feb 24
```

以上这些命令表达的意义是完全一样的，所以在安排时间的时候可以根据具体情况自由选择。一般采用 24 小时计时法，这样可以避免由于用户自己的疏忽而造成计时错误的情况发生。

（2）at 实例。

在三天后下午 4:00 执行文件 work 中的作业，如图 2-25 所示。

```
[root@Linux ~]# at -f work 4pm + 3 days
job 3 at Mon Sep  7 16:00:00 2009
```

图 2-25　执行 work 中的作业一

在 7 月 31 日上午 10:00 执行文件 work 中的作业，如图 2-26 所示。

```
[root@Linux ~]# at -f work 10am jul 31
job 4 at Sat Jul 31 10:00:00 2010
```

图 2-26　执行 work 中的作业二

步骤 3：撤销作业。

方法一：使用 kill 命令来撤销某个作业。

kill 命令用作业号或 PID 作为参数来指定要撤销的作业。当使用作业号来标识作业时，在作业号前面要加"%"。若该作业的作业号为 1，可用下面的命令：

```
$ kill %1
```

方法二：使用进程标识号（PID）来撤销作业，如：

```
$ kill 164
```

当使用进程标识号来指定作业时，进程标识号之前不加"%"。

任务回顾

本任务对 cron 和 at 调度进行了讲解，at 调度可以指定命令执行的时间，但只能执行一次，cron 调度用于执行进程需要重复执行的命令，可设置命令重复执行的时间。

比赛心得

本项目中，解释了 Linux 系统中的用户和组管理、设置配额、分区操作、文件权限、文件压缩与归档管理、软件包的管理、任务计划等系统管理操作。

Linux 系统中的系统管理操作在历年比赛中都考查到了，分值在 10 分以内，难度不大。Linux 系统中的系统管理操作知识、操作较简单。但是在比赛中系统管理操作的考点非常多，考查形式也不固定。因此在培训学生时教练要注意把学生的基础知识点打牢，对命令需要强化练习。在学生做练习时应注意下面几点：

（1）添加用户时要注意用户及其宿主目录的权限问题；

（2）进行磁盘管理操作时，要注意被操作的磁盘是否为所要求的，如果出错，将导致不可逆的后果；

（3）进行文件系统设置时，注意挂载的目录下的内容做备份，避免因挂载失败而导致文件丢失；

（4）安装 rpm 包时注意系统的版本，如果高于要安装的版本，可能出现无法安装的情况；

（5）配置计划任务时，系统默认项中没有开启 cron 服务，需要手动开启该服务。

实训

1．更改 Linux1 用户的宿主目录为/ home/test2。

2．设定 Linux1 用户的宿主目录权限为 442。

3．更改 Linux1 用户的密码为 Linux1。

4．原规划/home 空间为 1GB，但随着当前用户的增多，容量不足，想增加一个 8GB 硬盘来改善当前的情况，并划分 3 个 ext3 分区，怎么做？

5．有两个文件，分别是 file1 和 file2，这两个文件互为硬链接文件，若将 file1 删除，然后用 vi 的方式重新建立一个名为 file1 的文件，file2 的内容是否会被更改？请做实验。

6．有一台 Linux 服务器，对外提供邮件与 www 服务，同时预计提供个人网页空间服务。邮件提供 30MB 空间，www 服务提供 20MB 空间，应如何操作？

项目三　架设网络服务器

Linux 操作平台上可配置多种服务器，本项目选择性介绍 Samba 服务器、NFS 服务器、DNS 服务器、DHCP 服务器、WWW 服务器、FTP 服务器和 E-mail 服务器的基本功能和配置方法，本项目要点：

- Samba 服务器；
- NFS 服务器；
- DNS 服务器；
- DHCP 服务器；
- Web 服务器；
- FTP 服务器；
- E-mail 服务器。

任务一　架构 Samba 服务器

任务描述

天驿公司的电脑既有 Windows 系统，又有 Linux 系统，现在员工想实现他们之间的计算机相互访问，这样才方便 Linux 系统用户和 Windows 系统用户访问共享资源，于是找到管理员，系统管理员帮忙解决，管理员认为：架构 Samba 服务器可解决这一问题。

任务分析

Samba 服务器可以实现 Windows 与 Linux 共享资源互访的功能，即在 Windows 下通过网上邻居可以访问 Linux 操作系统中的 Samba 服务器共享的文件夹，Linux 同样也可以使用 Samba 客户端访问软件访问 Windows 共享的文件夹，当然，Linux 系统之间同样可以使用 Samba 互相访问共享资源，所以管理员的决定是正确的。

现要求所架设的 Samba 服务器实现如下功能：

（1）设置组名 workgroup，计算机名 Linux；

（2）建立 Linux 的本地账户 shareuser，密码 share，主目录为/home/shareuser；

（3）建立 Samba 用户，用户名为 sambauser，对应于 Linux 本地账户 shareuser，对应 Windows 的管理员账户，Samba 密码为 share；

（4）设定 Samba 访问验证方式为用户验证；

（5）设置可访问 Samba 共享文件夹的主机范围为 192.168.1.*网段、192.168.10.*网段、192.168.2.5 主机都可以访问、192.168.1.9 不可以访问。

Samba 服务器是依靠配置文件来实现特定功能的，它的配置文件是/etc/samba/smb.conf。对于 Samba 服务器的配置，可以直接用文本编辑器创建配置文件 smb.conf。

任务实现

步骤 1：配置 smb.conf 文件。可以使用文本编辑器（如 Vi 编辑器）来创建它。下面是一个 smb.conf 文件的例子：

```
[global]
workgroup = MYGROUP
netbios name = Linux
server string = samba Server
hosts allow = 192.168.1.    192.168.2. 127
security = user
encrypt passwords = yes
smb passwd file = /etc/samba/smbpasswd
unix password sync = Yes
[homes]
comment = Home Directories
browseable = no
writable = yes
valid users = %S
create mode = 0664
directory mode = 0775
[public]
comment = Public Stuff
path = /home/samba
public = yes
writable = yes
write list = @staff    @user
valid user=wang zhang
[printers]
comment = All Printers
guest ok=no
browseable = no
```

需要注意的是，各部分配置只有在把其前面的"#"取消后才能生效。

步骤 2：全局配置。

（1）定义该 Samba 服务器所处的工作组或域，如图 3-1 所示。

图 3-1　工作组设置

（2）设定 Samba 服务器的描述，如图 3-2 所示。

图 3-2　服务器的描述

当通过网上邻居访问时可以在备注里面看到。

（3）设置可以访问 Samba 服务器的主机、子网或域。

默认此配置不使用，即所有主机都可访问。可使用"hosts allow = 192.168.1. 192.168.2.127"进行设置，每个项目之间用空格或逗号隔开。表示允许来自网段 192.168.1.0 和 192.168.2.127 的访问，一定要注意，在网段地址后面一定要加上一个点"."，多台主机间用空格隔开，单台主机后面也要加一个点。例如：

```
hosts allow   =   client1.  abc.com.   192.168.1.   EXCEPT 192.168.1.254
```

本例设置可访问 Samba 共享文件夹的主机范围：192.168.1.*网段、192.168.10.*网段、192.168.2.5 主机都可以访问、192.168.1.9 不可以访问，如图 3-3 所示。

```
hosts allow = 127. 192.168.1. 192.168.10. 192.168.2.5 EXCEPT 192.168.1.9
```

图 3-3　IP 访问范围

（4）指定 Samba 服务器使用的安全级别。

security = user：允许 Linux 中的用户通过 Windows 访问其相应的主目录。

security = share：表示无须用户名与密码即能访问。

security = server：表示需要另外的验证服务器验证，如可以是 Windows 2000 服务器。

security = domain：表示通过域服务器验证，如可以是一台 Windows 2000 域服务器。

（5）使用加密口令。

encrypt passwords = yes：设置是否对密码进行加密，Samba 本身有一个不同于 Linux 系统的密码文件/etc/samba/smbpasswd，如果不对密码进行加密，则在验证会话过程中客户机和服务器之间传递的就是明文。由于 Windows 2000 以后的系统不支持明文密码，因此此处一般设置为 yes。

（6）Samba 服务用户密码文件位置。

smb passwd file = /etc/samba/smbpasswd，这也是建立 smb 用户时系统默认存放所产生的用户信息的地方。

（7）有多个网卡的 Samba 服务器设置要监听的网卡。

可通过"interfaces=网卡 IP 地址或网络接口"设置该功能。在默认情况下并不使用，但为了保证多网卡的 Samba 服务器能正常工作，应设置此项。例如：

```
interfaces   =   eth0
interfaces   =   192.168.100.4
interfaces   =   192.168.100.4/24
interfaces   =   192.168.100.4/255.255.255.0
```

配置文件的检查。如果想检查配置的 Samba 服务是否正确，可以使用下面的命令：

```
# testparm
```

步骤 3：添加 Samba 用户。

当采用用户级的 Samba 安全性的时候（security=user），需要为每个通过 Windows 系统访问 Linux 的用户指定一个账号，可以使用下面的命令。

（1）以根用户身份添加账号：

```
# useradd –m zhang
# useradd –m tom
```

（2）为新建的用户添加口令：

```
# passwd zhang
# passwd tom
```

（3）因为 Samba 用户的口令文件不同于 Linux 系统的口令文件，所以需要输入下面的命令来创建 Samba 口令文件（smbpasswd）：# smbpasswd -a Linux 账户名，如图 3-4 所示。

```
[root@Linux ~]# smbpasswd -a shareuser
New SMB password:
Retype new SMB password:
```

图 3-4　用户密码

（4）更改 Samba 用户 smb 口令：

　　# smbpasswd shareuser

步骤 4：设置用户个人的主目录。

Samba 服务为每一个 Samba 用户提供一个主目录，该共享目录通常只有用户本身可以使用，个人的主目录默认存在/home/目录下，每个 Linux 用户有一个独立的子目录。

［homes］部分是一个专用的部分，它的设置允许用户访问 Linux 系统中对应的主目录。

（1）comment：名称的说明。

（2）browseable：用来控制在浏览列表（如网上邻居）或在 Windows 命令行下执行 net view 时是否能够看到自己的主目录。

（3）writable=yes：表示用户对目录具有写权限。当然并不是只要此处设为 yes 用户就可以通过网络进行写操作了，还要设定此用户的本地权限为"写"才行。

（4）valid users=%s：表示所有的用户都可以通过 Windows 访问其相应的主目录。

（5）create mode=0664：指文件建立时的默认权限。

（6）director mod=0775：指目录建立时的默认权限。

本例主目录为/tmp/sambatest，权限是完全权限。

这样设置后 shareuser 用户还没有写入的权限，还需要输入命令 chmod 777 /tmp/sambatest 设置所有用户具有写入权限，如图 3-5 所示。

```
[sambatest]
    comment = sambatest
    path = /tmp/sambatest
    browseable = yes
    writeable = yes
    guest ok = yes_
```

图 3-5　权限设置

步骤 5：基于 Samba 的 Windows 与 Linux 互相访问。

（1）为 Windows 系统测试 Samba 客户机，如图 3-6 所示。

图 3-6　用户验证

（2）通过 Samba 客户端访问远程共享资源。

① 列出目标主机共享资源列表：

　　#smbclient　-L　//主机名或 IP 地址

② 使用共享资源：

　　#smbclient　　　//主机名或 IP 地址/共享目录名

按【Enter】键后，系统会提示输入该用户的密码，如果输入正确，就会进入 Samba 交互界面，如下所示：

　　smb: \>

在 Linux 中访问本例设置的 Samba 服务，如图 3-7 所示。

```
[root@Linux ~]# smbclient //192.168.100.2/sambatest -U shareuser
Password:
Domain=[LINUX] OS=[Unix] Server=[Samba 3.0.26a-6.fc8]
smb: \> _
```

图 3-7　Linux 访问

任务回顾

本任务讲解在 Linux 系统中如何架设 Samba 文件共享服务，以实现网络中不同类型计算机之间文件和打印机的共享。Samba 服务器的配置取决于/etc/samba 目录中的 smb.conf 文件，对 Samba 用户的设置是本任务的重点。

任务二　架构 NFS 服务器

任务描述

天驿公司由于业务扩大，开设了分公司，分公司的员工经常需要访问总公司的服务器，但有时带宽受到限制，所以经理找到管理员，希望在分公司也架构一台服务器，以供公司的 Linux 用户访问，管理员想来想去，决定利用 NFS 服务器来解决。

任务分析

NFS 网络文件系统，将不同的计算机之间通过网络进行文件共享，一台 NFS 服务器就如同一台文件服务器，只要将其文件系统共享出来，NFS 客户端就可以将它挂载到本地系统中，从而可以像使用本地文件系统一样使用远程文件系统中的文件，管理员的这个想法非常合适，所以决定动手去做。

天驿公司对 NFS 服务器架设要求如下：

（1）设置/etc/sysconfig 下的 network-scripts 文件夹为对所有客户机都可读、可写、共享；
（2）设置/var/named/chroot/var 下的 named 文件夹为对所有客户机都可读、可写、共享；
（3）映射设置统一为类型 async；
（4）在 Linux 服务器上把/etc/sysconfig/network-scripts 共享挂载到/net 文件夹；
（5）在 Linux 服务器上把/var/named/chroot/var/named 共享挂载到/named 文件夹；
（6）进行测试是否可读写/net 和/named 文件夹的内部文件；
（7）在开启 Linux 服务器时自动挂载所有共享文件夹。

任务实现

步骤 1：NFS 服务器的安装。

由于启动 NFS 服务时需要 nfs-utils 和 portmap 这两个软件包，因此在配置使用 NFS 之前，可使用下面的命令来检查系统中是否已经安装了这两个包。

```
# rpm –q nfs-utils
# rpm –q portmap
```

本机查看安装情况如图 3-8 所示。

```
[root@Tianyi ~]# rpm -q nfs-utils
nfs-utils-1.0.9-44.el5
[root@Tianyi ~]# rpm -q portmap
portmap-4.0-65.2.2.1
```

图 3-8　NFS 版本

NFS 服务器的配置文件是/etc/exports，在其中添加一些项目，每项标示本地文件系统下的目录。该项确认其他计算机可以共享的资源及相关的使用权限等。/etc/exports 配置文件的格式相对比较简单。

步骤 2：主机名称 host。

可以在/etc/exports 文件中指明哪些计算机可以访问共享目录，该处定义的主机名称可以是单台主机或 IP 网络号或 TCP/IP 域，如果主机在本地域，可以只标明主机名。不然，要用完整的 host.domain 格式。标明主机的几种有效方法为：testhost；testhost.com.cn；192.168.100.2。

本例设置如图 3-9 所示。

```
testhost testhost.com.cn 192.168.100.2_
```

图 3-9　允许访问 NFS 服务器的客户机

步骤 3：设置权限选项。

（1）输出一个 NFS 目录时，不必显示文件和目录。可以根据用户标识符、子目录、读/写权限等，在/etc/exports 的每一项中添加一些用于允许或限制访问的选项。

① ro：只读，只允许客户机挂载这个文件系统为只读模式。

② rw：明确指定共享目录为读/写权限。用户能否真正写入，还要看该目录对该用户有没有开放 Linux 文件系统权限的写入权限。

③ noaccess：禁止访问某一目录下的所有文件和目录，这样可以阻止别人访问共享目录下的一些子目录。

④ link_relative：如果共享文件系统中包括绝对链接，把全路径转换为相对路径。

⑤ link_absolute：不改变符号链接的任何内容。

本任务设置/tmp 文件夹为对所有客户机都可读、可写、共享，设置/home 文件夹为对所有客户机都可读、可写、共享，其配置如图 3-10 所示。

```
/tmp     *(rw,no_root_squash,async)
/home    *(rw,no_root_squash,async)
```

图 3-10　访问权限设置

（2）其他安全选项。

除上面设置用户权限的方法外，还有以下用于控制用户安全的选项。

① insecure：以非安全端口的方式访问，即默认用户端口是 1 024 或更高，而 NFS 服务器默认的安全服务器端口应该是低于 1 024 的。

② sync：根据请求进行同步。

③ async：数据暂时存放在内存中，而非直接写入磁盘。

④ no_wdelay：允许安全的文件锁定。

⑤ no_subtree_check：禁止子树检查。

⑥ insecure_locks：允许非安全的文件锁定。

表示共享的目录为/home，允许访问的客户机为 10.0.0.0 网段内的所有主机，权限为只读（ro），非安全方式访问，所有远程用户均以匿名用户身份访问本地资源。

例：创建 NFS 服务器，设置共享目录为/public，允许远程主机地址为 192.168.100.0 网段内的所有主机的访问，权限为读/写(rw)，非安全方式访问，所有远程用户均以匿名用户身份访问本地资源。

本例文件数据写入类型如图 3-11 所示。

图 3-11　数据写入类型

步骤 4：设置用户映像。

除了使用权限选项外，还可以用用户映像选项来限定某些用户对 NFS 共享文件的使用权限。

最简单的办法是让使用几个账户的用户在每台计算机上拥有同样的用户名和 UID，这样就极大地简化了映像用户的过程，使他们对文件系统和本地文件有相同的使用权。如果还是不太方便，可以使用下面几种设定用户权限的方法及相关的/etc/exports 选项。

① no_root_squash：让客户机的根用户在服务器上拥有根权限。

② all_squash：把所有远程用户映射到 nfsnobody 用户/组，使所有用户以匿名用户身份访问共享资源。

③ squash anonuid=xx：也可以设定远程用户到本地特定的用户或组身份上。

④ squash uids=0-99：用来排除任何计算机的管理性登录。

用户映射类型为：登录用户具有 root 用户的权限，如图 3-12 所示。

步骤 5：导出配置文件/etc/exports。

在/etc/exports 文件中添加一些项目后，需要用 exportfs 命令导出共享目录，只有这样才能保证该目录能够被别的系统访问。命令如下：

图 3-12　用户映射类型

```
# /usr/sbin/exportfs -a -v   或 exportfs -av
exporting 192.168.100.2/255.255.255.0:/home
```

（1）重新输出共享目录：

```
#exportfs -arv
```

（2）停止输出所有共享目录：

```
#exportfs -auv
```

（3）使用 showmount 命令测试 NFS 服务器的输出目录状态。

① 查看指定的 NFS 服务器上所有输出的共享目录：

```
#showmount  -e   （表示显示当前主机的）
#showmount  -e   192.168.100.2（指定主机为 192.168.100.2）
```

② 显示指定的 NFS 服务器中已被客户端连接的所有输出目录：

```
#showmount  -d   （表示显示当前主机的）
#showmount  -d   192.168.100.2 （指定主机为 192.168.100.2）
```

步骤 6：挂载/卸载共享文件系统。

（1）手工挂载文件系统。

当共享目录导出后，如果另外的系统想要访问 NFS 服务器上的共享资源，就需要将 NFS 服务器上的共享资源映射到自己的某个目录中。

在 Linux 服务器上把/tmp 共享挂载到客户机 test 的/net 文件夹。在 Linux 服务器上把/home 共享挂载到客户机的/named 文件夹，如图 3-13 所示。

```
[root@guest ~]# mount -t nfs 192.168.100.2:/tmp /net
[root@guest ~]# dir /net/
1                gpg-6YLpiJ        keyring-zCwpqB    pulse-root
1231             gpg-fiuOHs        keyring-znp5Wv    scim-helper-manager-socket-root
dwadawwdaawdaw   kde-root          ksocket-root      scim-panel-socket:0-root
dwawdwadwa       keyring-8CJKgj    nfs               scim-socket-frontend-root
gconfd-root      keyring-PHIEcw    orbit-root        ssh-TvGric2527
[root@guest ~]# mount -t nfs 192.168.100.2:/home /named
[root@guest ~]# dir /named/
abc
```

图 3-13　挂载目录

（2）自动挂载文件系统。

可以在/etc/fstab 文件中添加项目，实现 NFS 文件系统的自动挂载，这样就保证了在系统启动的时候自动挂载 NFS 文件系统。其格式如下：

```
Host:directory  mountpoint  nfs   options  0  0
Maple:/tmp  /mnt/maple  nfs    rsize=8192, wsize=8192    0  0
Oak:/apps   /oak/apps   nfs    noauto, ro  0  0
192.168.100.2:/share   /mnt/share  nfs  defaults  0  0
```

其可能的选项（options）如下所述。

① Hard：如果 NFS 服务器出现故障或断开，一个正要访问该服务器的进程会停止下来，直到服务器接通为止。

② Soft：如果 NFS 服务器出现故障或断开，正在访问该服务器的进程会继续访问，但是会出现超时错误。

③ Rsize：一次读取的字节数，数值越大，网络运行越快，出错越少。

④ Wrize：一次写入的字节数，数值越大，网络运行越快，出错越少。

⑤ Timeo=#：远程调用（RPC）超时后，设定第二次传送的时间，"#"代表十分之几秒。

⑥ Retrans=#：设定超时重新传送的次数。

⑦ Retry=#：设定挂载失败后重试挂载请求时间，用具体的时间来代替"#"。

⑧ Bg：如果一次挂载超时，在后台继续挂载。

⑨ Fg：如果一次挂载超时，在前台继续挂载。

开启 Linux 服务器时自动挂载所有共享文件夹到客户机 test 上，首先用 vi 命令开启 test 客户机上的/etc/fstab 文件，完成如图 3-14 所示的配置。然后使用 mount –a 连接 Server 上的共享目录。

```
192.168.100.2:/tmp    /net    nfs    defaults        0 0
192.168.100.2:/home   /named  nfs    defaults        0 0
```

图 3-14　自动挂载

（3）卸载文件系统。

如果要卸载掉刚才挂载的目录，可以使用如下的命令：

```
# umount  apple:/tmp
```

或

```
# umount  /mnt/maple
```

如果 apple:/tmp 已经自动挂载，下次引导 Linux 的时候，目录会重新挂载。如果是临时挂载，计算机启动时，目录不会自动重新挂载。

步骤 7：NFS 服务器的启动。

启动 portmap 服务：

```
# service portmap start
```

NFS 服务有两个守护进程，因此需要以根用户身份通过输入下面命令来启动脚本：

```
# /etc/init.d/nfs start          或 service nfs start
#/etc/init.d/nfslock start       或 service nfslock start
```

停止服务：

```
# /etc/init.d/nfs stop           或 service nfs stop
#/etc/init.d/nfslock stop        或 service nfslock stop
```

重新启动：

```
# /etc/init.d/nfs restart         或 service nfs restart
#/etc/init.d/nfslock restart      或 service nfslock restart
```

如果想在 Linux 系统启动的时候让 NFS 服务自动启动，可以通过下面的设置实现：

```
# chkconfig nfs on
# chkconfig nfslock on
# chkconfig portmap on
```

步骤 8：测试 NFS 服务器。

使用 showmount –e 命令，显示本机共享目录列表以确认配置，如图 3-15 所示。

```
[root@guest ~]# showmount -e 192.168.100.2
Export list for 192.168.100.2:
/tmp    *
/home   *
```

图 3-15　NFS 测试

任务回顾

本任务主要讲解 NFS 服务，通过对 NFS 服务器配置文件/etc/exports 的修改来完成服务器的架设，在配置时，要注意防火墙允许 NFS 服务通过。

任务三　架构 DNS 服务器

任务描述

天驿公司计划用 Linux 系统架设 DNS 服务器，为整个公司局域网提供 DNS 服务，系统管理员帮忙解决。

任务分析

DNS 域名系统，可以将域名解析成 IP 地址，使用户只记住简单的域名而不是由一串数字组成的 IP 地址访问网络，这样可以让员工更直观地访问公司网站和外部网站。

功能要求，其 DNS 功能拓扑图如图 3-16 所示。

图 3-16　DNS 功能拓扑图

（1）一个 DNS 服务器，其 IP 地址为 192.168.10.6，安装 Linux 系统，作为 DNS 服务器使用；

（2）一个客户端，安装 Windows 系统，可以访问 DNS 服务器所提供的服务；

（3）一个客户端，安装 Linux 系统，可以访问 DNS 服务器所提供的服务。

任务实现

架设的 DNS 服务器 IP 设为 192.168.10.6，所用到的域名如表 3-1 所示。

表 3-1　域名列表

域　　名	IP 地址
ftp.Linux.com	192.168.100.2
www.Linux.com	192.168.100.2
smtp.Linux.com	192.168.100.2
pop3.Linux.com	192.168.100.2
mail.Linux.com	192.168.100.2

每个域名都能解析到 192.168.100.2，且支持反向解析，增加 mx 记录。

要配置 DNS 服务器，必须创建或修改几个基本配置文件：

/etc/hosts；

/etc/host.conf；

/etc/ named.caching-nameserver.conf；

/etc/named.rfc1912.zones；

/var/named/chroot/etc/named.conf；

/var/named/chroot/var/named 下创建正向解析文件以及反向解析文件；

/etc/resolv.conf。

步骤 1：查询 bind 软件包是否安装完全，至少应包含以下几个软件包，缺少的请自行安装，如图 3-17 所示。

```
[root@Tianyi etc]# rpm -qa |grep bind
bind-9.3.6-4.P1.el5_4.2
bind-libs-9.3.6-4.P1.el5_4.2
bind-chroot-9.3.6-4.P1.el5_4.2
bind-utils-9.3.6-4.P1.el5_4.2
```

图 3-17　查询 bind 是否安装

步骤 2：安装 caching-nameserver 软件包，以便创建/etc/named.conf，如图 3-18 所示。

```
[root@Tianyi ~]# mount -t iso9660 /dev/cdrom /mnt
mount: block device /dev/cdrom is write-protected, mounting read-only
[root@Tianyi ~]# cd /mnt/CentOS
[root@Tianyi CentOS]# rpm -ivh caching-nameserver-9.3.6-4.P1.el5_4.2.i386.rpm
warning: caching-nameserver-9.3.6-4.P1.el5_4.2.i386.rpm: Header V3 DSA signature
: NOKEY, key ID e8562897
Preparing...                ########################################### [100%]
   1:caching-nameserver     ########################################### [100%]
```

图 3-18　安装 caching-nameserver 软件包

步骤 3：将安装 caching-nameserver 软件包后出现的/etc/named.caching-nameserver.conf 复制至/var/named/chroot/etc 下并重新命名为 named.conf，注意文件的用户和组应为 named，

如图 3-19 所示。

```
[root@Tianyi ~]# cd /var/named/chroot/etc/
[root@Tianyi etc]# cp -p /etc/named.caching-nameserver.conf named.conf
```

图 3-19　创建 named.conf

步骤 4：修改 named.conf 配置文件。

Linux 中，默认仅在回环地址 127.0.0.1 和::1（IPv6 的回环地址）上打开 53 端口，如果希望在所有地址上都打开 53 端口，则应该修改成如图 3-20 所示的设置。

Linux 中的 DNS 服务器默认只允许 127.0.0.1 这个客户端（即本机）发起查询，一般需要允许所有人查询，则修改成如图 3-20 所示的设置。

```
options {
        listen-on port 53 { any; };
        listen-on-v6 port 53 { any; };
        directory        "/var/named";
        dump-file        "/var/named/data/cache_dump.db";
        statistics-file "/var/named/data/named_stats.txt";
        memstatistics-file "/var/named/data/named_mem_stats.txt";

        // Those options should be used carefully because they disable port
        // randomization
        // query-source        port 53;
        // query-source-v6 port 53;

        allow-query        { any; };
        allow-query-cache { any; };
};
```

图 3-20　修改主配置文件 named.conf

> **小贴士**
>
> named.conf 是服务器的主配置文件，named.caching-nameserver.conf 是 DNS 缓冲的配置文件。一般，一个 DNS 解析过程遵循如下的顺序，首先查找本地主机 host 文件，如果没有则在缓冲中查询是否有，如果缓冲没有，是用网卡设定的 DNS 进行转发或者递归或迭代来查询。

步骤 5：修改/etc/named.rfc1912.zones。

（1）设置主区域。

主区域用来保存 DNS 服务器某个区域（如 Linux.com）的数据信息。下面通过图 3-21 所示实例来讲解如何定义主区域。

```
zone "linux.com" IN {
        type master;
        file "linux_zheng";
        allow-update {none;};
};
```

图 3-21　域名设置

> **小贴士**
>
> DNS 的主区域是设置的域名区，本任务以"Linux.com"为例，如果配置的 DNS 域名是 www.sian.com，则设置成：
>
> ```
> zone "sian.com" IN{
> ```

对正向配置文件说明如下：

① "zone "linux.com" IN"行，其中容器指令 zone 后面跟着的是主区域的名称，表示这台 DNS 服务器保存着 linux.com 区域的数据，网络上其他所有 DNS 客户机或 DNS 服务器都可以通过这台 DNS 服务器查询到与这个域相关的信息。

② "type master;"行，type 选项定义了 DNS 区域的类型，对于主区域，应该设置为"master"类型。

③ "file "linux_zheng";"行，设置主区域文件的名称，file 选项定义了主区域文件的名称。一个区域内的所有数据（如主机名和对应 IP 地址、刷新间隔和过去时间等）必须存放在区域文件中。用户可以自行定义文件名，但为了方便管理，文件名一般是区域的名称，扩展名为.zone。比如：本例严格主区域正向文件名称应设置成"file "linux.com.zone";"。

（2）设置反向解析区域。

在大部分 DNS 查询中，DNS 客户端一般执行正向查找，即根据计算机的 DNS 域名查询对应的 IP 地址。但在某些特殊的应用场合中也会使用到通过 IP 地址查询对应的 DNS 域名的情况，如图 3-22 所示。

```
zone "100.168.192.in-addr.arpa" IN {
        type master;
        file "linux_fan";
        allow-update {none;};
};
```

图 3-22　反向解析区域

对反向配置文件说明如下：

① "zone "100.168.192.in-addr.arpa" IN"行，容器指令 zone 后面跟着的是反向区域的名称。注意网段应倒着写，比如本例解析的网段是"192.168.100.0"，应写成"100.168.192"。后跟 DNS 标准中定义了固定格式的反向解析区域 in-addr.arpa，以便提供对反向查找的支持。

② "type master;"行，由于反向解析区域属于一种比较特殊的主区域，因此还是设置为"master"类型。

③ "file "linux_fan";"行，设置反向解析区域文件的名称，file 选项定义了反向解析区域文件的名称。虽然用户可以自行定义文件名，但为了方便管理，文件名一般需要反向解析的子网名，扩展名是.arpa，本例严格将主区域反向文件名称设置成"file "linux.com.arpa";"。

步骤 3：创建并修改主区域文件。

（1）正向区域文件。

一个区域内的所有数据必须存放在 DNS 服务器内，而用来存放这些数据的文件就称为区域文件，正向文件我们可以通过复制 localhost.zone 产生，这样会节约时间，并避免错误，如图 3-23 所示。

```
[root@Tianyi ~]# cd /var/named/chroot/var/named/
[root@Tianyi named]# cp -p localhost.zone linux_zheng
[root@Tianyi named]# vim linux_zheng
```

图 3-23　创建 DNS 的正向区域文件

图 3-24　正向区域文件内容

其中图 3-24 所示的第 10 至第 14 行，为主机地址 A（Address）资源记录，这些是最常用的记录，它定义了 DNS 域名对应 IP 地址的信息。如果要配置 mail 服务器还应添加 MX 记录，本例应为："@ IN MX 10 mail.linux.com."。

> 🐦 **小贴士**
>
> 　　DNS 的区域文件是设置的域名的主机头，本任务以 FTP、www、smtp、pop3、mail 为例，如果要配置 DNS 其他主机头，可在图 3-24 所示的文件行中自行添加便可。
>
> 　　为方便说明，在 vim 编辑器末行模式下使用 "set number" 命令设置显示行号，下文不再赘述。

（2）创建并修改 DNS 的反向解析文件，一般使用 named.local 作为模板产生。如图 3-25 所示。

图 3-25　创建 DNS 的反向区域文件

图 3-26　反向区域文件内容

（3）其中图 3-26 所示的第 9 至第 13 行，为设置指针 PTR 资源记录，指针 PTR 资源记录只能在反向解析区域文件中出现。PTR 资源记录和 A 资源记录正好相反，它是将 IP 地址解析成 DNS 域名的资源记录，如图 3-26 所示。

步骤 6：启动或重新启动 DNS 服务。

```
Service named restart
```

使用下面的命令启动或停止 DNS 服务：

```
# /etc/rc.d/init.d/named start    或  service named start
# /etc/rc.d/init.d/named stop     或  service named stop
# /etc/rc.d/init.d/named restart  或  service named restart
```

如果只是要重新挂载配置文件和区域文件，可以运行以下的命令：

```
# rndc reload
```

设置 Linux 系统启动的时候让 DNS 服务自动启动，可以通过下面的设置实现：

```
# chkconfig named on
```

步骤 7：使用 nslookup 测试 DNS 服务器。

（1）正向解析。

输入 nslookup 命令在系统出现"＞"符号后，就可以直接输入要查询的主机域名。以下的示例是请求服务器解析"www.linux.com"的 IP 地址，如图 3-27 所示。

图 3-27　LinuxDNS 域名解析测试

上述内容共分为两部分：上半部分别指出 DNS 服务器的 IP 地址及使用连接端口号 53；下半部分则是查询的结果。这就是先前在/var/named/namd.localhost 文件中输入的 A 资源记录。

（2）反向解析。

前面已经建立一个 100.168.192.in-addr.arpa 反向解析区域，所以此服务器也可提供主机名称的反向解析服务。要执行反向解析的请求，只要输入指定区域（192.168.100.x）的 IP 地址，就会显示 IP 地址对应的域名信息，服务器成功地反向解析出 IP 地址 192.168.100.2 所对应的主机名称。

> 🐱 **小贴士**
>
> 在解析前请配置/etc/resolv.conf 文件，将 nameserver 指定为 DNS 服务器的 IP 地址。如图 3-28 所示。

步骤 8：Windows 内测试 Linux 的 DNS 服务器。

Windows XP Professional 作为 DNS 的客户端，需要通过 TCP/IP 属性设置来进行配置，指定 DNS 服务器，如图 3-29 所示。

图 3-28　指定 nameserver　　　　　　　图 3-29　Windows DNS 测试

图 3-34 就是通过 Windows 查询 Linux 的 DNS 服务器正向解析和反向解析的结果。

任务回顾

通过配置一个简单的 DNS 服务器来讲解 Linux 中 DNS 服务的配置思路，通过阅读本节，读者不仅了解了 DNS 服务器的关联配置文件，更重要的是学会了如何配置其他类型和要求的 DNS 服务器，并能够使用一些客户端命令来测试所配置的 DNS 服务器是否能够正常工作。

任务四　架构 DHCP 服务器

天驿公司的部分员工这几天抱怨，计算机总提示 IP 地址冲突，找到管理员帮忙解决，管理员查看后发现：员工计算机的 IP 地址是静态的，有的员工上不了网，就改 IP，导致冲突，管理员决定架设 DHCP 服务器，为局域网内的客户机提供 IP 分配服务，同时为特定的客户机分配指定的 IP 地址，这样就不会冲突了。

任务描述

当网络上有大量主机需要获得 IP 地址时，如果采用手动方式设置将耗费大量时间，而且管理很不方便，DHCP 可以解决这个问题，只要在网络上建立一个 DHCP 服务器，网络上的其他客户端在系统开机时就可以从 DHCP 服务器分得相应的网络 IP 地址，为局域网内的客户机提供 IP 分配服务，同时为特定的客户机分配指定的 IP 地址，这样就不会冲突了，于是管理员决定立刻解决这个问题。

天驿公司架设的 DHCP 功能拓扑图如图 3-30 所示。

图 3-30　DHCP 功能拓扑图

任务实现

步骤 1：架设 DHCP 前的准备工作。

（1）使用 rpm –q dhcp 命令查看是否安装 DHCP 服务。没有安装则没有信息返回，如果安装则返回版本信息，本例可以看出只安装了客户端，如图 3-31 所示。

```
[root@www ~]# rpm -qa |grep dhcp
dhcpv6-client-1.0.10-18.el5
```

图 3-31　DHCP 版本信息

（2）没有安装 DHCP 服务，则先挂载光盘然后安装相应的 rpm 包，如图 3-32 所示。

（3）安装成功后，开始配置 DHCP 服务，为了防止配置出错无法恢复，首先使用复制命令把 dhcpd.conf 复制到 etc 目录备份：

```
# cp /usr/share/doc/dhcp-3.0.6/dhcpd.conf.sample /etc/dhcpd.conf
```

```
[root@www ~]# mount -t iso9660 /dev/cdrom /mnt
mount: block device /dev/cdrom is write-protected, mounting read-only
[root@www ~]# cd /mnt/CentOS
[root@www CentOS]# rpm -ivh dhcp-
dhcp-3.0.5-23.el5.i386.rpm        dhcp-devel-3.0.5-23.el5.i386.rpm
[root@www CentOS]# rpm -ivh dhcp-*.rpm
warning: dhcp-3.0.5-23.el5.i386.rpm: Header V3 DSA signature: NOKEY, key ID e856
2897
Preparing...               ########################################### [100%]
   1:dhcp                   ###########################################  [ 50%]
   2:dhcp-devel             ########################################### [100%]
```

图 3-32　安装 DHCP 服务

步骤 2：配置 dhcpd.conf。

修改参数，如图 3-33 所示。

vim /etc/dhcpd.conf

```
CentOS5.5 [正在运行] - Oracle VM VirtualBox

控制(M)  View  设备(D)  帮助(H)
  1 ddns-update-style interim;_
  2 ignore client-updates;
  3
  4 subnet 192.168.10.0 netmask 255.255.255.0 {
  5
  6 # --- default gateway
  7         option routers                 192.168.10.1;
  8         option subnet-mask             255.255.255.0;
  9
 10         option nis-domain              "domain.org";
 11         option domain-name             "domain.org";
 12         option domain-name-servers     192.168.10.6;
 13
 14         option time-offset             -18000; # Eastern Standard Time
 15 #       option ntp-servers             192.168.1.1;
 16 #       option netbios-name-servers    192.168.1.1;
 17 # --- Selects point-to-point node (default is hybrid). Don't change this unl
 ess
 18 # -- you understand Netbios very well
 19 #       option netbios-node-type 2;
 20
 21         range dynamic-bootp 192.168.10.10 192.168.0.230;
 22         default-lease-time 21600;
 23         max-lease-time 43200;
-- INSERT --                                              1,27         Top
```

图 3-33　dhcpd.conf 内容

对本例分析如下。

第 1 行：ddns-update-style interim 定义所支持的 DNS 动态更新类型。

小贴士

　# none：表示不支持动态更新。

　# interim：表示 DNS 互动更新模式。

　# ad-hoc：表示特殊 DNS 更新模式。

第 2 行：ignore client-updates 忽略客户端更新。

第 3 行：subnet 网络地址以及 netmask 子网掩码 {...} 创建 DHCP 服务分配的网络地址范围。本例以 192.168.10.0 为网络地址，以 255.255.255.0 为网络掩码。

小贴士

　可以指定多个 subnet 网络号 netmask 子网掩码 {...}，但多个 subnet 网络号 netmask 子网掩码 {...} 所定义的网络地址范围不能重复，并且网卡上有相关 IP 地址对应配置。

第 7 行：option routers 为客户端分配的默认网关。本例为客户端分配的默认网关地址为

192.168.10.1。

第 8 行：option subnet-mask 为客户端分配的子网掩码。本例分配客户端的子网掩码地址为 255.255.255.0。

第 12 行：option domain-name-servers 为客户端指明 DNS 服务器 IP 地址。本例分配客户端的 DNS 服务器地址为 192.168.10.6。

第 14 行：option time-offset 设置偏移时间。

第 21 行：range dynamic-bootp 指定动态 IP 地址范围。本例分配客户端的 IP 段地址范围为 192.168.10.10 到 192.168.10.230。

 小贴士

可以指定多个 range dynamic-bootp，但多个 range dynamic-bootp 所定义的 IP 分配范围不能重复。

IP 可分配的范围是由网络地址和子网掩码计算得出的。

第 22 行：default-lease-time 设置地址租期。分配客户端的 IP 默认租赁时间，单位是秒，本例的默认租赁时间长度为 21600 秒（即 6 小时）。

第 23 行：max-lease-time 设置客户端最长的地址租期。分配客户端的 IP 最大租赁时间，这里单位是秒，长度为 43200 秒（即 12 小时）。

步骤 3：为特定客户机分配指定的 IP 地址。

本例为其中一台 MAC 为 08:00:27:D6:32:6B 的客户机分配一个指定 IP 为 192.168.10.133，如图 3-34 所示。

```
25          # we want the nameserver to appear at a fixed address
26          host ns {
27                  next-server marvin.redhat.com;
28                  hardware ethernet 08:00:27:D6:32:6B;
29                  fixed-address 192.168.10.133;
30          }
```

图 3-34　特定客户机分配指定的 IP 地址

第 27 行：next-server marvin.redhat.com 设置由于定义服务器从引导文件中装入的主机名，用于无盘站；

第 28 行：hardware ethernet 定义网络接口类型和硬件地址；

第 29 行：fixed-address 定义 DHCP 客户端指定的 IP 地址。

步骤 4：重启 DHCP 服务。

配置完毕后，启动 dhcpd 服务：

```
# service dhcpd start
```

设置 Linux 启动时，同时启动 dhcpd 服务：

```
# chkconfig dhcpd on
```

步骤 5：在 Linux 系统下测试 dhcpd 服务。

从图 3-35 中相关的信息得出，Linux 的 DHCP 服务分配了该网卡的 IP 地址（inet addr）是 192.168.100.244，子网掩码（Mask）是 255.255.255.0，这表示在 Linux 系统下 DHCP 动态分配 IP 地址成功。

```
[root@www ~]# ifconfig
eth0      Link encap:Ethernet  HWaddr 08:00:27:BC:10:CA
          inet addr:192.168.10.213  Bcast:192.168.10.255  Mask:255.255.255.0
          inet6 addr: fe80::a00:27ff:febc:10ca/64 Scope:Link
          UP BROADCAST RUNNING MULTICAST  MTU:1500  Metric:1
          RX packets:12178 errors:0 dropped:0 overruns:0 frame:0
          TX packets:1940 errors:0 dropped:0 overruns:0 carrier:0
          collisions:0 txqueuelen:1000
          RX bytes:1332842 (1.2 MiB)  TX bytes:221072 (215.8 KiB)
```

图 3-35　Linux 下 DHCP 测试

步骤 6：在 Windows 系统下测试 DHCP 服务，如图 3-36 所示。

```
Ethernet adapter 本地连接:

        Connection-specific DNS Suffix  . : domain.org
        Description . . . . . . . . . . . : AMD PCNET Family PCI Ethernet Adapter
        Physical Address. . . . . . . . . : 08-00-27-D6-32-6B
        Dhcp Enabled. . . . . . . . . . . : Yes
        Autoconfiguration Enabled . . . . : Yes
        IP Address. . . . . . . . . . . . : 192.168.10.133
        Subnet Mask . . . . . . . . . . . : 255.255.255.0
        Default Gateway . . . . . . . . . : 192.168.10.1
        DHCP Server . . . . . . . . . . . : 192.168.10.6
        DNS Servers . . . . . . . . . . . : 192.168.10.6
        Lease Obtained. . . . . . . . . . : 2011年12月14日 8:44:23
        Lease Expires . . . . . . . . . . : 2011年12月14日 14:44:23
```

图 3-36　Windows 下测试 DHCP 结果

任务回顾

本任务讲解如何配置为局域网用户提供 IP 分配的 DHCP 服务，此处知识点并不难，但选手一定要记住模板文件的所在位置、服务配置文件中每行的作用。

任务五　架构 WWW 服务器

任务描述

天驿公司已有用 Windows 架构的 WWW 服务器，但管理员发现经常不稳定，于是管理员决定采用 Linux 服务器来架构 WWW 服务。

任务分析

Linux 服务器上的 WWW 服务器凭借其功能强大、技术成熟、安全稳定，而且是自由软件，所以有很大的优势，管理员的这一决定是正确的。

任务实现

1．架构基本的 WWW 服务器

步骤 1：基本配置。

（1）域名，在 DNS 服务器中已经架设，本例使用的域名为 www.linux.com。

（2）访问目录：DocumentRoot "/var/www/html"。

该参数指定 Apache 服务器存放网页的路径，默认所有要求提供 HTTP 服务的连接都以这个目录为主目录。在每个 Apache 服务器存取的目录中，可以针对每个目录及子目录来设置允许及禁止客户端访问的服务。

本例中 www.Linux.com 的目录是/web，www.Linux.com:8080 的目录是/web1，其设置如图 3-37 所示。

```
<VirtualHost www.linux.com:80>
    ServerAdmin webmaster@dummy-host.example.com
    DocumentRoot /web
```

```
<VirtualHost www.linux.com:8080>
    ServerAdmin webmaster@dummy-host.example.com
    DocumentRoot /web1
```

图 3-37　Web 目录设置

（3）主页设置 DirectoryIndex。

在此命令后添加其他默认主页文件名，如可以添加 index.htm 等。当然这只是 Apache 的一些基本设置项，大家可以根据自己的实际情况加以灵活修改，以充分发挥 Apache 的潜能。如果修改配置文件之后让其立即生效，可以重启 Apache 服务。

DirectoryIndex index.html default.htm，在设置虚拟主机的时候默认没有这条语句，需要自己添加。

本例的主页分别是 1.htm 和 2.htm，其设置如图 3-38 所示。

```
<VirtualHost www.linux.com:80>
    ServerAdmin webmaster@dummy-host.example.com
    DocumentRoot /web
    Directoryindex 1.htm
```

```
<VirtualHost www.linux.com:8080>
    ServerAdmin webmaster@dummy-host.example.com
    DocumentRoot /web1
    Directoryindex 2.htm
```

图 3-38　主页设置

小贴士

对于 Apache 服务器，配置统一在 httpd.conf 里进行。利用 httpd.conf 可以对 Apache 服务器进行全局配置、管理或预设服务器的参数定义、虚拟主机的设置等。httpd.conf 是一个文本文件，可以用 vi 编辑工具进行修改。

httpd.conf 文件主要分为如下三个部分。

Section 1: Global Environment（全局变量）。

Section 2: 'Main' server configuration（主服务器配置）。

Section 3: Virtual Hosts（虚拟主机配置）。

步骤 2：端口设置。

该参数用来指定 Apache 服务器的监听端口。一般来说，标准的 HTTP 服务默认端口号是 80，一般不要更改这个数值。

一般常用格式：Listen 80；Listen 192.168.72.12；Listen 192.168.75.12:8080。

本例 www.Linux.com:8080 的端口设置如图 3-39 所示。

```
#Listen 12.34.56.78:80
Listen 80
Listen 192.168.100.2:8080
```

图 3-39　端口设置

步骤 3：设置最大连接数 MaxClients。

该参数限制 Apache 所能提供服务的最高数值，即同一时间连接的数目不能超过这个数值。一旦连接数目达到这个限制，Apache 服务器则不再为其他的连接提供服务，以免系统性能大幅下降。本例假设最大连接数是 100：

```
MaxClients 100
```

步骤 4：允许访问的 IP 范围。

该参数限制访问 Apache 服务的 IP 范围，即在允许的 IP 范围内可以访问 Apache 服务，其他范围的不能访问 Apache 服务。

除 IP 地址为 192.168.100.7 的客户机外，允许所有客户机访问，其设置如图 3-40 所示。

```
<Directory "/web">
    Options Indexes MultiViews FollowSymLinks
    AllowOverride None
    Order deny,allow
    Deny from 192.168.100.7
</Directory>
```

图 3-40　访问控制

步骤 5：AddDefaultCharset。

该参数定义了服务器返回给客户机的默认字符集：

```
AddDefaultCharset UTF-8
AddDefaultCharset GB2312
```

本例设置网站可以使用中文字符集，支持 CGI 脚本，其设置如图 3-41 所示。

```
AddHandler cgi-script .cgi .pl
```

图 3-41　脚本支持

设置存放 CGI 文件的目录权限，如图 3-42 所示。

```
Options Indexes FollowSymLinks Execcgi
```

图 3-42　权限设置

在 CGI 文件存放的目录（/web/）中建立一个名为"test.cgi"的文件，该文件的内容如图 3-43.所示。

```
#!/usr/bin/perl
print "Content-type: text/html\n\n";
print "Hello World!\n";
```

图 3-43　内容编辑

配置后，则出现如图 3-44 所示的情况，代表 CGI 运行环境配置成功。

2. 架构虚拟目录的 WWW 服务器

步骤 1：配置基于域名的虚拟主机。

使用 Alias 选项可以创建虚拟目录，在主配置文件中，Apache 默认已经创建了两个虚拟目录。这两条语句分别建立了"/icons/"和"/manual"两个虚拟目录，它们对应的物理路径分别是"/var/www/icons/"和"/var/www/manual"：

Alias /icons/ "/var/www/icons/"

Alias "/var/www/manual"

本例的虚拟目录域名为www.Linux.com/web2，它对应的物理路径是"/ web2"。

图 3-44   测试 Web 服务

步骤 2：用户认证。

（1）建立口令文件。

Apache 自带的 htpasswd 命令提供了建立和更新存储用户名、密码的文本文件的功能。该文件必须放在不能被网络访问的位置，以免被下载。本例将口令文件放在/etc/httpd/目录下，文件名为 mysecretpwd，使用以下命令建立口令文件：

htpasswd –c /etc/httpd/mysecretpwd linden   //linden 是用户名

-c 选择表示无论口令文件是否存在，都会重新写入文件并删除原有内容。所以在添加第 2 个用户到口令文件时，就不需要使用-c 选项了：

htpasswd   /etc/httpd/mysecretpwd tom

（2）建立虚拟目录并配置用户认证。

Alias /test2 "/test2"

<Directory "/test2">

AuthType Basic

AuthName "Please Login: "

AuthUserFile /etc/httpd/mysecretpwd

Require valid-user

</Directory >

① 设置认证类型：一般为 Basic，如 AuthType Basic。

② 设置认证领域内容：AuthName "Please Login: "。

③ 设置口令文件的路径：AuthUserFile /etc/httpd/mysecretpwd。

④ 设置允许访问的用户：

> Require valid-user（所有认证的用户）
>
> Require user linden（允许访问的用户列表）

本例中，当访问 www.linux.com 域名时，需要使用用户访问控制，用户名为 jinengsai，密码为 shengli，配置如图 3-45 所示。

```
[root@Linux ~]# htpasswd -c /web/apachepwd jinengsai
New password:
Re-type new password:
Adding password for user jinengsai
```

图 3-45　用户访问配置

虚拟目录用户配置，如图 3-46 所示。

```
<Directory "/web">
    Options Indexes FollowSymLinks Execcgi
    AllowOverride None
    Order deny,allow
    Deny from 192.168.100.7
    AuthType Basic
    AuthName "Welcome to my apache server"
    Authuserfile /web/apachepwd
    Require user jinengsai
</Directory>
```

图 3-46　虚拟目录用户配置

步骤 3：配置基于 IP 的虚拟主机。

（1）基于 IP 虚拟主机的 DNS 配置。

如果用户想要创建基于 IP 的虚拟主机 www.linux.com 站点。用户可以按照代码在 DNS 正向配置文件中进行配置：

> www　　IN　　A　　192.168.100.2

另外，还需要在 DNS 反向配置文件中添加以下的 PTR 记录：

> 2　　　IN　　PTR　　www.linux.com

以上两项设置均在 DNS 教学篇里有详细说明，这里不重复讲解。

（2）修改 httpd.conf 配置文件，如图 3-47 所示。

```
<VirtualHost 192.168.100.2>
    ServerAdmin webmaster@dummy-host.example.com
    DocumentRoot /web
    Directoryindex 1.htm
    ServerName dummy-host.example.com
    ErrorLog logs/dummy-host.example.com-error_log
    CustomLog logs/dummy-host.example.com-access_log common
</VirtualHost>
```

图 3-47　虚拟目录配置

任务回顾

本任务通过利用 Apache 软件来架设 WWW 服务器，其配置文件为/etc/httpd/conf/httpd.conf。这里讲述了默认配置和虚拟目录两种方法来实现 WWW 服务器，学生在进行训练时，一定要掌握两种方法的区别和分别如何实现。

任务六　Apache 整合 Tomcat 支持 JSP 页面

任务描述

天驿公司的网站管理员在架设了 WWW 服务器之后发现只能运行静态页面，无法执行 JSP 等动态页面。

任务分析

动态网站的类型很多，有 ASP、PHP、JSP 等，但 JSP（Java Server Page）是目前广泛应用的动态网页语言，对 JSP 支持的服务器软件也很多，CentOS 内置的 Tomcat 就是其中之一，通过整合 Apache 和 Tomcat 来运行 JSP 页面，实现负载均衡。

任务实现

1. 安装 Tomcat 服务器

如果使用默认的配置，系统不会安装 Tomcat 服务。所以我们需要自行安装 Tomcat，Tomcat 软件包的依赖关系比较复杂，因此建议使用"yum"或者"添加/删除程序"来安装。本例采用"添加/删除程序"来安装，默认"添加/删除程序"需要互联网，但可以使用本地源，如何配置本地源安装，在此不再赘述。

（1）打开" Applications → Add/Remove Software"，如图 3-48 所示。

（2）在弹出的"Package Manager"对话框内，找到"Server"项下"Web Server"子项，单击"Optional packages"按钮，如图 3-49 所示。

（3）在弹出的"Packages in Web Server"对话框内，选中有关"tomcat5"的软件包，单击"Close"按钮，然后单击"Apply"按钮，如图 3-50 所示。

图 3-48　"添加/删除程序"项

图 3-49　"Package Manager"对话框

图 3-50　"Packages in Web Server"对话框

（3）在接下来弹出的"Package selections"以及"Dependencies added"对话框内，单击"continue"按钮，软件将自动安装。

2．启动 Tomcat 服务器

（1）我们可以使用"#service tomcat5 start"命令启动 Tomcat5，并设置为自动启动，如图 3-51 所示。

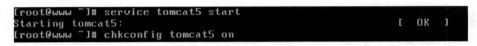

```
[root@www ~]# service tomcat5 start
Starting tomcat5:                                    [  OK  ]
[root@www ~]# chkconfig tomcat5 on
```

图 3-51　设置自动启动 Tomcat5

停止 Tomcat5 服务则可以通过执行以下命令完成：

```
#service tomcat5 stop
```

重启 Tomcat5 服务则可以通过执行以下命令完成：

```
#service tomcat5 restart
```

3．测试 Tomcat 服务器

切换到图形界面，在"Firefox"的地址栏内输入"http://localhost:8080"，如果你可以看到"Apache Tomcat 的管理界面"，表示 Tomcat 服务器在正常工作，如图 3-52 所示。

图 3-52　首次使用 Tomcat5

4．整合 Apache 和 Tomcat

经过以上两个任务的配置，Apache 和 Tomcat 都可以工作了，不过此时它们各不相干，要实现整合还需要以下步骤。

（1）下载"tomcat connectors"

在 Apache 的官方网站下载"tomcat connectors"，本例使用"tomcat-connectors-1.2.32.src.tar.gz"，如图 3-53 所示。

（2）安装 mod_jk

本例新建一个"/tomcat-conn"目录，并将"tomcat-connectors-1.2.32.src.tar.gz"放在该

目录，如图 3-54 所示。

图 3-53 下载 tomcat connectors

```
[root@www CentOS]# mkdir /tomcat-conn
[root@www CentOS]# cd /tomcat-conn/
[root@www tomcat-conn]# ll
total 1516
-rwxr--r-- 1 abc abc 1545588 Dec 21 09:39 tomcat-connectors-1.2.32-src.tar.gz
```

图 3-54 下载后的软件包

1）解压"tomcat-connectors-1.2.32.src.tar.gz"，如图 3-55 所示。

```
[root@www tomcat-conn]# tar -zxvf tomcat-connectors-1.2.32-src.tar.gz
```

图 3-55 解压软件包

2）解压之后，进入到解压出目录的"native"子目录，并配置、安装如图 3-56 所示。

```
[root@www tomcat-conn]# cd tomcat-connectors-1.2.32-src/native/
[root@www native]# ./configure --with-apxs=/usr/sbin/apxs
```

图 3-56 配置软件安装项

配置、安装步骤如下：

```
#./configure –with-apxs=/usr/sbin/apxs
#make
#make install
```

小贴士

在执行"./configure –with-apxs=/usr/sbin/apxs"中如果出现"configure: error: Cannot find the WebServer"错误，请检查是否安装了"httpd-devel"软件包，若未安装则请自行安装。

3）安装成功之后，将在"/etc/httpd/modules"目录下找到 mod_jk.so 文件，这就是本例需要的 so 文件了，如图 3-57 所示。

```
[root@www native]# cd
[root@www ~]# ll /etc/httpd/modules/mod_jk.so
-rwxr-xr-x 1 root root 908003 Dec 21 16:35 /etc/httpd/modules/mod_jk.so
```

图 3-57 mod_jk.so 文件

（3）在目录"/etc/tomcat5"下找到 workers.properties 文件，并修改如下两行，修改后如图 3-58 所示。

```
[root@www ~]# vim /etc/tomcat5/workers.properties
workers.tomcat_home=/usr/share/tomcat5
workers.java_home=/usr/lib/jvm/java
```

图 3-58　修改 workers.properties 文件

（4）打开"/etc/tomcat5"下找到 server.xml 文件，找到"<Engine name="catalina" defaultHost="localhost">"一句，并在该句后添加"<Listerner className="org.apache.jk. config.ApacheConfig" modJk="/etc/httpd/modules/mod_jk.so"/>"语句，修改后如图 3-59 所示。

```
[root@www ~]# vim /etc/tomcat5/server.xml
    <Engine name="Catalina" defaultHost="localhost">
    <Listener className="org.apache.jk.config.ApacheConfig" modJk="/etc/httpd/mo
dules/mod_jk.so" />
```

图 3-59　修改 server.xml 文件

（5）重新启动 tomcat5，并将"/etc/tomcat5/auto"目录下的 mod_jk.conf 文件复制到 "/etc/tomcat5/auto/jk"目录中，重命名为 mod_jk.conf-auto，如图 3-60 所示。

```
[root@www ~]# cp /etc/tomcat5/auto/mod_jk.conf /etc/tomcat5/jk/mod_jk.conf-auto
```

图 3-60　重命名

（6）编辑 mod_jk.conf-auto 文件内容，如图 3-61 所示。

```
<IfModule !mod_jk.c>
    LoadModule jk_module "/etc/httpd/modules/mod_jk.so"
</IfModule>
JkWorkersFile "/usr/share/tomcat5/conf/workers.properties"
JkLogFile "/usr/share/tomcat5/logs/mod_jk.log"
JkLogLevel emerg
<VirtualHost localhost>
    ServerName localhost
    JkMount /*.jsp ajp13
```

图 3-61　编辑 mod_jk.conf-auto 文件内容

（7）配置 Tomcat。

默认 Tomcat 的主目录是"/var/lib/tomcat5/webapps/ROOT"，将 Apache 和 Tomcat 的主目录设置为一致，才实现真正的整合。打开"/etc/tomcat5"找到 server.xml 文件，找到如下图所示内容并添加"<Context path="" docBase="/var/www/html" debug="0" />"行，修改后如图 3-62 所示。

```
<Host name="localhost" appBase="webapps"
unpackWARs="true" autoDeploy="true"
xmlValidation="false" xmlNamespaceAware="false">
<Context path="" docBase="/var/www/html" debug="0"/>
```

图 3-62　修改 server.xml 文件

（8）修改 httpd。

在"/etc/httpd/conf"目录下，修改 httpd.conf，在文件末尾添加如下一行"Include /etc/tomcat5/jk/mod_jk.conf-auto"，如图 3-63 所示。

Include /etc/tomcat5/jk/mod_jk.conf-auto

图 3-63　修改 httpd.conf 文件

（9）重新启动 Tomcat5 和 Apache。

在完成以上配置以后，需要重新启动 Tomcat5 和 Apache 服务才能使配置生效，执行如下命令：

```
#service httpd restart
#service tomcat5 restart
```

（10）创建测试页面。

在/var/www/html/下面创建一个名为 test.jsp 的文件，内容如下：

```
It's a Jsp test page!<br>
<%
        java.util.Date date=new java.util.Date();
%>
The time is now <%=date%>
```

需要执行的命令和输入的代码如图 3-64 所示。

（11）测试。

切换到图形界面，在"Firefox"的地址栏内输入"http://localhost/test.jsp"，如果出现如图所示内容，则表示整合成功，如图 3-65 所示。

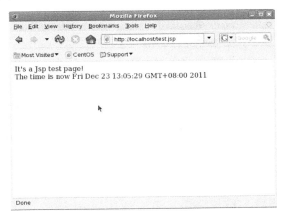

```
[root@www ~]# vim /var/www/html/test.jsp
It's a Jsp test page!<br>
<%
java.util.Date date=new java.util.Date();
%>
The time is now <%=date%>
```

图 3-64　创建 test.jsp 并输入内容　　　　　　图 3-65　测试 jsp 页面

任务七　架构 FTP 服务器

任务描述

天驿公司的员工经常抱怨使用现有的网络共享方式，在使用起来有些不方便，想让管理员改用其他的方式，管理员决定架设一个 FTP 服务器来试试。

任务分析

虽然用户可采用多种方式来传送文件，当时 FTP 凭借其简单高效的特性，仍然是跨平台直接传送文件的主要方式。文件传输协议 FTP 是 Internet 常用的文件传送和交换协议。用户可以从一个 Internet 主机向另一个 Internet 主机传送文件，所以管理员的决定是正确的。

任务实现

对 vsftpd 服务器的配置通过 vsftpd.conf 配置文件来完成，该配置文件位于/etc/vsftpd 目录中。

为了让 FTP 服务器能更好地按要求提供服务，需要对 FTP 服务器的配置文件进行合理、有效的配置。利用 vi 编辑器可实现对配置文件的编辑修改。方法如下：

```
#vi /etc/vsftpd/vsftpd.conf
```

步骤 1：匿名用户和本地用户设置。

```
write_enable=YES            //是否对登录用户开启写权限。属全局性设置
local_enable=YES            //是否允许本地用户登录 FTP 服务器
anonymous_enable=YES        //设置是否允许匿名用户登录 FTP 服务器
ftp_username=ftp            //定义匿名用户的账户名称，默认值为 ftp
no_anon_password=YES        //匿名用户登录时是否询问口令。设置为 YES，则不询问
anon_word_readable_only=YES //匿名用户是否允许下载可阅读的文档，默认为 YES
anon_upload_enable=YES      //是否允许匿名用户上传文件。只有在 write_enable 设置为 YES
时，该配置项才有效
anon_mkdir_write_enable=YES //是否允许匿名用户创建目录。只有在 write_enable 设置为 YES
时有效
anon_other_write_enable=NO  //若设置为 YES，则匿名用户会被允许拥有多于上传和建立目录
的权限，还会拥有删除和更名权限。默认值为 NO
```

本例为匿名用户和本地用户都可访问 FTP 服务器，具体设置如图 3-66 所示。

```
# Allow anonymous FTP? (Beware - allowed by default if you comment this out).
anonymous_enable=YES
#
# Uncomment this to allow local users to log in.
local_enable=YES
```

图 3-66　FTP 模式设置

步骤 2：设置匿名用户和本地用户及其访问目录。

（1）设置账户，首先创建账户 ftpa，密码为 ftpa，创建文件夹/ftp 和/ftp/ftp1。具体设置如图 3-67 所示。

```
[root@Linux ~]# useradd ftpa
[root@Linux ~]# passwd ftpa
Changing password for user ftpa.
New UNIX password:
BAD PASSWORD: it is too short
Retype new UNIX password:
passwd: all authentication tokens updated successfully.
[root@Linux ~]# mkdir /ftp
[root@Linux ~]# mkdir /ftp/ftp1
[root@Linux ~]#
```

图 3-67　添加 FTP 用户

（2）访问目录：

```
local_root=/var/ftp
```
//设置本地用户登录后所在的目录。默认配置文件中没有设置该项，此时用户登录 FTP 服务器后，所在的目录为该用户的主目录，对于 root 用户，则为/root 目录

anon_root=/var/ftp

　　//设置匿名用户登录后所在的目录。若未指定，则默认为/var/ftp 目录

　　本例为匿名用户目录在/ftp/ftp1 目录下和本地用户目录是/ftp，设置如图 3-68 所示。

```
anon_root=/ftp/ftp1
local_root=/ftp
```

　　步骤 3：控制用户是否允许切换到上级目录。

　　在默认配置下，用户可以使用"cd.."命名切换到上级目录，这会给系统带来极大的安全隐患，因此，必须防止用户切换到 Linux 的根目录，相关的配置项如下：

chroot_list_enable=YES

　　//设置是否启用 chroot_list_file 配置项指定的用户列表文件

chroot_list_file=/etc/vsftpd.chroot_list

　　//用于指定用户列表文件，该文件用于控制哪些用户可以切换到 FTP 站点根目录的上级目录

chroot_local_user=YES

　　//用于指定用户列表文件中的用户，是否允许切换到上级目录

　　本例为匿名用户和本地用户都禁止切换到其他目录，这里设定用户的控制文件为/etc/vsftpd.user，如图 3-69 所示。

```
chroot_list_enable=YES
# (default follows)
chroot_list_file=/etc/vsftpd.user
chroot_local_user=NO
```

图 3-69　安全设置

　　然后打开/etc/vsftpd.user 并输入这两个账号，ftp 为匿名用户的账号，ftpa 为本地账号，如图 3-70 所示。

```
ftp
ftpa
```

图 3-70　FTP 用户数据库

　　步骤 4：设置上传文档的所属关系和权限。

　　（1）设置匿名上传文档的属主：

chown_uploads=YES

　　//用于设置是否改变匿名用户上传的文档的属主。默认为 NO。若设置为 YES，则匿名用户上传的文档的属主将被设置为 chown_username 配置项所设置的用户名

chown_username=whoever

　　//设置匿名用户上传的文档的属主名。建议不要设置为 root 用户

　　（2）新增文档的权限设定：

local_umask=022

　　//设置本地用户新增文档的 umask，默认为 022，对应的权限为 755。umask 为 022，对应的二进制数为 000 010 010，将其取反为 111 101 101，转换成十进制数，即为权限值 755，代表文档的所有者（属主）有读/写和执行权，所属组有读和执行权，其他用户有读和执行权。022 适合于大多数情况，一般不需要更改。若设置为 077，则对应的权限为 700

anon_umask=022　　　　　　　　//设置匿名用户新增文档的 umask

file_open_mode=755　　　　　　//设置上传文档的权限。权限采用数字格式

本例设置用户登录 FTP 之后都不能删除 FTP 的文件目录和改文件目录的名字，设置如图 3-71 所示。

```
[root@Linux ~]# chmod 755 -R /ftp_
```

图 3-71　权限设置

步骤 5：设置欢迎信息。

用户登录 FTP 服务器成功后，服务器可向登录用户输出预设置的欢迎信息：

ftpd_banner=Welcome to blah FTP service
//该配置项用于设置比较简短的欢迎信息。若欢迎信息较多，则可使用 banner_file 配置项
banner_file=/etc/vsftpd/banner
//设置用户登录时，将要显示输出的文件。该设置项将覆盖 ftpd_banner 的设置
dirmessage_enable=YES
//设置是否显示目录消息。若设置为 YES，则当用户进入目录时，将显示该目录中的由 message_file 配置项指定的文件（.message）中的内容
message_file=.message　　　　　　　//设置目录消息文件。可将显示信息存入该文件

本例设置欢迎信息显示为/root/shareuser/a.txt 的文件中的信息，被指定的文件必须存在，设置如图 3-72 所示。

```
banner_file=/root/shareuser/a.txt_
```

图 3-72　FTP 欢迎信息

由图 3-73 可以看出：欢迎信息设置成功，内容为：Welcome to my ftp server。

```
[root@Linux ~]# ftp ftp.linux.com
Trying ::1...
ftp: connect to address ::1Connection refused
Trying 192.168.100.2...
Connected to ftp.linux.com (192.168.100.2).
220-Welcome to my ftp server .
220
Name (ftp.linux.com:root): _
```

图 3-73　测试欢迎信息

步骤 6：日志文件。

xferlog_enalbe=YES　　　　　　　　//是否启用上传/下载日志记录。
xferlog_file=var/log/vsftpd.log　　　　//设置日志文件名及路径。
xferlog_std_format=YES　　　　　　//日志文件是否使用标准的 xferlog 格式。

本例设置启动"是否启用上传/下载日志"为"是"，并把上传/下载日志保存在/var/log/ftp_log.log 中，被指定的文件必须存在，具体设置如图 3-74 所示。

```
xferlog_enable=YES
xferlog_file=/var/log/ftp_log.log
```

图 3-74　日志文件设置

步骤 7：与连接相关的设置。

max_clients=0
//设置 vsftpd 允许的最大连接数，默认为 0，表示不受限制。若设置为 150，则同时允许有 150 个连接，超出的将拒绝建立连接

max_per_ip=0

//设置每个 IP 地址允许与 FTP 服务器同时建立连接的数目。默认为 0，不受限制。通常可对此配置进行设置，防止同一个用户建立太多的连接

accept_timeout=60

//设置建立 FTP 连接的超时时间，单位为秒，默认值为 60

connect_timeout=120

// PORT 方式下建立数据连接的超时时间，单位为秒

data_connection_timeout=120

//设置建立 FTP 数据连接的超时时间，默认为 120 秒

idle_session_timeout＝600

//设置多长时间不对 FTP 服务器进行任何操作就断开该 FTP 连接，单位为秒，默认为 600 秒

anon_max_rate=0

//设置匿名用户所能使用的最大传输速度，单位为 bps（比特/秒）。若设置为 0，则不受速度限制，此为默认值

local_max_rate=0

//设置本地用户所能使用的最大传输速度。默认为 0 则不受限制

本例设置"FTP 的最大连接数为 100；每个 IP 最多打开的 FTP 连接为 5 个；设置超过 150 秒时间不对 FTP 服务器进行任何操作，则断开该 FTP 连接；设置建立 FTP 连接的超时时间为 75 秒；本地用户的最大传输速率为 1Mbps；匿名用户传输速率为最大 10kbps。"具体设置如图 3-75 所示。

```
max_clients=100
max_per_ip=5
idle_session_timeout=150
data_connection_timeout=75
local_max_rate=1000000
anon_max_rate=10000
```

图 3-75　FTP 连接设置

步骤 8：其他设置。

（1）定义用户配置文件。

在 vsftpd 服务器中，不同用户还可使用不同的配置，这要通过用户配置文件来实现：

user_config_dir=/etc/vsftpd/userconf　//用于设置用户配置文件所在的目录。

设置了该配置项后，当用户登录 FTP 服务器时，系统就会到/etc/vsftpd/userconf 目录下读取与当前用户名相同的文件，并根据文件中的配置命令对当前用户进行更进一步的配置。

（2）端口相关的配置：

listen_port=21

// 设置 FTP 服务器建立连接所侦听的端口，默认值为 21

connect_from_port_20＝YES

// 默认值为 YES，指定 FTP 数据传输连接使用 20 端口。若设置为 NO，则进行数据连接时，所使用的端口由 ftp_data_port 指定

ftp_data_port=20

//设置 PORT 方式下 FTP 数据连接所使用的端口，默认值为 20

pasv_enable=YES|NO

//若设置为 YES，则使用 PASV 工作模式；若设置为 NO，使用 PORT 模式。默认为 YES，即使用 PASV 模式。

pasv_max_port=0

//设置在 PASV 工作方式下，数据连接可以使用的端口范围的上界。默认值为 0，表示任意端口。
pasv_min_port=0
//设置在 PASV 工作方式下，数据连接可以使用的端口范围的下界。默认值为 0，表示任意端口。

步骤 9：启动 vsftpd。

设置完 vsftpd 后，下一步就是启动了。该服务并不自动启动，可使用以下命令来启动：

```
# service vsftpd start          //启动 vsftpd 服务器
```

如果希望 vsftpd 在下次计算机启动时自动启动，可使用 ntsysv 命令，进入如图 3-76 所示界面，选中"vsftpd"，选择"OK"，就设置成功了。

另外，vsftpd 的重启、查询、停止可用以下命令实现：

```
# service vsftpd restart
# servise vsftpd status
# service vsftpd stop
```

图 3-76　FTP 服务开机自动启动

步骤 10：测试 vsftpd 服务器。

（1）测试匿名用户登录 FTP 服务器，如图 3-77 所示。

```
[root@Linux ~]# ftp ftp.linux.com
Trying ::1...
ftp: connect to address ::1Connection refused
Trying 192.168.100.2...
Connected to ftp.linux.com (192.168.100.2).
220-Welcome to my ftp server .
220
Name (ftp.linux.com:root): ftp
331 Please specify the password.
Password:
230 Login successful.
Remote system type is UNIX.
Using binary mode to transfer files.
ftp> _
```

图 3-77　Linux 下匿名测试 FTP 服务

（2）测试本地用户登录 FTP 服务器，如图 3-78 所示。

```
[root@Linux ~]# ftp ftp.linux.com
Trying ::1...
ftp: connect to address ::1Connection refused
Trying 192.168.100.2...
Connected to ftp.linux.com (192.168.100.2).
220-Welcome to my ftp server .
220
Name (ftp.linux.com:root): ftpa
331 Please specify the password.
Password:
230 Login successful.
Remote system type is UNIX.
Using binary mode to transfer files.
ftp> _
```

图 3-78　Linux 下本地用户测试 FTP 服务

任务回顾

本任务对 FTP 服务的架设做了详细介绍，从配置 VSFTP 的配置文件修改入手，讲解配置本地用户 FTP 服务和匿名用户 FTP 服务，FTP 服务的安全设置是学生需要特别注意的。

任务八　架构 E-MAIL 服务器

任务描述

天驿公司为了方便公司员工的交流与通信，决定让管理员架设邮件服务器。同时，为了杜绝垃圾邮件，保障邮件准确、及时地送到收件人信箱，以及随时按需发送，保障交流畅通，提升企事业或公司的竞争力，对邮件服务器做了优化。

任务分析

电子邮件是网络上最早使用也是最常使用的通信交流和信息共享方式，很多企业用户都经常使用付费或免费电子邮件系统。Linux 系统主要使用 Sendmail 服务来配置邮件服务器。

任务实现

1. 使用 Sendmail 服务实现

Sendmail 服务器主要配置文件有：/etc/mail/sendmail.mc；/etc/mail/sendmail.cf；/etc/mail/access；/etc/mail/access.db；/etc/mail/local-host-name。

步骤 1：安装配置邮件服务器。

支持 POP 和 IMAP 功能。

到现在为止，已经可以用 Outlook Express 发送邮件，或者登录服务器使用 mail、pine 命令收取、管理邮件。但是还不能用 Outlook Express 等客户端从服务器下载邮件，这是因为 Sendmail 并不具备 POP3（IMAP）的功能，所以必须自己安装 dovecot 服务来提供这两项功能。

dovecot 服务器安装，可以在终端命令窗口运行以下命令进行验证：

```
# rpm -qa dovecot
dovecot-1.0.6-7.el5                       //表示已经安装
```

步骤 2：配置并启动 dovecot 服务。

在/etc/dovecot.conf 文件中，找到如行，将该行前面注释标记"#"去掉即可，配置完成后启动即可。

```
Protocols = imap imaps pop3 pop3s
```

步骤 3：设置用户。

为新用户开电子邮件账号。

在 Linux 里开设电子邮件账户比较简单，只需在 Linux 系统里新增一个用户即可。这里新建两个账户，一个是 jns，发送邮件使用；另一个是 jns，接收邮件使用。如图 3-79 所示，创建 jns 用户。

```
[root@Linux ~]# useradd jns
[root@Linux ~]# passwd jns
Changing password for user jns.
New UNIX password:
BAD PASSWORD: it is WAY too short
Retype new UNIX password:
passwd: all authentication tokens updated successfully.
```

图 3-79　邮件账户设置

假设添加了一个用户 jns（密码为 jns），这样该用户就有了一个邮件地址 jns@Linux.com。当一些用户想使用多个电子邮件地址时，是不是需要创建多个邮件账号呢？可以使用别名（alias）来解决这个问题。例如，用户 jns 想拥有 3 个电子邮件地址：jns@Linux.com、jns1@ Linux.com、jns2@ Linux.com。可以通过以下步骤来实现这样的别名设置。

① 新增一个账号 jns，用 vi 文本编辑器打开/etc/aliases，添加如图 3-80 所示的两行代码。

```
jns:            jns1
jns:            jns2
```

图 3-80　邮件别名设置

② 保存该/etc/aliases 退出。不过，就这样还不能让 Sendmail 接受新增的别名，必须在终端命令窗口运行 newaliases 命令，以要求 Sendmail 重新读取/etc/aliases 文件。如果一切无误，应该可以看到类似以下的回应消息：

```
# newaliases
/etc/aliases: 63 aliases, longest 10 bytes, 625 bytes total
```

③ 这样，发给 jns 的邮件可以使用 3 个邮件地址，而只需要使用一个电子邮件账号 jns@Linux.com 就可以接收所有寄给以上 3 个地址的电子邮件了。

步骤 4：指定邮箱容量限制。

当一个邮件服务器为许多人提供邮件服务时，无限量的电子邮件将很容易塞满服务器的硬盘，造成硬盘负担。如果不想为用户提供无限的邮件暂存空间，可以使用"邮件限额"来给用户一个有限的暂存空间。

其实，它是利用磁盘配额功能来实现的。电子邮件的暂存空间在/var/spool/mail 目录下，只要通过磁盘配额设定每一个用户在这个目录下能使用的最大空间即可。

设置 jns 用户的可用空间软限制为 20MB，硬限制为 25MB，其设置方法请查看项目二。

步骤 5：配置邮件大小。

配置邮件大小为 0.5MB，使用 sendmail.cf 文件配置，如图 3-81 所示。

```
# maximum message size
O MaxMessageSize=524888_
```

图 3-81　邮件大小限制

步骤 6：设置 Sendmail 自动寄信功能。

Sendmail 自动寄信功能使用 sendmail.mc 文件配置。

当信件尚未寄出去，系统会连续尝试 3 天，若 3 天后仍没寄出，则退还给 user，其设置如图 3-82 所示。

```
define(`confTO_QUEUEWARN', `4h')dnl
define(`confTO_QUEUERETURN', `3d')dnl
```

图 3-82　邮件功能设置

步骤 7：邮件转发功能。

如果信寄出不成功，系统会发送消息通知使用者，告知"在尝试过 4 小时后，信仍无法寄出，不过仍会继续尝试 3 天。"其设置如图 3-83 所示。

```
define(`confTO_QUEUEWARN', `4h')dnl
define(`confTO_QUEUERETURN', `3d')dnl
```

图 3-83　邮件转发功能设置

步骤 8：邮件发送等待。

设置等待连接的最长时间为 1 分钟，如图 3-84 所示。

```
define(`confTO_CONNECT', `1m')dnl
```

图 3-84　邮件连接时间设置

步骤 9：其他设置。

（1）使用 mail 功能直接编辑信件：

```
# mail abc@test.com
```

出现 Subject，则输入邮件的主题，然后进入编辑界面，结束的地方输入句号"."，出现"Cc："，则输入抄送地址。

（2）用 mail 寄出纯文本文件：

```
# mail -s '邮件标题' 收件人 < 文件名称
```

例如：

```
mail -s 'test mail' abc@test.com < /abc.txt
```

（3）用 mail 接收 mailbox 中的信件：

```
# mail
```

步骤 10：配置 Sendmail 服务过程。

添加正/反向的 DNS 设置，如图 3-85 所示。

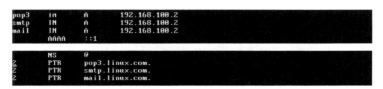

图 3-85　与 DNS 服务器的绑定

上面提到了配置文件 sendmail.cf，由于这个配置文件最好不要动手编辑修改，所需要用到 m4 这个程序，m4 可以将一个简单环境配置文件转换成 sendmail.cf，所以修改 sendmail.mc。

允许接收全域传入的邮件，修改如图 3-86 所示。

```
DAEMON_OPTIONS(`Port=smtp,Addr=0.0.0.0, Name=MTA')dnl
```

图 3-86 域范围接收信件设置

使用 m4 命令实现文件转换，修改如图 3-87 所示。

```
[root@www ~]# m4 sendmail.mc > sendmail.cf
```

图 3-87　文件转换

/etc/mail/access.db 这个文件规定了谁可以或不可以使用本邮件服务器的数据库，转成这个数据库需要通过 makemap 及/etc/mail/access 文件的配合，这里修改/etc/mail/access 文件，然后使用 makemap 命令创建数据库映射。

开放了 192.168.100.0 这个网域和 Linux.com 的权限，设置如图 3-88 所示。

```
Connect:localhost.localdomain          RELAY
Connect:localhost                      RELAY
Connect:127.0.0.1                      RELAY
192.168.100.0                          RELAY
linux.com                              RELAY
```

图 3-88　权限设置

makemap 命令创建数据库映射，修改如图 3-89 所示。

```
[root@Linux mail]# makemap hash access.db < access_
```

图 3-89　数据库映射

修改/etc/mail/local-host-names，请记住，未来如果主机新增了不同的 hostname，并且希望该主机名称可以用来收发邮件，那么就要修改 local-host-names。具体设置如图 3-90 所示。

```
# local-host-names - include all aliases for your machine here.
linux.com
```

图 3-90　主机域名添加

重启 Sendmail 服务，具体设置如图 3-91 所示。

```
[root@Linux etc]# service sendmail restart_
```

图 3-91　重启 Sendmail 服务

步骤 11：测试。

图 3-92　信件制作

输入#mail 命令，查收 Linux 系统内 jns 用户接收邮件的情况，如图 3-93 所示。

```
N   5 maila@linux.com        Fri Sep 4 23:07  41/1483  "mail server"
```

图 3-93 查收邮件

经过测试，Linux 的 Sendmail 服务就设置成功了。

2．使用 Postfix 服务实现

Postfix 的设计初衷是提供与 Sendmail 服务兼容但更安全的邮件服务器，Postfix 逐步发展使得它渐渐具有了配置和扩展灵活、快速、稳定、简单但强大的特点。Sendmail 一般作为 Redhat 的默认邮件服务，但目前看来 Postfix 比 Sendmail 更具备优势。所以我们也不妨舍弃 Sendmail，选择 Postfix。

任务实现

步骤 1：关闭 Sendmail 服务

Postfix 与 Sendmail 都是邮件服务系统，同时启动会造成冲突，所以在准备安装配置之前先关闭 Sendmail 服务，最好卸载。

（1）先查看 Sendmail 是否启动，图 3-94 所示情况表示 Sendmail 已经启动。

```
[root@www ~]# netstat -nutlp|grep :25
tcp        0      0 0.0.0.0:25            0.0.0.0:*              LIST
EN      2067/sendmail: acce
```

图 3-94 查看 sendmail 服务状态

（2）关闭 sendmail 并禁止启动自动运行，如图 3-95 所示。

```
[root@www ~]# service sendmail stop
Shutting down sm-client:                              [  OK  ]
Shutting down sendmail:                               [  OK  ]
[root@www ~]# chkconfig sendmail off
```

图 3-95 停止 sendmail 服务

步骤 2：安装 Postfix

查询 Postfix 是否安装，若未安装请安装，如图 3-96 所示。

```
[root@www CentOS]# rpm -qa |grep postfix
[root@www CentOS]# rpm -ivh postfix-2.3.3-2.1.el5_2.i386.rpm
warning: postfix-2.3.3-2.1.el5_2.i386.rpm: Header V3 DSA signature: NOKEY, key I
D e8562897
Preparing...                ########################################### [100%]
   1:postfix                ########################################### [100%]
```

图 3-96 安装 postfix

步骤 3：修改主配置文件 main.cf

Postfix 安装后，需要修改一系列配置文件才能实现邮件的收发功能，所要用的主配置文件位于/etc/postfix 目录。几乎所有参数在此设置，文档中以"#"开头的说明文字，详细介绍了配置行的作用，我们可以根据说明完成配置，选手注意掌握。

说明：Postfix 的变量设置要求等号两边需要分别加入空格字符，如果某变量有两个以上的设置值，用逗号隔开。$符号表示引用某个变量的值，比如"mydomain = linux.com"，"myorigin = $mydomain"，表示"myorigin = linux.com"。

（1）配置 myhostname 项，指定系统的主机名称。

在文件中找到如下行，去掉"#"符号，并改为你的主机名称，本例为"www.linux.com"，如图 3-97 所示。

```
#myhostname = host.domain.tld
myhostname = www.linux.com
```

图 3-97　指定系统的主机名称

（2）配置 mydomain 项，指定 E-mail 服务器的域名。

在文件中找到如下行，去掉"#"符号，并改为你的主机域名，本例为"linux.com"，如图 3-98 所示。

```
#mydomain = domain.tld
mydomain = linux.com
```

图 3-98　配置 mydomain 项

（3）配置 myorigin 项，指定本机寄出邮件所使用的域名或主机名称。所以我们的邮件地址是"用户名@linux.com"。

在文件中找到如下行，去掉"#"符号即可，如图 3-99 所示。

```
#myorigin = $mydomain
myorigin = $mydomain
```

图 3-99　配置 myorigin 项

（4）配置 mynetworks 项，指定可以转发邮件的网络，默认 postfix 只允许转发本地网络的邮件，除了使用 mynetworks 项，也可以配置 mynetworks-style 授权。

在文件中找到如下行，去掉"#"符号，将你主机所在的 IP 地址网段、掩码位数写在该变量后面。如果有多个，用逗号隔开，如图 3-100 所示。

```
#mynetworks = 168.100.189.0/28, 127.0.0.0/8
mynetworks = 192.168.10.0/24, 127.0.0.0/8
```

图 3-100　配置 mynetworks 项

（5）配置 mydestination 项，指定可以接收的邮件地址，postfix 并不是所有邮件都接收，只有发邮件地址与本参数相匹配时该邮件才会被接收。

在文件中找到如下行，在 mydestination 项后加入"$mydomain"值，这样所有"用户@linux.com"的邮件都可以接受，如图 3-101 所示。

```
mydestination = $myhostname, localhost.$mydomain, localhost
mydestination = $myhostname, localhost.$mydomain, localhost, $mydomain
```

图 3-101　配置 mydestination 项

（6）配置 relay_domains 项，配置可以转发的邮件的网域。

在文件中找到如下行，去掉"#"符号即可，如图 3-102 所示。

```
#relay_domains = $mydestination
relay_domains = $mydestination
```

图 3-102　配置 relay_domains 项

（7）配置 inet_interfaces 项，配置对哪些主机开放网络接口。

在文件中找到如下行，去掉"#inet_interfaces = all"的"#"符号，将"#inet_interfaces = localhost"注释掉即可，如图 3-103 所示，表示对所有的主机开放端口。

图 3-103　配置 inet_interfaces 项

（8）配置 home_mailbox 项，配置用户接收邮件的目录。

在文件中找到如下行，去掉"#"符号即可，如图 3-104 所示。

图 3-104　配置 home_mailbox 项

（9）配置 smtpd_banner 项，是否显示邮件服务器信息，如图 3-105 所示。

图 3-105　配置 smtpd_banner 项

步骤 3：在配置文件 main.cf 修改完成后，要使修改生效，需要重新启动 Postfix 服务器，或者重新加载配置文件，如图 3-106 所示。

图 3-106　重启 postfix 服务，重新加载配置文件

步骤 4：在 DNS 中添加 MX 记录，并启动 DNS 服务器

为让 Postfix 服务器更好地运行，须配置 DNS 服务器，并添加 MX 记录，详见"任务三"。可以使用"host –t mx"命令查看配置是否成功，如图 3-107 所示。

图 3-107　查看 mx 记录

步骤 5：设置默认的 MTA。

CentOS 默认使用 Sendmail 作为 MTA，须将 Postfix 改为默认的 MTA，我们可使用"alternatives –config mta"，来查看当前的 MTA，并更改之，输入你要选择的 MTA 即可，如

图 3-108 所示。

```
[root@www ~]# alternatives --config mta

There are 2 programs which provide 'mta'.

  Selection    Command
-----------------------------------------------------------
*+ 1           /usr/sbin/sendmail.sendmail
   2           /usr/sbin/sendmail.postfix

Enter to keep the current selection[+], or type selection number: 2
```

图 3-108　更改默认的 MTA

步骤 6：配置 dovecot 服务

目前一个简单的邮件服务器已经设置好了，但只能发送邮件，作为完整的邮件的服务器，应可以将邮件收到本地。这需要用到 POP3/IMAP 协议，在 CentOS 中由 dovecot 提供。

（1）查询并安装 dovecot 服务，如图 3-109 所示，若未安装请自行安装。

```
[root@www ~]# rpm -qa dovecot
dovecot-1.0.7-7.el5
```

图 3-109　查询并安装 dovecot 服务

（2）配置 dovecot。

在/etc/dovecot.conf 文件中，找到图示两行，protocols 行配置 dovecot 服务使用的协议，mail_location 行配置接收邮件的目录，将这两行前面注释标记"#"去掉即可，如图 3-110 所示。

```
protocols = imap imaps pop3 pop3s
mail_location = maildir:~/Maildir
```

图 3-110　配置 dovecot

（3）启动 dovecot 服务。

配置完成后可以启动 dovecot 服务，如图 3-111 所示。

```
[root@www ~]# service dovecot start
Starting Dovecot Imap:                                    [  OK  ]
```

图 3-111　启动 dovecot 服务

步骤 7：添加邮件用户，并创建接收邮件的目录。

（1）添加如下两个用户，步骤略，如图 3-112 所示。

```
[root@www ~]# tail -3 /etc/passwd
mary:x:501:501::/home/mary:/sbin/nologin
jack:x:502:502::/home/jack:/sbin/nologin
postfix:x:89:89::/var/spool/postfix:/sbin/nologin
```

图 3-112　添加邮件用户

（2）为已经存在的用户建立相应邮箱目录，并设置相应权限，执行如下命令。

```
#mkdir /home/jack/Maildir                //为用 jack 建立邮箱目录
#chomod 700 /home/jack/Maildir           //设置该目录为所有者可读写
#chown jack:jack /home/jack/Maildir      //设置该邮箱目录为该用户所有
```

步骤 8：测试

（1）linux 下测试。

① 发邮件，通过 "telnet www.linux.com 25" 来测试，如图 3-113 所示。

图 3-113　telnet25 端口

② 收邮件，通过 "cat /home/jack/Maildir/new" 下相应的邮件即可查看新邮件，如图 3-114 所示。

图 3-114　接收测试邮件

（2）Windows 下测试。

① 在 OE 中配置服务器，如图 3-115 所示。

图 3-115　配置 OE

② 接收的邮件，如图 3-116 所示。

图 3-116　OE 中接收邮件

步骤 9：配置 SMTP 认证

前面的简单设置，已经使位于 192.168.10.0/24 同一网段的所有用户，都可以发送邮件。但要是将所有网段都打开的话，会造成负载过重，理想的做法是给 Postfix 用户加上认证，只允许通过认证的用户发送邮件。

（1）Cyrus-SASL 为应用程序提供认证函数库，程序通过函数库所提供的功能定义认证方式，从而实现认证功能。首先检查软件包有没有安装，如图 3-117 所示。

```
[root@www ~]# rpm -qa|grep sasl
cyrus-sasl-md5-2.1.22-5.el5_4.3
cyrus-sasl-2.1.22-5.el5_4.3
cyrus-sasl-lib-2.1.22-5.el5_4.3
cyrus-sasl-plain-2.1.22-5.el5_4.3
```

图 3-117　查看 sasl 套件安装情况

（2）查看 Cyrus-SASL 支持的密码验证机制，如图 3-118 所示。

```
[root@www ~]# saslauthd -v
saslauthd 2.1.22
authentication mechanisms: getpwent kerberos5 pam rimap shadow ldap
```

图 3-118　Cyrus-SASL 支持的密码验证机制

（3）将系统默认的密码验证机制由 pam 方式改为 shadow 方式，修改"/etc/sysconfig/saslauthd"文件，找到"MECH"项改为"shadow"，如图 3-119 所示。

```
SOCKETDIR=/var/run/saslauthd

# Mechanism to use when checking passwords.  Run "saslauthd -v" to get a list
# of which mechanism your installation was compiled with the ablity to use.
MECH=shadow

# Additional flags to pass to saslauthd on the command line.  See saslauthd(8)
# for the list of accepted flags.
FLAGS=
```

图 3-119　修改"MECH"项

（4）启动 saslauthd 服务，并测试认证功能，将用户"mary"的密码设置为"asdfgh"，如图 3-120 所示。

```
[root@www ~]# service saslauthd start
Starting saslauthd:                                      [  OK  ]
[root@www ~]# testsaslauthd -u mary -p 'asdfgh'
0: OK "Success."
```

图 3-120　测试认证功能

（5）设置 Postfix 启用 SMTP 认证，打开/etc/postfix/main.cf，添加语句如图 3-121 所示。

```
smtpd_sasl_auth_enable = yes
broken_sasl_auth_clients = yes
smtpd_sasl_local_domain = $mydomain
smtpd_sasl_security_options = noanonymous
smtpd_recipient_restrictions = permit_mynetworks,permit_sasl_authenticated,rejec
t_unauth_destination
smtpd_client_restrictions = permit_sasl_authenticated
```

图 3-121　启用 SMTP 认证

（6）计算用户名和密码。

```
[root@www ~]# perl -MMIME::Base64 -e 'print encode_base64("mary");'
bWFyeQ==
[root@www ~]# perl -MMIME::Base64 -e 'print encode_base64("asdfgh");'
YXNkZmdo
```

图 3-122　计算用户名和密码

（7）用计算出的用户名和密码测试登录。

```
[root@www ~]# telnet www.linux.com 25
Trying 192.168.10.13...
Connected to www.linux.com (192.168.10.13).
Escape character is '^]'.
220 www.linux.com ESMTP unknow
ehlo linux.com
250-www.linux.com
250-PIPELINING
250-SIZE 10240000
250-VRFY
250-ETRN
250-AUTH PLAIN CRAM-MD5 DIGEST-MD5 LOGIN
250-AUTH=PLAIN CRAM-MD5 DIGEST-MD5 LOGIN
250-ENHANCEDSTATUSCODES
250-8BITMIME
250 DSN
AUTH LOGIN
334 VXNlcm5hbWU6
bWFyeQ==
334 UGFzc3dvcmQ6
YXNkZmdo
235 2.0.0 Authentication successful
quit
```

图 3-123　测试登录

任务回顾

本任务通过配置 Sendmail 和 Postfix 服务实例来讲解 Linux 邮件服务器配置。在学习本任务时，可按照任务描述的内容学习如何配置。讲解了如何配置邮件账户及邮件服务器的功能设置，尤其是 Postfix 服务的配置可以说是备赛中的重点。

比赛心得

Linux 基本服务配置是企业网比赛的重点内容，所占分值较大，在辅导学生配置时应注意对学生配置服务的整体思路的培养，保证学生在比赛时有清醒的头脑和清晰的配置思路，在配置具体服务时要注意的事项如下所述。

（1）DNS 服务是配置其他服务的前提，如果 DNS 域名服务器配置没有成功，其他服务根本就不能配置，因此要首先教会学生配置 DNS，且多加练习，不能在 DNS 中出一点差错。

（2）配置具体服务器时，要让学生清楚要配置的服务是否已经安装。

（3）一定让学生清楚所配置服务的配置文件有哪些，且在配置前做好备份，避免配置错误而无法恢复的问题。

（4）设置好所架设服务器的环境，如服务是否开机自动启动、是否通过防火墙的验证等。

实训

1．DNS 服务。添加对于主机的域名映射，如表 3-2 所示。

表 3-2

主 机 名	地 址
www1.Linux.net	192.168.1.67
www2. Linux.net	192.168.1.67
ftp1. Linux.net	192.168.1.68
ftp2. Linux.net	192.168.1.68

2．Web 服务。

（1）设置虚拟站点，使得按照域名地址能够直接访问到网页主文件，如表 3-3 所示。

表 3-3

域 名	目 录	主 文 件
www1. Linux.net	/web/site1	index.htm
www2. Linux.net	/web/site2	main.htm

（2）在站点目录下分别建立 index.htm、main.htm，内容为 hello、good。

3．FTP 服务，如表 3-4 所示。

（1）把 vsftpd 服务设置为"每次启动计算机时自动启动"。

（2）设置两个 FTP 主机，禁止匿名登录，禁止切换到上级目录。

表 3-4

域 名	账 号	密 码	目 录	访 问 权 限
ftp1. Linux.net	meishi	meishi123	/web/site1	只读
ftp2. Linux.net	hjc	hjc123	/web/site2	读写

4．Samba 服务。

（1）设置组名 mshome，计算机名 FW。

（2）建立 Linux 的本地账户 shareuser，密码 share，主目录为/home/shareuser。

（3）建立 Samba 用户，用户名 sambauser，对应于 Linux 本地账户 shareuser，对应 Windows 的管理员账户，Samba 密码为 share。

（4）设定 Samba 访问验证方式为用户验证。

5．架设一个局域网 DHCP 服务器。

（1）在 Linux1 中配置一台 DHCP 服务器。内部网段设置为 192.168.1.0/24，且 router 为 192.168.1.254，此外，dns 主机的 IP 为 192.168.1.40 及 139.175.10.20。

（2）每个用户默认租约为 3 天，最长为 6 天。

（3）要分配的 IP 范围是 192.168.1.21~192.168.1.100，其他的 IP 则保留下来。

（4）将客户机设置为自动获取地址。

（5）考查客户机得到的 TCP/IP 设置及 DHCP 服务器上的租约记录。

6．Apache 服务器配置。

（1）以 vhost1.test.com 和 vhost2.test.com 为主机名配置虚拟主机。

（2）两个站点的本地目录分别为/www/vhost1 和/www/vhost2。

（3）站点内容不限。

7．配置 Mail 服务器。

（1）创建 smtp 服务器。

（2）IP=192.168.1.21。

（3）域名：test.com。

（4）域名：test.com.cn。

（5）域名：test.cn。

项目四　防火墙的应用

随着网络的蓬勃发展和普及，互联网已经在社会各个领域得到了广泛的应用，各企事业单位都接入了互联网。当用户在享受 Internet 给工作、学习和生活带来便利的同时，安全问题也随之而来，为了增加网络的安全和保护内部网络上的重要数据，需要将内部网与 Internet 隔离。防火墙是很好的选择，它只允许合法的网络流量进出系统，禁止其他任何网络流量。本项目介绍 iptables 假设包过滤防火墙和 squid 代理服务。

任务一　iptables 防火墙的配置

任务描述

天驿公司的服务器已经正常投入到工作中，一段时间后，管理员听到员工抱怨网速慢，甚至有的员工计算机无法上网了，管理员通过测试发现：外面有用户想要连接到公司的服务器，而且木马之类的信息业也现了，管理员决定架设防火墙来进行解决。

任务分析

天驿公司的管理员通过防火墙，可以保护易受攻击的服务，控制内外网之间网络系统的访问，并针对某些网站和服务设定限制，提高网络的保密性和私有性，所以管理员的决定是正确的，可通过 Linux 下的 iptables 防火墙来解决此问题。

任务实现

步骤 1：禁止某些用户使用 ICMP 协议。

为了防止 ICMP 攻击，通常都是禁止来自 Internet 的攻击，所以一般在 eth0 接口上禁止 ICMP 协议，具体设置如图 4-1 所示。

```
[root@Linux ~]# iptables -I INPUT -i eth0  -p icmp -j DROP
[root@Linux ~]# iptables -t filter -L INPUT
Chain INPUT (policy ACCEPT)
target     prot opt source               destination
DROP       icmp --  anywhere             anywhere
```

图 4-1　禁止 ICMP 协议

步骤 2：禁止客户机访问不健康网站。

为了保证网络的安全，需要禁止客户机访问某些不健康的网站。iptables 支持使用域名和 IP 地址两种方法来指定禁止的网站。如果使用域名的方法指定网站，iptables 就会通过 DNS 服务器查询该域名对应的所有 IP 地址，并将它们加入规则中，所以使用域名指定网站时，iptables 的执行速度会稍慢些。

添加 iptables 规则禁止用户访问域名为 www.goodgirl.com 的网站，然后查看 filter 表的

FORWARD 链规则列表，具体设置如图 4-2 所示。

```
[root@Linux ~]# iptables -I FORWARD -d www.goodgirl.com -j DROP
[root@Linux ~]# iptables -t filter -L
Chain INPUT (policy ACCEPT)
target     prot opt source               destination

Chain FORWARD (policy ACCEPT)
target     prot opt source               destination
DROP       all  -- anywhere              www.goodgirl.com

Chain OUTPUT (policy ACCEPT)
target     prot opt source               destination
```

图 4-2　禁止访问 www.goodgirl.com

添加 iptables 规则禁止用户访问 IP 地址为 192.168.0.1 的网站，然后查看 filter 表的 FORWARD 链规则列表，具体设置如图 4-3 所示。

```
[root@Linux ~]# iptables -I FORWARD -d 192.168.0.1 -j DROP
[root@Linux ~]# iptables -t filter -L
Chain INPUT (policy ACCEPT)
target     prot opt source               destination

Chain FORWARD (policy ACCEPT)
target     prot opt source               destination
DROP       all  -- anywhere              192.168.0.1
DROP       all  -- anywhere              www.goodgirl.com

Chain OUTPUT (policy ACCEPT)
target     prot opt source               destination
```

图 4-3　禁止访问 IP 地址为 192.168.0.1 的网站

步骤 3：禁止某些客户机上网。

添加 iptables 规则禁止 IP 地址为 192.168.100.9 的客户机上网，然后查看 filter 表的 FORWARD 链规则列表，具体设置如图 4-4 所示。

添加 iptables 规则禁止 192.168.100.0 子网里所有客户机上网，然后查看 filter 表的 FORWARD 链规则列表，具体设置如图 4-5 所示。

```
[root@Linux ~]# iptables -I FORWARD -s 192.168.100.9 -j DROP
[root@Linux ~]# iptables -t filter -L
Chain INPUT (policy ACCEPT)
target     prot opt source               destination

Chain FORWARD (policy ACCEPT)
target     prot opt source               destination
DROP       all  -- 192.168.100.9         anywhere
DROP       all  -- anywhere              192.168.0.1
DROP       all  -- anywhere              www.goodgirl.com

Chain OUTPUT (policy ACCEPT)
target     prot opt source               destination
```

图 4-4　禁止 IP 地址为 192.168.100.9 的客户机上网

```
[root@Linux ~]# iptables -I FORWARD -s 192.168.100.0/24 -j DROP
[root@Linux ~]# iptables -t filter -L
Chain INPUT (policy ACCEPT)
target     prot opt source               destination

Chain FORWARD (policy ACCEPT)
target     prot opt source               destination
DROP       all  -- 192.168.100.0/24      anywhere
DROP       all  -- 192.168.100.9         anywhere
DROP       all  -- anywhere              192.168.0.1
DROP       all  -- anywhere              www.goodgirl.com

Chain OUTPUT (policy ACCEPT)
target     prot opt source               destination
```

图 4-5　禁止 192.168.100.0 子网里所有的客户机上网

步骤 4：禁止某些客户访问某些服务。

端口是 TCP/IP 协议里一个重要的概念，因为在网络中许多应用程序可能会在同一时刻进行通信，当多个应用程序在同一台计算机上进行网络通信时，就要有一种方法来区分各个应用程序。TCP/IP 协议使用"端口"来区分系统中的不同服务，因此一台计算机可以互不干扰地为客户提供多种不同的服务。在网络管理过程中，经常需要禁止客户机访问 Internet

上的某些服务。要实现这个功能，只要将禁止服务使用的端口封闭即可。

禁止 192.168.100.0 子网里所有的客户机使用 FTP 协议下载（即封闭 TCP 协议的 21 端口），然后查看 filter 表的 FORWARD 链规则列表，具体设置如图 4-6 所示。

图 4-6 禁止 192.168.100.0 子网里所有的客户机使用 FTP

步骤 5：防火墙的开启与关闭。

开启防火墙：

service iptables start

关闭防火墙：

service iptables stop

小贴士

虽然 ICMP 协议在 TCP/IP 网络中提供测试网络的连通性和报告错误信息的功能，但 ICMP 协议是一个无连接的协议，也就是说只要发送端完成 ICMP 报文的封装和发送，这个 ICMP 报文就能通过网络传递给目标主机。这个特点使得 ICMP 协议非常灵活，但是同时也带来一个致命的缺憾——易伪造，任何人都可以发送一个伪造源地址的 ICMP 报文。ICMP 协议也经常被用于发动以下两种拒绝服务（dos）攻击。

（1）耗尽服务器 CPU 资源。利用 ICMP 协议向服务器发送大量的 ICMP 消息或 ICMP 碎片，耗费目标服务器大量的 CPU 资源处理这些虚假的数据，无法提供正常的服务，甚至瘫痪。

（2）耗尽服务器网络带宽。利用 ICMP 协议向服务器发送非常大的 ICMP 消息，堵塞网络，制造 ICMP 风暴，占取该服务器所有的网络带宽，从而使其无法对正常的服务器请求进行处理，导致网站无法进入、网站响应速度大大降低或服务器瘫痪。

任务回顾

通过本任务的学习，让读者了解防火墙的功能和基本配置，同时能在 Linux 下正确使用防火墙来防止网络中的攻击。使用 iptables 服务对局域网内的客户机上网进行限制，以达到管理和监控的目的。

任务二　架构代理服务器

任务描述

天驿公司的管理员，为了避免外网攻击公司的服务器和想让公司的员工在访问某些常用的网站时，访问的速度尽量快一些，所以想使用代理服务器。

任务分析

代理服务器可以提供文件缓存、复制和地址过滤等服务，充分利用有限的带宽，加速内部主页的访问速度，也可以解决多用户需要同时访问外网但公用 IP 地址不足的问题，所以管理员的决定是正确的，管理员决定使用 squid 来实现。

任务实现

squid 主配置文件是/etc/squid/squid.conf，包括了全部的 squid 配置选项和注释。由于该文件内容比较多，不利于查看和编辑，建议先将它复制为/etc/squid/squid.conf.bak，然后删除/etc/squid/squid.conf 配置文件的原有内容，并加上下面这些语句，如图 4-7 所示。有了这些最基本的设置，squid 就可以启动使用了。

```
http_port 192.168.100.2:80
cache_mem 64 KB
cache_dir ufs /var/spool/squid 4096 16 256
cache_effective_user squid
cache_effective_group squid
dns_nameservers 192.168.100.2
cache_access_log /var/log/squid/access.log
cache_log /var/log/squid/cache.log
cache_store_log /var/log/squid/store.log
visible_hostname 192.168.100.2
cache_mgr root@192.168.100.2
acl all src 0.0.0.0/0.0.0.0
http_access allow all
```

图 4-7 squid 代理服务的基本配置

步骤 1：设置 squid 监听的 IP 地址和端口号。http_port 选项指定了 squid 在哪个 IP 地址和端口侦听客户机请求，默认是在主机所有 IP 地址的 3128 端口侦听。当然可以不指定 IP 地址，但由于大部分网络管理员希望 squid 仅侦听来自内部网络客户机的请求，而不是侦听来自 Internet 客户机的请求，因此建议在这里将 IP 地址和端口一起写入，使得 squid 仅侦听在内部网络接口上的请求，具体设置如图 4-8 所示。

```
http_port 192.168.100.2:80
```

图 4-8 设置 squid 监听的 IP 地址和端口号

步骤 2：设置内存缓冲大小。cache_mem 选项指定了使用多少物理内存作为高速缓存。如果这台服务器仅用于共享上网，没有其他服务，则可加大到物理内存的 1/2，但如果还有其他服务，则 cache_mem 的大小不应超过物理内存的 1/3，否则将会影响服务器的总体状态，具体设置如图 4-9 所示。

```
cache_mem 64 KB
```

图 4-9 设置内存缓冲大小

步骤 3：设置硬盘缓冲的大小。cache_dir 选项指定了硬盘缓冲区的大小。其中"nfs"是指缓冲的存储类型，一般为 ufs；"/var/spool/squid"指硬盘缓冲存放的目录；"4096"代表缓冲空间最大为 4096MB；"16"代表 squid 可以在硬盘缓冲存放的目录下建立的第一级子目录的数目，默认值为"16"；"256"是可以建立的第二级子目录的数目，默认值为"256"。定义这些子目录的目的在于加快查找缓存文件的速度。本例中该选项的意思是：硬盘缓冲区的目录是

/home/squid/cache，缓冲的存储类型为 ufs，缓冲空间的大小为 4096MB，硬盘缓冲区的目录下有 16 个一级子目录，每个一级子目录下有 256 个二级子目录，具体设置如图 4-10 所示。

```
cache_dir ufs /var/spool/squid 4096 16 256
```

图 4-10　设置硬盘缓冲的大小

步骤 4：设定使用缓存的有效用户。使用 RPM 包安装时，安装程序建了一个名为 squid 的用户供 squid 代理服务器使用，如果发现系统没有名为 squid 的用户，最好自行添加，具体设置如图 4-11 所示。

```
cache_effective_user squid
```

图 4-11　设定使用缓存的有效用户

步骤 5：设定使用缓存的有效用户组。使用 RPM 包安装时，安装程序建了一个名为 squid 的组供 squid 代理服务器使用，如果发现系统没有名为 squid 的组，最好自行添加，具体设置如图 4-12 所示。

```
cache_effective_group squid
```

图 4-12　设定使用缓存的有效用户组

步骤 6：定义 DNS 服务器的地址。为了使 squid 能解析域名，必须告诉 squid 有效的 DNS 服务器，具体设置如图 4-13 所示。

```
dns_nameservers 192.168.100.2
```

图 4-13　定义 DNS 服务器的地址

步骤 7：设置访问日志文件。cache_access_log 选项定义了访问记录日志文件的路径，该日志文件记录了用户访问 Internet 的详细信息，通过访问日志文件可以查看每台客户机的上网记录，具体设置如图 4-14 所示。

```
cache_access_log /var/log/squid/access.log
```

图 4-14　设置访问日志文件

步骤 8：设置缓存日志文件。cache_log 选项定义了记录缓存的相关信息日志文件的路径，具体设置如图 4-15 所示。

```
cache_log /var/log/squid/cache.log
```

图 4-15　设置缓存日志文件

步骤 9：设置网页缓存日志文件。设置网页缓存日志文件，如图 4-16 所示。

```
cache_store_log /var/log/squid/store.log
```

图 4-16　设置网页缓存日志文件

步骤 10：设置运行 squid 主机的名称，如图 4-17 所示。

```
visible_hostname 192.168.100.2
```

图 4-17　squid 主机的名称

步骤 11：设置管理员的 E-mail 地址。cache_mgr 选项定义了 squid 代理服务器管理员的 E-mail 地址。当访问发生错误时，该选项的值会显示在错误提示网页中，其设置如图 4-18 所示。

```
cache_mgr root@192.168.100.2
```

图 4-18 设置管理员的 E-mail 地址

步骤 12：设置访问控制列表。由于 squid 默认拒绝所有访问客户机的请求，为了能让客户机通过代理服务器访问 Internet，最简单的方法就是定义一个针对客户机 IP 地址的 acl 访问控制列表，多数 squid 允许来自这些地址的 HTTP 请求。通过灵活地增加访问控制列表，acl 可以当做一种网络控制的有力工具，用来过滤进出代理服务器的数据，为了使用控制功能，必须先使用 acl 选项定义访问控制列表。acl 选项的格式如图 4-19 所示。

```
acl all src 0.0.0.0/0.0.0.0
//acl 列表名称 列表类型 [-i] 列表值
```

图 4-19 设置访问控制列表

（1）列表名称：用于区分 squid 的各个访问控制列表，任何两个访问控制列表都不能用相同的列表名。虽然列表名称可以随便定义，但为了避免以后不知道这条列表是干什么用的，应尽量使用有意义的名称，如 badurl1、clientip、work time 等。

（2）列表类型：是可被 squid 识别的类别。squid 支持的控制类别很多，可以通过 IP 控制、主机名、MAC 地址和用户/密码认证等识别用户，也可以通过域名、域名缀、文件类型、IP 地址、端口和 URL 匹配等控制用户的访问，还可以使用时间区间对用户进行管理，如表 4-1 所示。

表 4-1 命令说明

命 令	说 明
src	源 IP 地址（客户机 IP 地址）
dst	目标 IP 地址（服务器 IP 地址）
srcdomain	源名称（客户机所属的域）
dstdomain	目标名称（服务器所属的域）
time	一天中的时刻和一周内的一天
url_regex	URL 规则表达式匹配
urlpath_regex:URL-path	略去协议和主机名的 URL 规则
proxy_auth	通过外部程序进行用户认证
maxconn	单一 IP 的最大连接数
time	时间段，语法为：[星期][时间段] 星期：可以使用这些关键字 M(Monday 星期一)、T（Tuesday 星期二）等 时间段：可以表示为 10:00～20:00

（3）-i 选项：表示忽略列表值的大小写，否则 squid 是区分大小写的。

（4）列表值：针对不同类型，列表值的内容是不同的。例如，对于类型为 src 或 dst，列表值的内容是某台主机的 IP 地址或子网地址；对于类型为 time，列表值的内容是时间；对于类型为 srcdomain 和 dstdomain，列表值的内容是 DNS 域名。

掌握 acl 选项的格式后，可以看到上例中定义一个名称为 all 的访问控制列表，列表类型是 src 源 IP 地址，IP 地址范围是 0.0.0.0/0.0.0.0，即所有的 IP 都符合这个列表。

步骤 13：允许或拒绝某个访问控制列表的 HTTP 请求。

squid 会针对客户 HTTP 请求检查 http_access 规则，定义访问控制列表后，就使用 http_access 选项根据访问控制列表允许或禁止访问了。

该选项格式如图 4-20 所示。

```
http_access allow alli
//http_access [allow | deny] 访问控制列表名称
```

图 4-20　选项格式

（1）[allow|deny]：定义允许[allow]或禁止[deny]访问控制列表定义的内容。

（2）访问控制列表名称：需要 http_access 控制的 acl 名称。

步骤 14：访问控制应用实例。

由于 squid 是按照顺序读取访问控制列表的，如果需要测试，应将 squid.conf 配置文件中的以下两句放在其他 acl 语句的最后，否则这两句会覆盖其他的 acl 语句。如果有多条访问控制语句，必须注意它们的顺序。修改完配置文件后还要使用命令"/etc/rc.d/init.d/squid.reload"使新的配置生效，具体设置如图 4-21 所示。

```
acl all src 0.0.0.0/0.0.0.0
http_access allow all
```

图 4-21　squid 顺序读取控制表

（1）禁止 IP 地址为 192.168.10.10 的客户机上网，具体设置如图 4-22 所示。

```
acl badclientip1 src 192.168.100.7_
http_access deny badclientip1
```

图 4-22　禁止 IP 地址为 192.168.10.10 的客户机上网

这个例子定义了一条名为 badclientip1 的 acl，acl 类型为 src 源 IP 地址方式，列表值是 192.168.100.7，然后使用 http_access 选项禁止该列表。当 IP 地址为 192.168.100.7 的客户机上网时，Web 浏览器会显示拒绝访问的错误信息。

（2）禁止 192.168.100.0 这个子网里的所有客户机上网，具体设置如图 4-23 所示。

```
acl notinternet src 192.168.100.0/255.255.255.0
http_access deny notinternet_
```

图 4-23　禁止 192.168.100.0 这个子网里的所有客户机上网

这个例子定义了一条名为 notinternot 的 acl，acl 类型为 src 源 IP 地址方式，列表值是 192.168.100.0/255.255.255.0，然后使用 http_access 选项禁止该列表。

（3）禁止用户访问 IP 地址为 210.21.118.68 的网站，其设置如图 4-24 所示。

```
acl badsrvip1 dst 210.21.118.68
http_access deny badsrvip1
```

图 4-24　禁止用户访问 IP 地址为 210.21.118.68 的网站

这个例子定义了一条名为 badsrvit1 的 acl，acl 类型为 dst 目标 IP 地址方式，列表值是 210.21.118.68，然后使用 http_access 选项禁止该列表。

（4）禁止用户访问域名为www.163.com的网页，其设置如图 4-25 所示。

```
acl baddomain1 dstdomain -i www.163.com _
http_access deny baddomain1
```

图 4-25　禁止用户访问域名为 www.163.com 的网页

这个例子定义了一条名为 baddomain1 的 acl，acl 类型为 dstdomain 目标名称方式，列表值是 www.163.com，然后使用 http_access 选项禁止该列表。需要注意是，本例中的 acl 只能禁止用户访问 www.163.com 的网站，用户对于域 163.com 下的其他网站如 mail.163.com 是可以访问的。

（5）禁止用户访问域名含有 163.com 的网站，其设置如图 4-26 所示。

```
acl badurl1 url_regex -i_163.com
http_access deny badurl1
```

图 4-26　禁止用户访问域名含有 163.com 的网站

这个例子定义了一条名为 badurl1 的 acl，acl 类型为 url_regex URL 规则表达式匹配方式，列表值是 163.com，然后使用 http_access 选项禁止该列表。本例中的 acl 能禁止用户访问 URL 中含有 163.com 的网站，如 www.163.com 和 mail.163.com 等。

（6）禁止用户访问域名含有 sex 关键字的 URL，其设置如图 4-27 所示。

```
acl badurl2 url_regex -i sex
http_access deny badurl2
```

图 4-27　禁止用户访问域名含有 sex 关键字的 URL

这个例子定义了一条名为 badurl2 的 acl，acl 类型为 url_regex URL 规则表达式匹配方式，列表值是 sex，然后使用 http_access 选项禁止该列表。可以禁止用户访问 url 中含有 sex 的关键字 url，如 www.sex.com 和 www.abc.com/sex/ 等。

步骤 15：开启或停止代理服务。

（1）启动代理服务：

Service squid start

（2）停止代理服务：

Service squid stop

（3）重启代理服务：

Service squid restart

任务回顾

本任务通过大量的实例讲解如何配置 squid 代理服务器。读者在了解代理服务器的功能的同时，能正确使用代理服务器防止网络攻击，以及如何使用 squid 服务器对局域网内的客户机上网进行限制。

比赛心得

防火墙技术与 squid 代理服务是技术比较成熟的服务，应用比较广泛，在比赛时通常会涉及这方面的内容，应让学生多做实例，各种功能了解其配置就可以，做到面面俱到。在比赛中学生通常会出现的问题如下：

（1）不会配置 iptables；

（2）不会配置 squid 服务；

（3）防火墙开启后其他服务不能正常使用；

（4）防火墙没有开启；

（5）代理配置不成功。

为了杜绝这些现象，最好让学生知道防火墙的工作原理和代理服务器的配置流程，并多做练习。

实训

1．使用 squid 建立一台代理服务器，其配置如下：

（1）设置 squid 监听端口为 9999；

（2）设置内存缓冲大小为 256MB；

（3）设置硬盘缓冲为 4000MB，硬盘缓冲存放目录下的第一子目录数为 10，第二子目录数据为 200；

（4）设置管理员的 E-mail 地址为 root@Linux.com；

（5）设置访问控制列表为允许所有客户机访问；

（6）禁止所有用户下载 mp3、wmv、avi、rm 和 rmvb 媒体文件。

2．使用 squid 并结合 iptables 实现透明代理。

项目五　远程管理

远程管理服务最大的特点就是不受地理位置限制，实现对远程主机的控制。输入正确的用户名和密码后，就可以像在本地一样对服务器进行操作。以天驿公司的多台服务器为例，这些服务器都不在同一个地方，分布在各处，当要对服务器进行修改时，管理员通过网络远程登录到主机，就可以进行任何操作，这就是远程管理的功能。本章简单介绍远程登录中常见的两种服务：Telnet 与 SSH。

任务一　架构 Telnet 服务

任务描述

天驿公司的技术部门主要用于对内部网络的服务器进行管理，但服务器放置在网络中心，为了省时和高效地工作，管理员想在办公室就可以操作服务器，现要实现这一功能，管理员认为，使用远程管理服务即可。

任务分析

使用远程管理服务来实现，这种想法是正确的，服务器与技术部门处在不同的地理位置，如果每次维护都要亲自到网络中心，那相当费时。从安全出发，内部网络的高安全性保证了信息不容易被泄露。而 Telnet 服务安装方便、配置简单，可以胜任日常的维护工作。要实现这一功能，首先要在服务器安装 Telnet 服务，然后使用办公室的客户端进行远程登录。

任务实现

步骤 1：安装所需的软件包。

Telnet 服务共有两个软件包，它们分别是：

（1）服务器端软件包 telnet-server-0.16-39.el5.i386.rpm；

（2）客户端软件包 telnet-0.16-39.el5.i386.rpm。

在安装 Telnet 服务器软件包之前，要安装 xinetd 服务，如图 5-1 所示。

步骤 2：安装 Telnet 服务器软件包，如图 5-2 所示。

```
#rpm -ivh xinetd-2.3.14-14-10.el5.i386.rpm
# rpm -ivh telnet-server-0.16-39.el5.i386.rpm
```

步骤 3：我们知道，Telnet 是挂在 super daemon 下的一个服务，就是有名的 xinetd，需要启动 xinetd 超级守护进程来管理 Telnet 服务。

（1）修改 xinetd 参数：

```
# vim /etc/xinetd.d/telnet
```

找到 disable = yes，将 yes 改成 no，然后保存退出，如图 5-3 所示。

```
[root@www CentOS]# rpm -ivh xinetd-2.3.14-10.el5.i386.rpm
warning: xinetd-2.3.14-10.el5.i386.rpm: Header V3 DSA signature: NOKEY, key ID e
8562897
Preparing...                ########################################### [100%]
        package xinetd-2.3.14-10.el5.i386 is already installed
```

图 5-1　安装超级守护进程 xinetd

```
[root@www CentOS]# rpm -ivh telnet-server-0.17-39.el5.i386.rpm
warning: telnet-server-0.17-39.el5.i386.rpm: Header V3 DSA signature: NOKEY, key
 ID e8562897
Preparing...                ########################################### [100%]
   1:telnet-server          ########################################### [100%]
```

图 5-2　安装 Telnet 服务端

```
# default: on
# description: The telnet server serves telnet sessions; it uses \
#       unencrypted username/password pairs for authentication.
service telnet
{
        flags           = REUSE
        socket_type     = stream
        wait            = no
        user            = root
        server          = /usr/sbin/in.telnetd
        log_on_failure  += USERID
        disable         = no
```

图 5-3　修改 xinetd 参数

 小贴士

　　在 /etc/xinetd.d/telnet 文件的 {} 里添加一行，设置 Telnet 服务最大连接数的方法："instances=需要限制的数字"。例如：instances = 10。

（2）启动 Telnet 服务，如图 5-4 所示。

```
# chkconfig xinetd on
# service xinetd start
```

```
[root@www CentOS]# service xinetd start
Starting xinetd:                                            [  OK  ]
```

图 5-4　启动 Telnet 服务

（3）Linux 为了保护 root 的安全性，默认无法使用 root 进行登录，但可通过修改允许 root 用户登录。

```
# cd /etc
# mv securetty securetty.bak
```

 小贴士

　　如果不设置此步骤，可使用 su 或 sudo 来切换身份，达到 root 登录的目的。

步骤 4：测试 Telnet 服务。

（1）Linux 客户端。

Linux 客户端使用非常简单，首先要先确保客户端的软件包已经被安装，然后要了解 Telnet 命令的格式：Telnet 主机名/IP　[端口号]。

```
[root@www CentOS]# mv /etc/securetty /etc/securetty.bak
[root@www CentOS]# telnet 192.168.10.9
Trying 192.168.10.9...
Connected to 192.168.10.9.
Escape character is '^]'.
CentOS release 5.5 (Final)
Kernel 2.6.18-194.el5 on an i686
login: root
Password:
Last login: Thu Jan 26 12:12:08 on tty1
```

图 5-5 Linux 端的 Telnet 登录

> **小贴士**
>
> 通过修改/etc/services，可更改 Telnet 服务默认监听的端口号，更改后须重新启动 xinetd 服务，登录时须加上端口号。例如 2323 端口：Telnet 192.168.1.103 2323。

（2）Windows 客户端。

Windows 客户端的使用是在命令行中输入 Telnet 命令，如图 5-6 和图 5-7 所示。

图 5-6 Windows 端的 Telnet 登录   图 5-7 Windows 端的 Telnet 登录

这样就验证了 Telnet 服务是正常登录了！

任务回顾

总体来说，Telnet 服务是比较简单的一个任务，只要找到合适的安装版本软件包，进行正常安装，使用 xinetd 超级守护进程来管理 Telnet 服务，就可以轻松登录到远程服务器了。但要注意，Telnet 是以明文方式传送口令和数据的，在安全上存在非常大的漏洞。

任务二 架构 SSH 服务

任务描述

天驿公司内部有多台服务器，管理员因为工作需要经常要出差，出差时通过公司 VPN 远程连接到内部管理这些服务器，为了保证服务器安全，管理员认为可以设置专用的系统账号 szadmin，并选择使用 OpenSSH 进行远程管理。

任务分析

管理员没有选择 Telnet 服务，主要是考虑到 Telnet 以明文方式传送口令和数据的安全隐患。选择 SSH 服务是正确的。CentOS 系统中，SSH 默认安装，可以使用 SSH 的密钥认证技术加强安全性。密钥认证首先要在客户端生成密钥，再通过客户端发布公匙给服务器端，没有密钥的用户均无法登录。

知识链接

（1）口令认证。

在默认情况下，SSH 使用传统的口令验证，传输数据会被加密，在使用这种认证方式时，不需要进行任务配置，用户就可以使用 SSH 服务。但是，口令验证不能保证连接的服务器就是真正的目的服务器。如果有其他服务器在冒充，客户端很有可能受到"中间人"攻击。

SSH 的命令格式：ssh –l [远程主机账号] [远程服务器主机/IP]。

例：远程服务器 IP 地址为 192.168.1.100，账号为：szroot，则

　　ssh –l szroot 192.168.1.100

（2）密匙认证。

图 5-8　公钥与私钥进行数据传输

密匙认证需要依靠密匙，首先创建一对密匙，并把公匙保存在远程服务器中，当登录远程主机时，客户端软件就会向服务器发出请求，请求用自己的密匙进行认证。服务器收到请求之后，首先在该服务器的用户主目录下寻找公匙，然后检查此公匙是否合法，如果合法，就用公匙加密生成随机数，并返回给客户端。客户端软件收到服务器的响应后，使用私匙将数据解密并发送给服务器。因为用公匙加密的数据只能用私匙解密，服务器经过比较就可以知道该客户连接的合法性。

任务实现

步骤 1：安装 OpenSSH 服务。

OpenSSH 服务需要的软件包如图 5-9 所示。

```
[root@www CentOS]# rpm -ivh openssh-
openssh-4.3p2-41.el5.i386.rpm       openssh-clients-4.3p2-41.el5.i386.rpm
openssh-askpass-4.3p2-41.el5.i386.rpm  openssh-server-4.3p2-41.el5.i386.rpm
```

图 5-9　OpenSSH 服务需要的软件包

步骤 2：SSH 的启动与停止，如图 5-10 所示。

```
[root@localhost Packages]# service sshd start
■ sshd■                                            [■ ■ ]
[root@localhost Packages]# service sshd stop
■ sshd■                                            [■ ■ ]
[root@localhost Packages]# service sshd restart
■ sshd■                                            [■ ■ ]
■ sshd■                                            [■ ■ ]
[root@localhost Packages]# service ssd reload
ssd: ■ ■ ■ ■ ■ ■ ■ ■
[root@localhost Packages]# chkconfig --level 3 sshd on
[root@localhost Packages]# chkconfig --level 3 sshd off
[root@localhost Packages]# chkconfig --level 3 sshd on
```

图 5-10　SSH 的启动与停止

 小贴士

在 CentOS 系统中，默认安装并启动了 SSH 的服务，无须手动安装。通常使用 netstat -tl 来检查能否看到 SSH 服务在监听。

步骤 3：OpenSSH 常用的配置文件为/etc/ssh/ssh_config 和/etc/ssh/sshd_config，其中 ssh_config 为客户端配置文件，sshd_config 为 OpenSSH 服务器配置文件。基本上，CentOS 系统不需要更改/etc/ssh/sshd_config 文件的字段值，默认情况下已是最严密的 SSH 保护。

> **小贴士**
>
> 在 CentOS 系统中，如果不愿意开放 SFTP，可以将最后一行注释删掉（例如 # subsystem sftp /usr/lib/ssh/sftp-sserver）并重新启动 sshd 服务。

步骤 4：按任务描述（主机、IP、账号见表 5-1），具体步骤如下所述。

表 5-1　主机、IP 与账号

主　　机	IP	账　　号
服务器	192.168.1.100	szroot
客户端	192.168.1.135	szadmin

（1）在客户端生成密匙。

客户端上执行 ssh-keygen 生成密钥，使用 szadmin 登录管理工作站，然后执行，如图 5-11 所示。

```
[szadmin@localhost /]$ ssh-keygen -t rsa
Generating public/private rsa key pair.
Enter file in which to save the key (/home/szadmin/.ssh/id_rsa):
Created directory '/home/szadmin/.ssh'.
Enter passphrase (empty for no passphrase):
Enter same passphrase again:
Your identification has been saved in /home/szadmin/.ssh/id_rsa.
Your public key has been saved in /home/szadmin/.ssh/id_rsa.pub.
The key fingerprint is:
b4:e0:a9:14:48:57:52:0d:88:fd:94:7b:41:88:9f:3b szadmin@localhost.localdomain
[szadmin@localhost /]$ ll ~/.ssh
total 16
-rw------- 1 szadmin szadmin 1679 Apr 14 11:54 id_rsa
-rw-r--r-- 1 szadmin szadmin  411 Apr 14 11:54 id_rsa.pub
[szadmin@localhost /]$ 
```

图 5-11　客户端使用 ssh-keygen 命令生成密钥

提示输入密匙文件的保存路径，按回车键，使用默认路径：/home/szadmin/.ssh/id_dsa。

这里的 passphrase 密码是对生成的私匙文件的保护口令，如果不设置，则按回车键跳过。

> **小贴士**
>
> 私匙文件/home/master/.ssh/id_dsa；公匙文件/home/master/.ssh/id_dsa.pub。

（2）发布公匙。

① scp 命令发布公钥，如图 5-12 所示。

```
[szadmin@localhost .ssh]$ scp id_rsa.pub szroot@192.168.1.100:~/
The authenticity of host '192.168.1.100 (192.168.1.100)' can't be established.
RSA key fingerprint is 6d:f2:d6:4e:34:d5:66:87:b1:7d:75:4c:02:64:a6:62.
Are you sure you want to continue connecting (yes/no)? yes
Warning: Permanently added '192.168.1.100' (RSA) to the list of known hosts.
Permission denied (publickey,gssapi-with-mic).
lost connection
[szadmin@localhost .ssh]$ scp id_rsa.pub szroot@192.168.1.100:~/
szroot@192.168.1.100's password:
                                          100%  411     0.4KB/s   00:00
id_rsa.pub
```

图 5-12　将客户端生成的公钥发布到服务器

② 服务器端将公钥转存到 authorized_key 文件中，如图 5-13 所示。

```
[szroot@localhost ~]$ ls ~/.ssh
id_rsa.pub
[szroot@localhost ~]$ cd .ssh
bash: cd: /.ssh: 没有那个文件或目录
[szroot@localhost ~]$ cd .ssh
[szroot@localhost .ssh]$ cat ../id_rsa.pub >> authorized_keys
```

图 5-13　将公钥转存到 authorized_key 文件中

（3）配置远程服务器，禁止口令认证。

通过编辑.etc/ssh/sshd_conf 文件，修改 PasswordAuthentication 字段的值来提高安全性，设 PasswordAuthentication= no，禁止口令认证，只允许使用密钥认证。

（4）连接远程服务器。

更改之后，使用其他用户登录时，会被拒绝，而使用 szroot 这个用户则可以安全登录。测试远程登录如图 5-14 所示。

```
[szadmin@localhost .ssh]$ ssh root@192.168.1.100
Permission denied (publickey,gssapi-with-mic).
[szadmin@localhost .ssh]$ ssh szroot@192.168.1.100
Last login: Thu Oct  8 09:19:34 2009 from 192.168.1.135
[szroot@localhost ~]$
```

图 5-14　测试远程登录

步骤 5：OpenSSH 客户端配置。

（1）Linux 客户端。

① ssh。命令格式：ssh 账号@主机名/IP。例：ssh szroot@192.168.1.100。

② scp。scp [账号@主机名/IP:文件] [账号@主机名/IP:文件]。本地文件则直接设置路径，不需要使用账号@主机名/IP 的格式。例：scp　id_rsa.pub szr oot@192.168.1.100:~/.ssh。

③ sftp。命令格式：sftp 账号@主机名/IP。例：sftp szroot@192.168.1.100。

（2）Windows 客户端。

默认情况下，SSH 仍然使用传统的口令验证，在使用这种认证方式时，不需要进行任何配置，用户就可以使用 SSH 服务器存在的账号和口令登录到远程主机。此处，用 Windows 客户端使用 putty 来测试，如图 5-15 和图 5-16 所示。

图 5-15　putty 的使用

图 5-16　成功登录

任务回顾

Linux 系统的远程管理这个项目体现了远程登录给管理员带来的便利，只要开启了相应服务，进行简单配置，具备权限，就可以在一台机器上对多台主机进行远程管理。另外，正因为远程管理的便利，也给不法者提供了方便，安全也成了远程登录的重中之重。

比赛心得

远程管理这个项目在历年比赛中都有出现，只是体现的方面不一样，有直接考到 Telnet 服务的，也有体现在操作过程中的，如要安装服务的计算机正在被另一个队友使用，用来配置路由交换，这时就可以通过远程登录来对计算机进行操作。本项目虽简单，但也容易出错，在整个配置过程中，还应注意以下事项。

（1）使用 chkconfig --list | grep telnet 命令查看 Telnet 服务是否启用；

（2）执行 service xinetd restart 重启 xinetd 守护进程；

（3）远程登录此服务器，如果出现无法登录的情况，一般为服务器防火墙的原因，允许 23 号端口通行；

（4）关闭 SELINUX，修改/etc/seLinux/config 文件中的 SELINUX="" 为 disabled，然后重启。

实训

1．请举例说明为何推荐使用 SSH 而避免使用 Telnet 服务？

2．在 CentOS 系统中，默认的 Telnet 与 SSH 服务器使用的端口号各为多少，如果要改变默认端口，如何修改？

3．在实际应用中，出现 SSH 服务器正常但客户端输入正确的用户名与密码也不能正常登录的现象，你认为有哪些原因？

项目六　LVM 管理

Linux 用户在安装 Linux 操作系统时，遇到的最常见的问题就是如何正确地评估各分区大小，分配合适的硬盘空间。而遇到出现某个分区空间耗尽时，解决的方法通常是使用符号链接，或者使用调整分区大小的工具（比如 PatitionMagic 等），但这都只是暂时解决办法，没有根本解决问题。随着 Linux 的逻辑盘卷管理功能的出现，这些问题都迎刃而解，本项目将探讨如何在不停机的情况下，动态调整各个分区的大小。

任务一　了解 LVM

任务描述

由于服务器的不间断工作和运行，天骅公司的管理员发现，由于当初在分区时对分区的需要容量最大值估计不够准确，导致一些分区存储空间告急，难道只能备份整个系统、清除硬盘、重新对硬盘分区，然后恢复数据到新分区？

任务分析

现在虽然有很多动态调整磁盘的工具可以使用，但这只能部分解决问题，因为新的分区仍然可能耗尽，另外这些操作需要停机，这对服务器来说无法接受。如果添加一块新硬盘，采用传统的方法，也无法解决问题这个问题。我们需要在不停机的情况下可以自如地对文件系统进行调整，使文件系统能够跨多个磁盘和分区。而 Linux 提供的逻辑卷管理（LVM，Logical Volume Manager）机制就是一个完美的解决方案。

任务实现

步骤 1：LVM 的概念

LVM 就是将几个物理分区（PV）组合在一起，看起来像一块空间相对较大的磁盘（VG），如果要使用这块磁盘，同样也要将它分割为可以使用的分区（LV）。在物理磁盘上文件系统受到块大小的限制，LVM 的磁盘大小也受到限制，主要是由 PE 来限制的。如图 6-1 所示，下面就 LVM 相关的一些名词作以下说明：

1. 物理存储介质（Physical Media）

这里指系统的存储设备：硬盘，如/dev/sda1、/dev/hdb2 等，基本的存储介质。

2. 物理卷 PV（Physical Volume）

物理卷在 LVM 中处于底层，它可以是实际物理硬盘上的分区，也可以是整个物理硬盘。/dev/sda1、/dev/hdb2 等物理分区是不能直接变为 PV 的，必须通过 fdisk 将它们的 ID 改为 LVM。

3. 卷组 VG（Volume Group）

卷组建立在物理卷之上，一个卷组中至少要包括一个物理卷，在卷组建立之后物理卷可以随时添加或者减少。一个 LVM 可以只有一个卷组，也可以拥有多个卷组，如图 6-1 所示。

4. 逻辑卷 LV（Logical Volume）

逻辑卷建立在卷组之上，卷组中的未分配空间可以用于建立新的逻辑卷，逻辑卷建立后可以动态地扩展和缩小空间。系统中的多个逻辑卷可以属于同一个卷组，也可以属于不同的多个卷组。

图 6-1　LVM 卷组

5. 物理扩展 PE（Physical Extents）

物理扩展是物理卷中可用于分配的最小存储单元，物理区域的大小可根据实际情况在建立物理卷时指定。物理区域的大小一旦确定将不能更改，默认为 4MB。同一卷组中的所有物理卷的物理区域大小需要一致（一个 VG 最大可以有 65534 个 PE，所以 PE 的大小决定了 VG 的容量，默认一个 VG 的容量最多有 4 MB×65534=256GB 大小，当然如果你修改 PE 的大小，一个 VG 的容量就远远超过这个数字了）。

6. 逻辑扩展 LE（Logical Extents）

逻辑扩展是可被寻址的基本单位，在同一个 VG 中，逻辑扩展和物理扩展一一对应，大小完全相同。

任务二　创建和管理 LVM

任务描述

我们将磁盘空间不足的分区的数据先进行备份，并卸载转化成 LVM 分区，将新买的硬盘进行分区和格式化，也转化成 LVM 分区，这样为将来的磁盘扩展提供了方便和可能性。

任务分析

一般来说 LVM 的创建要经过以下过程，首先将物理分区转化为 LVM 分区，然后使用物理分区创建 PV，将几个 PV 组合在一起形成 VG，将这个 VG 分割成 LV，最后将 LV 格式化并挂载，就完成了 LVM 的创建。那 LVM 的管理又涉及哪些呢，一般来说指增加和减少 VG 的容量，也就是说组成 VG 的 PV 可以随时增加和减少或者替换。

任务实现

步骤 1：创建 LVM 分区。

要创建 PV，必须有 LVM 分区，LVM 分区实际上就是将/dev/sda1、/dev/hdb2 等物理分区的 ID 指定为 8e。在更改之前我们可以看到 Linux 分区的 ID 是 83，swap 分区的 ID 是 82，如图 6-2 所示。

图 6-2　磁盘转化前各分区的 ID

我们使用 fdisk 命令来将需要修改的分区转化成 LVM 分区，如图 6-3 所示，本例我们转化/dev/sda3 和 dev/sda6，转化后，保存退出，并重新启动。转化成功后，如图 6-4 所示，我们可以看到原来的/dev/sda3 和 dev/sda6 的 ID 由 83 转化为 8e。

图 6-3　转化普通分区为 LVM 分区

将新购买的磁盘/dev/sdb 分区和格式化后同样处理，处理完成后，如图 6-4 所示。

图 6-4　转化之后的分区

小贴士

在创建 LVM 分区之前，请将需要修改的分区的数据备份，然后再卸载，如果这些分区已经实现自动挂载，一并要在/etc/fstab 中将这些分区的相关信息注释掉或删除，否则可能会导致您的数据丢失或者系统无法启动。限于篇幅，本文不再赘述。

转化后也可以不用重新启动，我们可以使用 partprobe 命令让内核马上读取新的分区表。不过一般为了慎重，我们选择重新启动。

步骤 2：管理物理卷 PV。

1．创建物理卷

在命令提示符下输入 lvm 直接进入 lvm 管理模式下，首先执行 pvscan 命令发现现在一个 PV 也没有，然后执行 pvcreate 命令创建 PV，再执行 pvscan 就发现这个时候有了 5 个 PV，但它们不属于任何 VG（0/in no VG）如图 6-5 所示。

 小贴士

LVM 的管理命令也可以直接执行，并不是非要在 lvm 管理模式下执行。

```
[root@www ~]# lvm
lvm> pvscan
  No matching physical volumes found
lvm> pvcreate /dev/sda3 /dev/sda6 /dev/sdb1 /dev/sdb2 /dev/sdb3
  Physical volume "/dev/sda3" successfully created
  Physical volume "/dev/sda6" successfully created
  Physical volume "/dev/sdb1" successfully created
  Physical volume "/dev/sdb2" successfully created
  Physical volume "/dev/sdb3" successfully created
lvm> pvscan
  PV /dev/sda3                         lvm2 [1019.75 MB]
  PV /dev/sda6                         lvm2 [729.48 MB]
  PV /dev/sdb1                         lvm2 [1.92 GB]
  PV /dev/sdb2                         lvm2 [1.92 GB]
  PV /dev/sdb3                         lvm2 [172.57 MB]
  Total: 5 [5.71 GB] / in use: 0 [0      ] / in no VG: 5 [5.71 GB]
lvm>
```

图 6-5　创建 PV

2．查看物理卷

如果想查看某 PV 的详细信息，可以使用 pvdisplay 来进行，如图 6-6 所示，一般来说 PV 的名称和实际分区的名称相同。

```
[root@www ~]# pvdisplay /dev/sdb1
  "/dev/sdb1" is a new physical volume of "1.92 GB"
  --- NEW Physical volume ---
  PV Name               /dev/sdb1
  VG Name
  PV Size               1.92 GB
  Allocatable           NO
  PE Size (KByte)       0
  Total PE              0
  Free PE               0
  Allocated PE          0
  PV UUID               t034t5-JyJl-zt3Y-XRpT-OngF-jqZ2-rmO08E
```

图 6-6　查看 PV 详细信息

3．删除物理卷

如果想删除某个 PV，可以使用 pvremove 命令来进行，如图 6-7 所示。

```
lvm> pvremove /dev/sda3
  Labels on physical volume "/dev/sda3" successfully wiped
lvm> pvscan
  PV /dev/sda6                         lvm2 [729.48 MB]
  PV /dev/sdb1                         lvm2 [1.92 GB]
  PV /dev/sdb2                         lvm2 [1.92 GB]
  PV /dev/sdb3                         lvm2 [172.57 MB]
  Total: 4 [4.71 GB] / in use: 0 [0      ] / in no VG: 4 [4.71 GB]
```

图 6-7　删除 PV

步骤 3：管理卷组 VG。

1．创建卷组

我们可以使用 vgcreate 命令来创建一个卷组，它的格式形如："vgcreate 卷组名 PV 名 1 PV 名 2"，如图 6-8 所示。

```
lvm> vgcreate vgusrs /dev/sda3 /dev/sdb1
  Volume group "vgusrs" successfully created
lvm> vgcreate vghomes /dev/sda6 /dev/sdb2
  Volume group "vghomes" successfully created
```

图 6-8　创建 VG

2. 查看卷组

如果想查看某 VG 的详细信息，可以使用 vgdisplay 来进行，如图 6-9 所示，在图中我们可以看到 VG 的名字（VG Name）当前 PV 数量是 2（Cur PV），活动 PV 的数量也是 2（Act PV），卷组的大小（VG size），PE 的大小是默认的 4MB（PE Size），PE 的个数（Total PE）等信息。

```
lvm> vgdisplay vgusrs
  --- Volume group ---
  VG Name               vgusrs
  System ID
  Format                lvm2
  Metadata Areas        2
  Metadata Sequence No  1
  VG Access             read/write
  VG Status             resizable
  MAX LV                0
  Cur LV                0
  Open LV               0
  Max PV                0
  Cur PV                2
  Act PV                2
  VG Size               2.91 GB
  PE Size               4.00 MB
  Total PE              744
  Alloc PE / Size       0 / 0
  Free  PE / Size       744 / 2.91 GB
  VG UUID               dJL1f8-XDtv-7reQ-R4cO-sn9Y-ZgsE-73ZYry
```

图 6-9　查看 VG 详细信息

3. 扩展卷组中的 PV 个数

如果觉得这个 VG 的大小不够大，可以使用 vgextend 命令来扩展，格式为 "vgextend VG 名 PV 名"，如图 6-10 所示，从图中我们看到当前 PV 的数量以及活动 PV 的数量都变成了 3，卷组的大小以及 PE 的个数也都增加了。

```
lvm> vgextend vgusrs /dev/sdb3
  Volume group "vgusrs" successfully extended
lvm> vgdisplay vgusrs
  --- Volume group ---
  VG Name               vgusrs
  System ID
  Format                lvm2
  Metadata Areas        3
  Metadata Sequence No  2
  VG Access             read/write
  VG Status             resizable
  MAX LV                0
  Cur LV                0
  Open LV               0
  Max PV                0
  Cur PV                3
  Act PV                3
  VG Size               3.07 GB
  PE Size               4.00 MB
  Total PE              787
  Alloc PE / Size       0 / 0
  Free  PE / Size       787 / 3.07 GB
  VG UUID               dJL1f8-XDtv-7reQ-R4cO-sn9Y-ZgsE-73ZYry
```

图 6-10　扩展 VG 中的 PV

4. 减少卷组中的 PV

如果我们想缩小 VG 的空间，可以使用 vgreduce 命令来减少该 VG 中的个数，格式为 "vgreduce VG 名 PV 名"，如图 6-11 所示。

```
lvm> vgreduce vgusrs /dev/sdb1
  Removed "/dev/sdb1" from volume group "vgusrs"
lvm> vgdisplay vgusrs
  --- Volume group ---
  VG Name               vgusrs
  System ID
  Format                lvm2
  Metadata Areas        2
  Metadata Sequence No  3
  VG Access             read/write
  VG Status             resizable
  MAX LV                0
  Cur LV                0
  Open LV               0
  Max PV                0
  Cur PV                2
  Act PV                2
  VG Size               1.16 GB
  PE Size               4.00 MB
  Total PE              297
  Alloc PE / Size       0 / 0
  Free  PE / Size       297 / 1.16 GB
  VG UUID               dJL1f8-XDtv-7reQ-R4cO-sn9Y-2gsE-73ZYry
```

图 6-11　减少 VG 中的 PV

5. 删除一个 VG

如果想删除某个 VG，可以使用 vgremove 命令来进行，如图 6-12 所示。

```
lvm> vgscan
  Reading all physical volumes.  This may take a while...
  Found volume group "vghomes" using metadata type lvm2
  Found volume group "vgusrs" using metadata type lvm2
lvm> vgremove vghomes
  Volume group "vghomes" successfully removed
lvm> vgscan
  Reading all physical volumes.  This may take a while...
  Found volume group "vgusrs" using metadata type lvm2
```

图 6-12　删除 VG

> **小贴士**
>
> 　　PE 的大小指定就是在 VG 创建的时候，比如我们想将 PE 的大小改为 8MB 的，可以使用 "vgcreate -s 8MB VG 名 PV 名 1 PV 名 2" 命令来进行，其中的 "-s" 选项就是用来指定 PE 的大小，从图中可以清楚地看到，PE 的大小（PE Size）已经改为了8MB，而不是默认的 4MB，如图 6-13 所示。

```
lvm> vgcreate -s 8MB vghomes /dev/sda6 /dev/sdb2
  Volume group "vghomes" successfully created
lvm> vgdisplay vghomes
  --- Volume group ---
  VG Name               vghomes
  System ID
  Format                lvm2
  Metadata Areas        2
  Metadata Sequence No  1
  VG Access             read/write
  VG Status             resizable
  MAX LV                0
  Cur LV                0
  Open LV               0
  Max PV                0
  Cur PV                2
  Act PV                2
  VG Size               2.62 GB
  PE Size               8.00 MB
  Total PE              336
  Alloc PE / Size       0 / 0
  Free  PE / Size       336 / 2.62 GB
  VG UUID               nwZ3YI-24hM-t0tX-ToY9-31Fw-saf0-6oyuT4
```

图 6-13　指定 PE 的大小

步骤 4：管理逻辑卷。

建立 VG 之后，必须分割之后才可以使用，这就是创建 LV，我们可以将一个 VG 分割成几个 LV，也可以将全部 VG 空间都分割给一个 LV。

1．创建 LV

我们可以使用 lvcreate 命令来创建一个逻辑卷，它的命令格式形如："lvcreate -L LV 的容量 -n LV 名 VG 名"，-L 选项后接容量，容量的单位是 M、G 等，-n 选项后接 LV 的名称，如图 6-14 所示。

```
lvm> lvcreate -L 1G -n lvusrs vgusrs
  Logical volume "lvusrs" created
```

图 6- 14 创建 LV

2．查看 LV 的详细信息

创建好 LV 后，我们可以使用 lvdisplay 来查看 LV 的详细信息，如图 6-15 所示。

```
lvm> lvdisplay
  --- Logical volume ---
  LV Name                /dev/vgusrs/lvusrs
  VG Name                vgusrs
  LV UUID                PdP7p1-fS6X-tC0z-1DTP-mEBX-KaQv-OS5Nk9
  LV Write Access        read/write
  LV Status              available
  # open                 0
  LV Size                1.00 GB
  Current LE             256
  Segments               2
  Allocation             inherit
  Read ahead sectors     auto
  - currently set to     256
  Block device           253:0
```

图 6-15 　查看 LV 信息

在创建好 LV 后，我们就可以在/dev 目录下看到相应的 VG 名和 LV 名称，如图 6-16 所示。

```
lvm> exit
  Exiting.
[root@www ~]# ll /dev/vgusrs/lvusrs
lrwxrwxrwx 1 root root 25 Jan  3 20:39 /dev/vgusrs/lvusrs -> /dev/mapper/vgusrs-
lvusrs
```

图 6-16 　LV 设备

步骤 5：创建文件系统。

LV 分区准备好之后，我们要进行格式化，然后挂载就可以使用了，不再做过多说明，如图 6-17 所示。

```
[root@www ~]# mke2fs -j /dev/vgusrs/lvusrs
mke2fs 1.39 (29-May-2006)
Filesystem label=
OS type: Linux
Block size=4096 (log=2)
Fragment size=4096 (log=2)
131072 inodes, 262144 blocks
13107 blocks (5.00%) reserved for the super user
First data block=0
Maximum filesystem blocks=268435456
8 block groups
32768 blocks per group, 32768 fragments per group
16384 inodes per group
Superblock backups stored on blocks:
        32768, 98304, 163840, 229376

Writing inode tables: done
Creating journal (8192 blocks): done
Writing superblocks and filesystem accounting information: done

This filesystem will be automatically checked every 30 mounts or
180 days, whichever comes first.  Use tune2fs -c or -i to override.
```

图 6-17 　格式化 LV

步骤 6：挂载。

LV 格式化好之后自然就是挂载了，如图 6-18 所示。

```
[root@www ~]# mount -t ext3 /dev/vgusrs/lvusrs /usr/local
```

图 6-18　挂载 LV

挂载之后使用 df 查看，发现 LV 已经挂载成功，如图 6-19 所示。

```
[root@www ~]# df
Filesystem          1K-blocks     Used Available Use% Mounted on
/dev/sda2            4861572    2793216  1058708  73% /
/dev/sda1             295561      17652   262649   7% /boot
tmpfs                677884          0   677884   0% /dev/shm
none                 677796        104   677692   1% /var/lib/xenstored
/dev/mapper/vgusrs-lvusrs
                    1032088      34092   945568   4% /usr/local
```

图 6-19　用 df 查看挂载后的 LV

步骤 7：调整已经创建好的 LVM 分区的大小。

经过以上步骤 LVM 已经创建完成，但是这个 VG 也终有一天会用尽的，那我们如何扩展已有的 VG 呢？这要用到 resize2fs 命令了，下面我们就来看看如何扩展已有 VG。

（1）卸载要处理的 LV，如图 6-20 所示。

```
[root@www ~]# umount /usr/local/
```

图 6-20　卸载需要扩展 LV

（2）添加 PV 到 VG。

使用 vgextend 命令添加新的 PV，来扩展 VG 的容量，使用 vgdisplay 发现 VG 的容量增加了，如图 6-21 所示。

```
lvm> vgextend vgusrs /dev/sdb1
  Volume group "vgusrs" successfully extended
lvm> vgdisplay vgusrs
  --- Volume group ---
  VG Name               vgusrs
  System ID
  Format                lvm2
  Metadata Areas        3
  Metadata Sequence No  7
  VG Access             read/write
  VG Status             resizable
  MAX LV                0
  Cur LV                1
  Open LV               0
  Max PV                0
  Cur PV                3
  Act PV                3
  VG Size               3.07 GB
  PE Size               4.00 MB
  Total PE              787
  Alloc PE / Size       256 / 1.00 GB
  Free  PE / Size       531 / 2.07 GB
  VG UUID               dJLif8-XDtv-7reQ-R4cO-sn9Y-2gsE-73ZYry
```

图 6-21　扩展 VG 并查看信息

使用 pvscan 查看扩展之后 PV 的情况，发现此时/dev/sdb1 已经属于 vgusrs，如图 6-22 所示。

```
lvm> pvscan
  PV /dev/sda6   VG vghomes   lvm2 [728.00 MB / 728.00 MB free]
  PV /dev/sdb2   VG vghomes   lvm2 [1.91 GB / 1.91 GB free]
  PV /dev/sda3   VG vgusrs    lvm2 [1016.00 MB / 0    free]
  PV /dev/sdb3   VG vgusrs    lvm2 [172.00 MB / 164.00 MB free]
  PV /dev/sdb1   VG vgusrs    lvm2 [1.91 GB / 1.91 GB free]
  Total: 5 [5.70 GB] / in use: 5 [5.70 GB] / in no VG: 0 [0    ]
```

图 6-22　查看新添加 PV 的信息

（3）扩展 LV 的容量。

使用 lvextend 增加刚才 VG 所增加的容量，lvextend 命令格式为"lvextend -L +容量数 LV 名"，如图 6-23 所示。

```
lvm> lvextend -L +1.91G /dev/vgusrs/lvusrs
  Rounding up size to full physical extent 1.91 GB
  Extending logical volume lvusrs to 2.91 GB
  Logical volume lvusrs successfully resized
lvm>
```

图 6- 23　扩展 LV 容量

这时候使用 lvdisplay 命令查看，发现 LV 的容量已经变大了，如图 6-24 所示。

```
lvm> lvdisplay
  --- Logical volume ---
  LV Name                /dev/vgusrs/lvusrs
  VG Name                vgusrs
  LV UUID                PdP7p1-fS6X-tC0z-1DTP-mEBX-KaQv-OS5Nk9
  LV Write Access        read/write
  LV Status              available
  # open                 0
  LV Size                2.91 GB
  Current LE             745
  Segments               3
  Allocation             inherit
  Read ahead sectors     auto
  - currently set to     256
  Block device           253:0

lvm> exit
  Exiting.
```

图 6-24　查看扩展后的 LV

使用 df 查看发现 LV 的容量并没有增加，如图 6-25 所示，请与图 6-18 比较，这是因为新的信息没有写入到分区表，也就是 inode 与块数没有增加，所以容量大小也没有变化，此时必须使用 resize 调整大小。

```
lvm> exit
  Exiting.
[root@www ~]# mount -t ext3 /dev/vgusrs/lvusrs /usr/local
[root@www ~]# df
Filesystem          1K-blocks       Used Available Use% Mounted on
/dev/mapper/vgusrs-lvusrs
                    1032088        34092    945568   4% /usr/local
```

图 6-25　resize2fs 之前的 LV 分区情况

（4）使用 resize2fs 增加 LV 的容量。

使用 resize2fs 命令来增加 LV 的容量，-f 选项表示强制进行 resize 操作，如图 6-26 所示。

```
[root@www ~]# resize2fs -f /dev/vgusrs/lvusrs
resize2fs 1.39 (29-May-2006)
Resizing the filesystem on /dev/vgusrs/lvusrs to 762880 (4k) blocks.
The filesystem on /dev/vgusrs/lvusrs is now 762880 blocks long.
```

图 6-26　使用 resize2fs 增加 LV 的容量

此时再用 df 命令查看，发现/usr/local 的容量确实增加了，如图 6-27 所示。

```
[root@www ~]# mount -t ext3 /dev/vgusrs/lvusrs /usr/local
[root@www ~]# df /usr/local/
Filesystem          1K-blocks       Used Available Use% Mounted on
/dev/mapper/vgusrs-lvusrs
                    3002128        34344   2845724   2% /usr/local
```

图 6-27　resize2fs 之后的 LV 分区情况

小贴士

resize 操作不会影响到已经存在的数据，LVM 的方便和强大就体现在这里了。

任务回顾

本任务主要讲解了 LVM 的技术，该技术还是比较复杂的，需要选手多做练习加以熟练，选手不仅需要会实现 LVM，还需要选手实现后会验证其正确性。

比赛心得

LVM 技术在 2011 年的广东省比赛中还出现过一次，LVM 技术的实现有些复杂，选手要虚心多做练习来加以熟练，这样才能够保证临场不乱。

实训

某企业在 Linux 服务器中新增了一块硬盘/dev/sdb，要求 Linux 系统的分区能自动调整磁盘容量。请使用 fdisk 命令在新建/dev/sdb1、/dev/sdb2、/dev/sdb3 和/dev/sdb4 为 LVM 类型，并在这四个分区上创建物理卷、卷组和逻辑卷。最后将逻辑卷挂载。

项目七 虚 拟 化

虚拟化是当今 IT 届最炙手可热的话题，也是目前甚至以后很长一段时间将广泛应用的技术。虚拟化的类型很多，但是系统虚拟化是最具有代表性的一个技术，它将一台物理计算机分割成多台虚拟计算机，多台虚拟的计算机分别运行独立的操作系统。

RedHat 的虚拟化系统是基于 XEN 技术实现的，这是企业级的应用。XEN 支持半虚拟化和完全虚拟化（需要 CPU 支持），允许每个客户机使用一段物理机上的内存，并可以动态调整，支持使用多个虚拟 CPU（VCPU），针对虚拟机使用不同类型的虚拟存储于虚拟网络，每个虚拟机有独立的控制台，用于用户登录和管理虚拟机。

任务一 利用向导工具配置

任务描述

天驿公司的管理员，想在公司的 Linux 服务器上部署多个虚拟机，实现系统虚拟化，减少公司的投入，并将硬件资源的利用最大化。

任务分析

RedHat 的企业版 Linux 都支持虚拟化，当然 CentOS5.5 也是支持这一技术的，完全的虚拟化技术需要 CPU 支持，Intel 的 CPU 需要支持 vmx 指令集，AMD 的 CPU 需要支持 svm 指令集，可以在/proc/cpuinfo 中查询相关指令集，看看自己的 CPU 是否支持。

任务实现

步骤 1：安装虚拟化功能。

CentOS 虚拟化功能默认是不安装的，可以在安装系统的时候安装，也可以安装好系统后添加，默认安装虚拟化功能的时候是不安装虚拟化向导工具的。需要在可选软件包把 Virtualization 软件包选上，如图 7-1 和图 7-2 所示。

步骤 2：使用向导工具配置虚拟机。

打开"应用程序→系统工具→虚拟系统管理器"，如图 7-3 所示。

步骤 3：新建虚拟机。

在弹出的"虚拟系统管理器"窗口中，选定 localhost 项，单击下方的"新建"按钮，如图 7-4 所示。

图 7-1　选择虚拟化功能

图 7-2　选择向导工具

图 7-3　虚拟系统管理器

图 7-4　虚拟系统管理器

（1）创建虚拟机提示信息。

在单击"新建"按钮后，虚拟系统管理器会打开创建虚拟机的提示信息窗口，如图 7-5 所示。本窗口提示用户创建一台虚拟机所需要的基本信息，如虚拟机名称，虚拟化技术类型，安装文件的位置，存储设备设定和内存与 CPU 的设定等。

（2）虚拟机名称。

在图 7-5 窗口中，单击"前进"按钮，弹出"Virtual Machine Name"窗口，为虚拟机命名，本例输入"MyCentOS"，单击"前进"按钮，如图 7-6 所示。

图 7-5　创建虚拟机需要的基本信息

图 7-6　设置虚拟机名称

（3）虚拟化技术选定。

在弹出的"Virtualization Method"窗口中，选择使用哪种虚拟化技术。由于本机 CPU 不支持完全虚拟化技术，所以只能选择半虚拟化技术，如果支持完全虚拟化，则可以设置 CPU 架构和监控程序，单击"前进"按钮，如图7-7所示。

（4）选择安装方法和操作系统类型。

半虚拟化技术仅支持网络安装，不支持本地安装介质和网络 PXE 安装。操作系统类型本例选择"Linux"，操作系统变体本例选择"Red Hat Enterprise Linux 5.4 or later"，单击"前进"按钮，如图7-8所示。

图7-7　虚拟化类型

图7-8　选择安装类型和操作系统

（5）指定安装源位置。

在弹出的"Installation Source"窗口中，指定安装源的 URL，本例为"ftp://192.168.10.6"，如果想做无人值守安装，则给出 Kickstart URL，单击"前进"按钮，如图7-9所示。

（6）指定虚拟机存储位置。

在弹出的"Storage"窗口中，指定虚拟机存储位置，既可以指定本地物理硬盘，也可以指定文件存储，本例选择默认的"/var/lib/xen/images/"目录使用文件存储，单击"前进"按钮，如图7-10所示。

图7-9　安装源选择

图7-10　虚拟机存储位置

（7）指定网络类型。

在弹出的"Network"窗口中，设定联网方式，本例选择"共享物理设备"，单击"前进"按钮，如图 7-11 所示。

（8）设定内存和 CPU。

在弹出的"Memory and CPU Allocation"窗口中，设置内存容量为"512MB"，CPU 个数为 2，如图 7-12 所示。

图 7-11　网络设置　　　　　　　　　　　　图 7-12　内存和 CPU 设定

（9）结束虚拟机创建。

在弹出的"Finish Virtual Machine Creation"窗口中，可以看到虚拟机的配置信息确认界面，这里汇总了以上步骤设置的所有虚拟机的信息，如果需要调整则单击"后退"按钮，如果没有问题就单击"完成"按钮，如图 7-13 所示。

图 7-13　小结

（10）开始安装。

接下来的工作就交给 Anaconda 安装程序来安装了，看到图 7-14 和图 7-15 所示的界面你是否觉得很熟悉呢，这就是以前的 FTP 安装界面了，剩下步骤不再赘述。

图 7-14　配置虚拟机 IP　　　　　　　　　　图 7-15　FTP 安装

任务二　文本方式安装虚拟机

除了使用图形界面的向导工具安装虚拟机外，我们还可以使用文本界面来安装虚拟机。这个工具叫做 virt-install，其基本用法与向导相同，用户可以使用脚本或者交互式界面一步步安装。

步骤 1：使用 virt-install 设定安装参数。

使用 virt-install，配合--prompt 参数交互式安装虚拟机，如图 7-16 所示，首先输入的是虚拟机名称，本例输入"mycent"；其次输入的是内存的大小（M 字节），本例输入"512"；再次输入的是虚拟的存储位置，本例输入"/dev/sdb"；最后是安装源的位置，仍然选择"ftp://192.168.10.6"。

```
[root@www ~]# virt-install --prompt
What is the name of your virtual machine? mycent
How much RAM should be allocated (in megabytes)? 512
What would you like to use as the disk (file path)? /dev/sdb
What is the install URL? ftp://192.168.10.6_
```

图 7-16　virt-install

步骤 2：安装虚拟机。

在输入完以上信息后，按【Enter】将立即开始虚拟机的安装。

（1）选择语言。

与文本界面安装 Linux 类似，通过"方向键"和"Tab 键"完成选择，选择"OK"进入下一步。如图 7-17 所示。

图 7-17　选择语言

（2）设置 IP 地址。

接下来是选择 IPv4 还是 IPv6，并设置 IP 地址、掩码、网关等信息，如图 7-18 和图 7-19 所示。

图 7-18 选择 IP 协议和配置类型

图 7-19 配置 IP 地址等信息

（3）开始 FTP 安装。

接下来配置 FTP 安装的信息，配置完成后，即开始安装，如图 7-20 所示，限于篇幅，此处不再赘述。

图 7-20 FTP 安装

（4）虚拟机的运行效果图，如图 7-21 所示。

图 7-21　Linux 中运行的虚拟机

 小贴士

virt-install 命令除了 "--prompt" 参数实现交互式安装外，还有很多其他参数可以使用，如：

-n　指定虚拟机的名称

-r　指定内存的大小

-v　使用完全虚拟化技术

-p　使用半虚拟化技术

-l　指定安装源

-f　指定存储文件位置

具体请使用 "virt-install --help" 查询。

任务回顾

本任务主要通过 Linux 系统实现虚拟化的应用，该任务稍有些难度，但随着现在技术的发展，虚拟化已经走进了越来越多人的视界里，所以在此也较为详细地讲解了虚拟化的知识，主要应注意半虚拟化和完全虚拟化的知识，还需要选手熟悉，并应注意在安装 Linux 计算机时所给的硬盘空间要大一些，否则实现虚拟化时会造成磁盘空间不够。

比赛心得

虚拟化技术在竞赛中出现过，这应该和现在流行的技术有关，因为虚拟化技术已经是 IT 行业的热门技术，随着技术的发展，虚拟化技术也越来越成熟，所以选手对此知识点要重视起来，选手应注意在安装系统时保证有足够的磁盘空间，还应注意半虚拟化和完全虚拟化的区别，以免走弯路。

实训

在 Linux 系统上利用虚拟化技术安装 Windows XP 系统。（提示：需要在真实机上安装 64 位的 Linux 的系统。）

第四部分　模拟题与应试指南

企业网搭建及应用（一）
网络搭建部分比赛题目

网络配置

特殊说明：

① 本文中所有"<u>X</u>"这个符号都代表组号，如第一组使用 1 代替，可用的 IP 网段为：192.168.<u>1</u>.0/24；

② 建议选手比赛开始后先制作 16 根网线：选择其中 5 根长 1 米的网线制作成交叉线，其余 11 根全部制作成直通线，便于比赛后期根据网络拓扑图搭建网络和调试网络；

③ 根据网络设备的摆放位置和 Console 线的长度，建议选手选用服务器 A 配置网络设备；

④ 为设备命名时，名称中的序列号应与网络设备上粘贴标签的序列号一致。

1．配置设备名称：二层交换机为 S2-<u>X</u>，路由器为 R-<u>X</u>，三层交换机分别为 S3-<u>X</u>-1，S3-<u>X</u>-2。

2．在二层交换机 S2-<u>X</u> 上划分三个 VLAN，并加入相应的端口（见表 1-1）。

表 1-1

VLAN	name	端 口 号
VLAN3	LX3	Fa0/6、Fa0/8
VLAN5	LX5	Fa0/16、Fa0/18
VLAN6	LX6	Fa0/9、Fa0/10、Fa0/11、Fa0/12、Fa0/13

表 1-1 中未提到的端口放在 VLAN1 中。

3．在三层交换机 S3-<u>X</u>-1 上划分三个 VLAN，并加入相应的端口（见表 1-2）。

表 1-2

VLAN	name	端 口 号
VLAN3	ds3	Fa0/6、Fa0/8
VLAN5	ds5	Fa0/16、Fa0/18
VLAN6	ds6	Fa0/9、Fa0/10、Fa0/11、Fa0/12、Fa0/13

表 1-2 中未提到的端口放在 VLAN1 中。

4．在三层交换机 S3-<u>X</u>-2 上划分三个 VLAN，并加入相应的端口（见表 1-3）。

表 1-3

VLAN	name	端　口　号
VLAN6	QYW6	Fa0/14、Fa0/15、Fa0/16、Fa0/17、Fa0/18、Fa0/19、Fa0/20
VLAN9	QYW9	Fa0/5、Fa0/7
VLAN10	QYW10	Fa0/8、Fa0/10、Fa0/12

表 1-3 中未提到的端口放在 VLAN1 中。

5．将二层交换机 S2-X 的 Fa0/24 端口与三层交换机 S3-X-1 的 Fa0/24 端口对应连接，相连的端口设置为 tag VLAN 模式；将三层交换机 S3-X-1 的 Fa0/23 端口与三层交换机 S3-X-2 的 Fa0/23 端口对应连接，相连的端口设置为 tag VLAN 模式；实现跨交换机 VLAN 之间连通。

6．使用二层交换机 S2-X 的 Fa0/1、Fa0/2、Fa0/3、Fa0/4 四个端口与三层交换机 S3-X-1 的 Fa0/1、Fa0/2、Fa0/3、Fa0/4 四个端口进行链路聚合，用四个端口创建一个链路聚合组 port-group 2，并将链路聚合组设置为 trunk 模式。

7．分别在二层交换机 S2-X、三层交换机 S3-X-1 和 S3-X-2 上启用 MSTP 协议。

8．在二层交换机 S2-X 上配置聚合端口 port-group 2 到端口 Fa0/5 的端口镜像，该镜像能把源聚合端口的接收和发送都镜像。

9．在三层交换机 S3-X-2 上的端口 Fa0/4 配置端口安全，最多允许通过 50 个 MAC 地址，超过 50 个时，来自新主机的数据帧将丢失。

10．在二层交换机 S2-X 上的端口 Fa0/9——端口 Fa0/20 配置端口安全，端口安全地址个数为 1，安全违例将关闭端口。

11．在三层交换机 S3-X-1 上的端口 Fa0/7 上配置端口安全，安全 MAC 地址为：00-12-F0-00-00-01，安全 IP 地址为 192.168.X.60/27，并进行 IP 和 MAC 地址的绑定配置。

12．在交换机 S3-X-1 上创建各 VLAN 三层接口并配置 IP 地址（见表 1-4）。

表 1-4

VLAN-interface	IP 地址
VLAN-interface 1	192.168.X.33/27
VLAN-interface 3	192.168.X.65/27
VLAN-interface 5	192.168.X.97/27
VLAN-interface 6	192.168.X.157/27
Loopback0	1.1.1.2/32

13．在交换机 S3-X-2 上创建各 VLAN 三层接口并配置 IP 地址（见表 1-5）。

表 1-5

VLAN-interface	IP 地址
VLAN-interface 1	192.168.X.34/27
VLAN-interface 6	192.168.X.158/27
VLAN-interface 9	192.168.X.161/27
VLAN-interface 10	192.168.X.193/27
Loopback0	1.1.1.3/32

14. 将三层交换机 S3-X-2 的端口 Fa0/5 与路由器 R-X 的以太网口 0/1 相连，在路由器 R-X 上配置各路由接口 IP 地址（见表 1-6）。

表 1-6

接　　口	IP 地址
Faster Ethernet0/0	202.106.X.253/24
Faster Ethernet0/1	192.168.X.190/27
Loopback0	1.1.1.1/32
Loopback10	192.168.X.196/32

15. 配置路由协议，使三层交换机 S3-X-1、S3-X-2 和路由器 R-X 上的相关网段实现互通。

注意：相关网段包括路由器上的 Loopback10，交换机上的 VLAN1、VLAN3、VLAN5、VLAN6、VLAN9、VLAN10。

要求：

使用 OSPF 协议，两台三层交换机和一台路由器组成了一个 OSPF 路由域，网络：192.168.X.32/27、192.168.X.64/27、192.168.X.96/27、192.168.X.128/27 属于区域 0；192.168.X.160/27、192.168.X.192/27、192.168.X.196/32 属于区域 1，请根据组网需要将相应网段加入到区域 0 和区域 1 中。

路由器的 OSPF router ID 设置为 1.1.1.1，两台三层交换机的 OSPF router ID 设置为 1.1.1.2 和 1.1.1.3。

（验证方法：从 VLAN5 的主机上可以 ping 通 R-X 上的 Loopback10 接口地址：192.168.X.196/32）。

16. 在三层交换机 S3-X-2 上设置地址绑定功能，MAC 地址为：00-12-F0-00-00-02，IP 地址为：192.168.1.35/27；并在端口 Gigabitethernet 0/25 设置多播风暴控制，允许通过的多播报文最多占带宽的 10%。

17. 在路由器 R-X 上配置地址转换，使 VLAN10 中的主机可以通过地址转换访问 Internet，内部全局地址为：202.106.X.251/24，202.106.X.252/24，地址池名称为：connectpool。

要求：

地址转换后的地址直接使用路由器 R-X 连接 Internet 的接口地址。

只允许 VLAN10 中的主机通过地址转换访问 Internet，其他 VLAN 中的主机不允许访问 Internet。

仅用一条 ACL 规则实现，ACL 号使用 10。

配置的默认路由必须使用接口作为下一跳网关。

（验证方法：通过 ping 通地址 202.106.X.253/24，表明能够访问 Internet。）

18. 在三层交换机 S3-X-2 上配置 ACL，在 VLAN6 端口禁止来自 192.168.1.128 子网的 FTP 数据流到 192.168.1.160 子网，其他数据流将被转发，ACL 号使用 101。ftp-data 端口号：20，ftp 端口号：21。

企业网搭建及应用
操作系统部分比赛题目

Windows 部分

特殊说明：本文中所有 X 这个字符都代表组号，如第一组选手，192.168.X.1 代表 192.168.1.1。在本文中未做说明的部分，不作为评分点，选手可自行做出决定。

1．在标识为"服务器 A"的计算机上建立 TJ2003SA 虚拟机，要求内存 1024MB，硬盘 100GB，不预先分配磁盘空间，并安装 Windows 2003 Server R2 软件，计算机名为 TJ2003SA。服务器安装文件存放于 C:\soft 目录下，虚拟机文件存放于 C:\vmfile\tj2003sa 目录下，IP 地址为 192.168.0.2。

2．在标识为"服务器 B"的计算机上建立 TJ2003SB 虚拟机，要求内存 1024MB，硬盘 100GB，不预先分配磁盘空间，并安装 Windows 2003 Server R2 软件，计算机名为 TJ2003SB。服务器安装文件存放于 C:\soft 目录下，虚拟机文件存放于 C:\vmfile\tj2003sb 目录下，IP 地址为 192.168.0.3。

3．启动标识为"服务器 A"的计算机上的 TJ2000 虚拟机。对其进行滚动升级，将原来用 tj.com 域的域控制器 TJ2000 升级到新安装的两台 Windows 2003 服务器 TJ2003SA 和 TJ2003SB 上。

4．将标识为"服务器 A"上的原 TJ2000S 上的 DHCP 服务和 DNS 服务迁移到 TJ2003SA 服务器上。

5．在标识为"服务器 B"的计算机上建立名为 WinRoute 的虚拟机、包括两块网卡，使用网桥方式连接。在其上安装 Windows 2003 Server R2 服务器软件，计算机名为 WinRoute，工作组为 TJWK。内网卡 IP 地址为 192.168.0.1，外网卡 IP 地址为 192.168.X.135，并设置 Nat，允许 192.168.0.1 网段访问外网。

6．在域上创建 DFS 共享目录 \tj.com\share，在 TJ2003SA 和 TJ2003SB 的 C:\share 下同步文件。

7．在标识为"服务器 C"的计算机上建立名称为 WINXPSP2 的虚拟机，要求内存分配 512MB，并安装 Windows XP SP2 操作系统，计算机名为 WINXPSP2，IP 地址为 192.168.0.10。安装完成后，请将此客户端加入到域。

8．将标识为"服务器 A"的计算机上的 TJ2000 虚拟机从 tj.com 域上降级为独立服务器。要求把 AD 架构控制台放到 TJ2003SA 的桌面上。

9．在标识为"服务器 D"的计算机上安装打印机驱动，并打印网络设备最终配置结果。

企业网搭建及应用
操作系统部分比赛题目

Linux 部分

1. 在服务器 C 上建立虚拟计算机 TJLC1，虚拟机文件保存在 C:\vmfile\tjlc1 目录下，磁盘空间 20GB，内存 512MB，使用文本方式安装 Fedora 5，安装时要求安装完成后以文本方式启动 Linux 系统。IP 为 192.168.0.5、子网掩码为 255.255.255.0、DNS 为本址 IP、网关为 192.168.0.1。

2. 建立三个主机 A 指向：

www.tj.com 对应 192.168.0.5；

www1.tj.com 对应 192.168.0.5；

www2.tj.com 对应 192.168.0.5；

www3.tj.com 对应 192.168.0.5；

www4.tj.com 对应 192.168.0.5；

www5.tj.com 对应 192.168.0.5；

ftp.tj.com 对应 192.168.0.5；

ftp1.tj.com 对应 192.168.0.5；

ftp2.tj.com 对应 192.168.0.5；

ftp3.tj.com 对应 192.168.0.5；

ftp4.tj.com 对应 192.168.0.5；

ftp5.tj.com 对应 192.168.0.5。

3. 在虚拟计算机 tjlc1 上建立第二块 IDE 磁盘，将第二块磁盘用 ext2 方式格式化，分区挂载到 \web 目录下。要求每次启动自动挂载。

4. 安装 WWW 服务器和文本浏览器 lynx，建立三个虚拟网站：

www.tj.com 对应 Linux 服务器上的/web/www 目录；

www1.tj.com 对应 Linux 服务器上的/web/www1 目录；

www2.tj.com 对应 Linux 服务器上的/web/www2 目录。

并在每一个网站下建立一个 index.htm 作为首页。

www.tj.com 的网页内容为：

```
<HTML>
<HEAD>
<TITLE> Hello </TITLE>
<BODY>
www.tj.com
</BODY>
```

```
</HTML>
```

www1.tj.com 的网页内容为：

```
<HTML>
<HEAD>
<TITLE>Hello</TITLE>
<BODY>
www1.tj.com
</BODY>
</HTML>
```

www2.tj.com 的网页内容为：

```
<HTML>
<HEAD>
<TITLE>Hello</TITLE>
<BODY>
www1.bj.com
</BODY>
</HTML>
```

5．在服务器 TJLC1 上建立 FTP 服务器。

建立三个 FTP 账号：ftp1、ftp2、ftp3。

将 ftp://ftp.tj.com 对应 Linux 服务器上的/web/www 目录；

将 ftp://ftp1.tj.com 对应 Linux 服务器上的/web/www1 目录；

将 ftp://ftp2.tj.com 对应 Linux 服务器上的/web/www2 目录。

对相应目录有上传和下载及删除的权限。

6．启动服务器 C 上的 TJLC2，请破解 Root 的密码，并将新密码设置为 tjlc2，将 IP 更改为 192.168.0.6，将网关更改为 192.168.0.1，将 dns 服务器更改为 192.168.0.5。

7．升级 TJLC1 的内核版本 2.6.15-1.2054_FC5 到 kernel-2.6.20-1.2320.FC5。

8．请将 TJLC1 上的 apache 服务器从 httpd2.2.0-5.1.2 升级为 httpd-2.2.2-1.3.，手册也同时升级。

9．请将 TJLC1 上的 samba 服务器从 samba-3.0.21b-2 升级为 samba-3.0.24-7，samba-client 也一同升级到相同版本。

10．在 TJLC1 上将 rar 安装到/usr/bin/rar 目录中，并将题目提供的 web.rar 中的网页内容放到/web/tj 下。

企业网互联模拟测试题（二）

网络搭建部分

KYPXZ-01-07 机架模拟学校实训大楼的网络中心机柜：KYPXZ-01-07 机架自上而下安装如下设备：显示器、路由器（1）、1U 理线架、路由器（R2）、路由器（R3）、1U 理线架、路由器（R4）、交换机（1）、1U 理线架、交换机（2）、KVM、24 口模块式配线架（DX1）。

安装需从机架的顶端开始，路由器组和交换机组之间的间隔 1/3U 空间，24 口模块式配线架（DX1）与 KVM 之间间隔 2U，其他设备均紧靠安装。

线缆标识管理：要求电缆两端、数据配线架端口位及跳线均需做好编号标识，标识标签书写应清晰、端正、线缆标识采用标签书写、配线架采用纸质书写；配线架和线缆标识命名规则与信息点命名规则相同。

网络设备部分

按照如下拓扑图所示连接网络设备

按照下表的要求连接设备与设置地址

设备名称	设备接口	IP 地址	备 注
RSR1	S3/0	200.0.0.1/30	Internet 出口
	S4/0	172.16.1.1/30	
	Fa0/1		连接 SW1
RSR2	S3/0	201.0.0.1/30	Internet 出口
	S4/0	172.16.1.2/30	
	Fa0/1		连接 SW1
SW1	Fa0/23		连接 RSR1
	Fa0/24		连接 RSR2
	VLAN10		端口为（Fa0/1-10）
	VLAN20		端口为（Fa0/11-20）
	VLAN30		端口为（Fa0/21-22）

续表

设 备 名 称	设 备 接 口	IP 地 址	备　注
RSR3	S3/0	200.0.0.2/30	Internet 出口
	S4/0	173.16.1.1/30	
	Fa0/0		连接 SW2
RSR4	S3/0	201.0.0.2/30	Internet 出口
	S4/0	173.16.1.2/30	
	Fa0/0		连接 SW2
SW2	Fa0/1		连接 RSR3
	Fa0/2		连接 RSR4
	VLAN40		端口为（Fa0/3-13）
	VLAN50		端口为（Fa0/14-24）
PC1	VLAN10		连接端口为（Fa0/5）
PC2	VLAN20		连接端口为（Fa0/18）
PC3	VLAN40		连接端口为（Fa0/7）
PC4	VLAN50		连接端口为（Fa0/20）

子网划分：

划分 10.1.1.0/24 网段的 IP 给深圳总公司使用，划分第一个子网给 VLAN10 使用，VLAN10 里的客户机至少有 59 台，用该子网的最后第一个可用 IP 地址做网关使用；划分第二个子网给 VLAN20 使用，VLAN20 里的客户机至少有 13 台，用该子网的最后一个可用 IP 地址做网关使用；划分第三个子网给 VLAN30 使用，VLAN30 里的客户机至少有 5 台，用该子网的最后一个可用 IP 地址做网关使用；划分第四个子网给设备 RSR1 与 SW1 之间相连的 IP 地址使用；划分第五个子网给设备 RSR2 与 SW1 之间相连的 IP 地址使用。

划分 192.16.1.0/24 网段的 IP 给珠海分公司使用，划分第一个子网给 VLAN40 使用，VLAN40 里的客户机至少有 78 台，用该子网的第一个可用 IP 地址做网关使用；划分第二个子网给 VLAN50 使用，VLAN50 里的客户机至少有 26 台，用该子网的第一个可用 IP 地址做网关使用；划分第三个子网给设备 RSR3 与 SW2 之间相连的 IP 地址使用；划分第四个子网给设备 RSR4 与 SW2 之间相连的 IP 地址使用。

深圳总公司配置要求：

1. 使用 TFTP 软件升级 SW1 设备的系统。（系统文件在 PC1）

2. 按上述要求配置设备接口 IP 地址、设备名称和每台设备的 telnet 功能。

3. 按要求完成 VLAN 划分和接口绑定、VLAN 网关地址。

4. 根据拓扑图所示，配置动态路由协议 OSPF，并需要制定 RSR1 的 RID 为 1.1.1.1，RSR2 的 RID 为 1.1.1.2，SW2 的 RID 为 1.1.1.3，配置动态路由协议 RIPv2 和默认路由。

5. 正确配置动态 RIP 与 OSPF 之间的充分布，使全网互通。

6. 为了安全起见，RSR1、RSR2 和 SW1 之间使用 OSPF 明文验证，验证密钥都为 Qiyewang。

7. 路由器 RSR1 与 RSR2 之间的广域网串行链路做 PPP 封装，并采用先 CHAP 后 PAP 的验证方式，并将 RSR1 设置为验证方，其用户名为验证方设备的 hostname，口令为 qiyewang。

8. 在 SW1 三层交换机上配置 DHCP 服务，使 VLAN10、VLAN20、VLAN30 能正常

获取到 IP 地址，并且 DNS 地址统一分配 202.96.133.134。

9．在两台出口路由器所连接的以太网接口设置会话限定，对流入方向限制，新建会话数量为 1000，并发会话数量为 200000，超出范围的会话将被阻止。

10．在 SW1 三层机上配置服务质量控制，VLAN10 的用户下行流量控制为 50M，VLAN20 的用户下行流量控制为 30M，VLAN30 的用户下行流量控制为 20M。

11．配置策略路由，访问外网网站的数据流量由 RSR1 路由器转发，访问其他的数据流量由 RSR2 路由器转发。

12．在 SW1 交换机上的 Fa0/23 端口配置为监控端口，Fa0/24 端口为镜像口。

13．深圳总公司与珠海分公司的两条直连广域网串行链路做 VPN IPSEC 的虚拟链路，加密密钥为 qiyewang 。

14．在出口路由器上配置 URL 域名访问限制功能，不允许访问 www.youku.com、www.ku6.com、www.tudou.com 的网站，其他网站能正常访问。

15．深圳总公司的两台出口路由器配置 NAT，使全网能通过这两个路由器访问互联网，在 RSR2 路由器里配置映射，使局域网 PC2 的 Web 网站能提供给 Internet 用户访问，为了网站的安全起见，做相应设置，本公司局域网用户也是通过访问出口地址来访问 Web 网站。

珠海分公司配置要求：

1．按上述要求配置设备接口 IP 地址、设备名称和每台设备的 telnet 功能。

2．按要求完成 VLAN 划分和接口绑定、VLAN 网关地址。

3．根据拓扑图所示，配置动态路由协议 OSPF 和默认路由，使全网互通。

4．路由器 RSR3 与 RSR4 之间的广域网串行链路做 PPP 封装，并采用 PAP 的验证方式，并将 RSR3 设置为验证方，其用户名为验证方设备的 hostname，口令为 qiyewang。

5．配置策略路由，访问网站和 FTP 的数据流量由 RSR4 路由器转发，访问其他流量数据由 RSR3 路由器转发。

6．配置公司的两台所连接的以太网口限定流入方向启动 TCP SYN 代理。

7．珠海分总公司与深圳总公司的两条直连广域网串行链路做 VPN IPSEC 的虚拟链路，加密密钥为 qiyewang。

8．在 SW2 三层交换机上配置 DHCP 服务，使 VLAN40、VLAN50 能正常获取到 IP 地址，并且 DNS 地址统一分配 202.96.128.68。

9．在 SW2 交换机上的 Fa0/7、Fa0/20 的端口开启系统保护防止扫描端口，设置每秒有 500 个报文对一批不同目的的 IP 扫描和每秒有 1000 个报文对一批不存在的 IP 扫描时隔离 3600 秒，并对所有端口的广播报文限定为阈值 10%。

10．珠海分公司的两台出口路由配置 NAT，使全网能通过这两台路由器访问互联网，在 RSR3 路由器上做映射，使 PC3 的 Web 网站提供给 Internet 用户访问。

服务器配置部分

1．DC 服务器

在 PC1 物理机上安装 Windows 2008 R2 操作系统，计算机命名为 dc，IP 地址为 10.1.1.8，配置此服务器为主域控制器，能够兼容网络环境中的其他 Windows Server 2008 服务器，其 FQDN 为 dc.szped.com。

将此服务器配置为 DNS 服务器，正确配置 IPv4 的正向与反向区域，创建相关记录，截图保存反向区域记录为 PC1-2，设置本机的 IPv6 地址，正确配置 IPv6 的正向与反向区域；截图保存 IPv6 的正向区域为 PC1-3，配置区域复制，将区域信息安全复制到备份 DNS 服务器。

创建三个组，分别为 master、manager、staff，在 master 组创建用户 CEO，并同时将其加入到 administrator 组，在 manager 组中创建 user1、user2、user3、user4，其用户不能修改用户口令，其口令为相应的用户名称。在 staff 组中创建 user10、user20、user30、user40，其用户不能修改用户口令，其口令为相应的用户名称。

2. DHCPClient

在 PC1 计算机上，安装 HYPE-V，使用 HYPE-V 创建虚拟主机，磁盘分区为 40GB，内存为 512MB；安装 Windows 7 操作系统，自动获取 IP 地址。

3. FTP 服务器

在 PC1 计算机上，使用 HYPE-V 创建虚拟主机，磁盘分区为 40GB，内存为 512MB；服务器安装 Windows Server 2003 R2 操作系统，IP 地址为 10.1.1.9，加入域控制器，截图保存为 PC1-6，服务器的 FQDN 为 ftp.szped.com 设置域用户可以上传和下载文件，而匿名用户只能下载文件。在命令行模式下测试。

4. WEB-PC2 服务器

在 PC2 计算机上，使用 Oracle VM virtualBox 创建虚拟主机，磁盘分区为 20GB，内存为 512MB；此服务器使用 Windows Server 2008 操作系统，IP 地址为 10.1.1.68，服务器 FQDN 为 web-PC2.szped.com 创建站点 pc2web，主目录为 C:\WEB，主页为 default.htm，主页的内容为 web-PC2.szped.com；截图保存测试页面为 PC2-1，再为站点创建虚拟目录 vt，目录为 C:\BOOK，页面内容为 my book!!!

5. DHCP 服务器

安装在 PC2 计算机上，使用 Oracle VM virtualBox 创建虚拟主机，磁盘分区为 20GB，内存为 512MB；安装 Windows Server 2003 R2 操作系统，IP 地址为 10.1.1.69，其 FQDN 为 dhcp.szped.com 为 PC1 中的虚拟机 DHCPClient 动态分配 IP 地址，并需要为客户端指定 DNS 地址和网关地址。

6. CentOS1 服务器

安装在 PC2 计算机上，使用 Oracle VM virtualBox 创建虚拟主机，磁盘分区为 20GB，内存为 512MB；服务器安装 CentOS 5.5 操作系统，采用文本安装，IP 地址为 10.1.1.70。服务器的 FQDN 为 mail.szped.com 使用 Sendmail 配置邮件服务器，为域内用户提供邮箱账号，能够正常发送和接收邮件。在本系统上使用 user1 向 user2 发送一封邮件，主题为"hello"，内容为"Happy birthday to you!"。截图保存为 PC2-4。设置开机自动启动服务。

在此服务器上安装 DNS 服务，设置服务器能够从主 DNS 服务器（DC）进行区域复制，当进行区域复制时需要安全可靠。同时开机自动启动服务。

7. WEB-PC3 服务器

安装在 PC3 计算机上，使用 Oracle VM virtualBox 创建虚拟主机，磁盘分区为 40GB，内存为 512MB；此服务器使用 Windows Server 2008 操作系统，IP 地址为 192.16.1.8，服务器 FQDN 为 web-PC3.szped.com 创建站点，其主页的内容为 web-PC3.szped.com。

8. CentOS 2 服务器

在 PC3 上利用 Oracle VM virtualBox 软件安装一台 CentOS 5.5 操作系统，硬盘大小为 20GB，内存为 1GB，自动分区，安装 KDE 图形桌面环境，按所需要求安装相应的服务，网卡为桥接模式，IP 地址为 192.16.1.9。

添加一块 10GB 的硬盘，分区好并把这块硬盘挂载到/web，为此块硬盘做标签，标签名为"website"，截图保存为 PC3-2。启动磁盘配额，为 user1 用户分配 5GB 容量空间，最多允许存入 100 个文件，为 user2 用户分配 5GB 容量空间，最多允许存入 150 个文件，截图保存配置文件为 PC3-3，并且每次开机后自动挂载。

安装 VNC 服务，为 root 用户开启 VNC 服务，密码为 2011dasai，并设置远程桌面是 8bit 颜色，分辨率使用 640×480 像素，远程桌面使用 KDE 环境。截图保存配置文件为 PC3-5，使用 vncviewer 测试结果。

9. CentOS 3 服务器

安装在 PC4 计算机上，使用 Oracle VM virtualBox 创建虚拟主机，磁盘分区为 40GB，内存为 512MB；服务器安装 CentOS 5.5 操作系统，采用文本安装，IP 地址为 192.16.1.10 安装 samba 服务，在/smb 下为 Callcenter、ITsupport、Warehouse 部门创建共享目录，设置 samba 共享服务，使得 Callcenter、ITsupport、Warehouse 三个用户能登录各自的共享文件夹，并且具备全权限操作，登录进去后只能看见自己的所属文件夹。截图保存配置文件为 PC4-6。

10. CentOS 4 服务器

安装在 PC4 计算机上，使用 Oracle VM virtualBox 创建虚拟主机，磁盘分区为 40GB，内存为 512MB；使用 CentOS 操作系统，IP 地址为 192.16.1.151。

在根下创建两个目录/share 和/share1，启动 Samba 服务，安全级别为 user，创建共享目录[group01]和[group02]，[group01]目录路径为/share，是公共目录，不允许进行写操作。[group02]目录路径为/share1，不是公共目录，只有用户组 test 中的用户才可以访问，并且有写的权限。

配置 Apache 服务，搭建好 LAMP 环境，设置主目录 Apache 为/test，主页为 default.php 主页内容为"<?　phpinfo();　?>"。配置好后访问网站。

企业网互联模拟测试题（三）

网络部分

需求分析： 某公司的办公网络通过路由器 NORTH-R-X 的 F0/0 接入互联网，公司分为南北两个厂区，南北厂区间实现 VPN 安全连接。根据题中需求，实现所需功能。

说明： 文中所有出现的 **X** 代表参赛小组的抽签号，如第一组，请用 1 代替。

（阅卷 10 分钟）

拓扑连接： 根据下表和网络拓扑图，将所有连接起来。

源设备名称	设备接口	目标设备名称	设备接口
NORTH-R-X	S4/0	SOUTH-R-X	S4/0
NORTH-R-X	Fa0/1	CORE-S-A	G0/25
SOUTH-R-X	Fa0/0	CORE-S-B	G0/25
SOUTH-R-X	S4/0	NORTH-R-X	S4/0
SOUTH-R-X	Fa0/1	CORE-S-B	G0/26
CORE-S-B	Fa0/2、Fa0/3、Fa0/24	CONNECT	Fa0/2、Fa0/3、Fa0/24
CORE-S-B	Fa0/8	PC1	
CONNECT	Fa0/5	PC2	
CONNECT	Fa0/10	PC3	
CORE-S-A	Fa0/16	PC4	

一、网线制作与网络连接（5 分）

根据上面的网络结构图完成网线制作与连接。比赛提供：网线 1 箱，水晶头若干个（根据需求申请多则扣分，少则不补），如需额外材料，请向评委提出（但要扣分）。

1．网络通信顺畅、操作规范、工艺精良，线缆端接时双绞线外皮剥离不能太长而导致芯线过长外露。

2．制作网线经济、实用、合理。

3．直通网线制作统一采用 T568A 标准。

4．假设所有设备以太网口均不带 MDI/DMIX 自校准功能，请选择合适的网线连接。

5．要求网段两端都要加标签，名称根据上表完成。

二、按要求配置各设备名称。（4 分）

三、为提高设备安全性，为每台设备配置特权模式密码都为 starX，交换机特权模式超时时间为 90s；为每台设备配置远程登录用户名 teluser，密码为 admin，路由器中的登录验证方法名为 test，并将所有密码以明文方式保存。（8 分）

四、在交换机 CONNECT 上划分各 Vlan，并加入相应的端口。（16 分）

VLAN	Name	端 口 号
VLAN2	Diannao	Fa0/5、Fa0/6
VLAN7	Luyou	Fa0/8、Fa0/10、Fa0/12
VLAN8	caijin	Fa0/13、Fa0/14、Fa0/15、Fa0/16
VLAN9	dianzi	Fa0/17、Fa0/18、Fa0/19、Fa0/20

上表中未提到的端口，放在 VLAN1 中。

五、在三层交换机 CORE-S-A 上划分各 Vlan，并加入相应的端口。（16 分）

VLAN	Name	端 口 号
VLAN30	Guanli	Fa0/5、Fa0/7、Fa0/9
VLAN40	Shixun	Fa0/8、Fa0/10、Fa0/12
VLAN50	Jiaowu	Fa0/15、Fa0/16、Fa0/17、Fa0/18
VLAN60	zongwu	Fa0/19、Fa0/20

上表中未提到的端口，放在 VLAN1 中。

六、在三层交换机 CORE-S-B 上创建各 Vlan 三层接口并配置 IP 地址，使用 10.10.10.0/24 网段，划分 10 个子网，各 Vlan 使用与子网号一致的网段的第一个可用地址。（8 分）

七、在三层交换机 CORE-S-A 上创建各 Vlan 三层接口并配置 IP 地址，使用 172.16.1.0/24 网段，划分 4 个子网（全 0 和全 1 子网可用），各 Vlan 使用各网段的第一个可用地址。（8 分）

八、使用交换机 CONNECT 的 Fa0/2、Fa0/3 两个端口与三层交换机 CORE-S-B 的 Fa0/2、Fa0/3 两个端口进行链路聚合，将两个端口创建一个链路聚合组 port-group 2，并将链路聚合组设置为 trunk 模式，将交换机 CONNECT 的 FA0/24 端口与三层交换机 CORE-S-B 的 Fa0/24 端口连接作为备用链路，相连的端口设置为 tag vlan 模式。（10 分）

九、分别在各交换机上启用快速生成树协议。（6 分）

十、在三层交换机 CORE-S-B 上配置聚合端口 port-group 2 到计算机 PC1 所连端口的端口镜像，该镜像能把源聚合端口的接收和发送都镜像。（10 分）

十一、在三层交换机 CORE-S-B 上的端口 Fa0/19、Fa0/20 配置端口安全，最多允许动态学习 50 个 MAC 地址，超过 50 时，来自新主机的数据帧将丢失。（9 分）

十二、在三层交换机 CORE-S-A 上的端口 Fa0/17 至端口 Fa0/20 配置端口安全，端口安全地址个数为 1，安全违例将关闭端口。（9 分）

十三、在三层交换机 CORE-S-A 上的端口 Fa0/13 上配置端口安全，安全 MAC 地址为：00-12-F0-00-00-01；配置 MAC 地址过滤，使得 MAC 地址为 00-a0-12-0a-1b-2a 的主机无论接在交换机 CORE-S-A 的 Vlan1 中哪个端口都不能接入网络，交换机 MAC 地址老化时间为 240s，在 Fa0/16 上实现 arp 检查，IP 和 MAC 地址为 pc4。（16 分）

十四、在路由器 SOUTH-R-X 上配置各路由接口 IP 地址，快速以太网口地址为所在网段的倒数第一个可用地址。（8 分）

接　　口	IP 地址
Serial 4/0	2.2.X.1/30
Loopback0	1.1.1.1/32

续表

接　　口	IP 地址
Loopback10	192.168.X.193/32
FastEthernet0/0	192.168.100.1/30
FastEthernet0/1	192.168.100.5/30

十五、在路由器 NORTH-R-X 上配置各路由接口 IP 地址。（8 分）

接　　口	IP 地址
FastEthernet0/0	202.106.X.253/24
Serial 0/1	2.2.X.2/30
Loopback0	1.1.1.2/32
FastEthernet0/1	192.168.100.9/30

十六、在交换机 CORE-S-B 上使用 pim-sm 方式开启组播，让所有 VLAN 都可以传送组播包；并在端口 Fa0/22 开启流控和设置多播风暴控制，允许通过的多播报文 64000 个每秒。（10 分）

十七、将两台路由器的串口 serial 口用背对背线缆连接，带宽为 1024000B，线缆连接时注意确保 SOUTH-R-X 为 DCE 端，速率为 115200。封装需要进行 CHAP 和 PAP 验证的 PPP 协议，CHAP 失效后由 PAP 方式进行验证；SOUTH-R-X 的验证方法列表名为：FROMN，NORTH-R-X 的验证方法列表名为：FROMS；DCE 端的路由器用户名为：userdce，密码为：chappass；DTE 端的路由器用户名为：userdte，密码为：chappass，密码用明文显示（16 分）

十八、配置路由协议，使三层交换机 CORE-S-B 和路由器 SOUTH-R-X 上使用动态路由协议 RIP，路由器 SOUTH-R-X 和路由器 NORTH-R-X 之间使用动态路由协议 OSPF，激活路由进程 10，三层交换机 CORE-S-A 和路由器 NORTH-R-X 上使用动态路由协议 RIP，进行适当的配置，使得全网连通，路由器之间使用 L2TP 协议的 VPN 来实现南北厂区之间的数据通信安全，虚拟隧道使用 192.168.200.0/24 网段地址。（30 分）

十九、公司最近在试验 IPv6 网络，Vlan7 和 vlan50 网络都使用了 IPv6 网络地址，请自行实现两个 Vlan 间 IPv6 网络的互通。（16 分）

二十、PC1 属于 guanli 部门，物理机地址为所在网段的倒数第一个可用 IP，虚拟机地址自定；PC2 属于 diannao 部门，PC3 属于 dianzi 部门，IP 地址均通过自动获取方式获取。（10 分）

二十一、在路由器 NORTH-R-X 上配置地址转换，使得内网中的主机可以通过地址转换访问 Internet，内部全局地址为：202.106.X.222/24~202.106.X.252/24，地址池名称为：connectpool，允许地址复用。（16 分）

要求：

● 内网中的所有主机只能通过地址转换访问 Internet。

● 使用两条 ACL 规则实现，交换机 CORE-S-A 上的网段 ACL 号使用 10，交换机 CORE-S-B 上的网段 ACL 号使用 30。

二十二、禁止 Vlan9 和 Vlan60 上班时间访问外网（上班时间为周一至周五的 9:00-18:00 和周六的 9:00-12:00）。（10 分）

二十三、禁止 diannao 部门访问 guanli 部门，但 guanli 部门可以访问 diannao 部门。（16 分）

二十四、将内网 Web 服务器发布到外网，使得外网能够通过路由器的接口地址访问到内网的 Web 服务器。（10 分）

二十五、允许整个内部网络到外网时的下载速率最大为 2M/KBps；为内网出外网时设置 QOS，分别为 Vlan 8 保留 20%的带宽、Vlan 2 保留 10%的带宽、Vlan30 800 KBps 的带宽（25 分）

操作系统 Windows 配置部分

一、Windows XP 的安装。（20 分）

PC2 上建立一个新的虚拟机，名称为 WinxpX；虚拟机硬件包括：网卡一张，光驱一个，硬盘一个，内存一条；不包括软驱、声卡，使用单处理器；内存设定为 256MB ；IDE 硬盘大小 10GB；网络连接使用桥接模式，光盘使用硬盘上的镜像文件；虚拟机文件目录建立在 E:\VM\clientsX 下；计算机名为 WinxpX，管理员密码：clients；安装全部设备驱动程序和 VM TOOL。

二、Windows Server 2003 服务器安装。（20 分）

PC3 上建立一个新的虚拟机，名称为 Win03clientX；虚拟机硬件包括：网卡一张，光驱一个，硬盘一个，内存一条；不包括软驱、声卡，使用单处理器；内存设定为 384MB；IDE 硬盘大小 10GB；网络连接使用桥接模式，光盘使用硬盘上的镜像文件；虚拟机文件目录建立在 E:\VM\WinServerX 下；计算机名为 Win03ServerX，管理员密码：winserverX；安装全部设备驱动程序和 VM TOOL。

三、Windows Server 2008 服务器安装。（20 分）

PC1 上建立一个新的虚拟机，名称为 WinServer20081；虚拟机硬件包括：网卡一张，光盘一个，硬盘一个，USB 端口，内存一条；不包括软驱、声卡，使用单处理器；内存设定为 512MB；IDE 硬盘大小 20GB；网络连接使用桥接模式，光盘使用硬盘上的镜像文件；虚拟机文件目录建立在 E:\VM\WinServer2008X 下；计算机名为 WinServer20081，管理员密码:winserver20081；安装全部设备驱动程序和 VM TOOL。

四、Windows XP 的安装。（20 分）

PC4 上建立一个新的虚拟机，名称为 WinxpX；虚拟机硬件包括：网卡一张，光驱一个，硬盘一个，内存一条；不包括软驱、声卡，使用单处理器；内存设定为 256MB；IDE 硬盘大小 4GB；网络连接使用桥接模式，光盘使用硬盘上的镜像文件；虚拟机文件目录建立在 E:\VM\clientsX；计算机名为 Win04xpX，管理员密码：clients；安装全部设备驱动程序和 VM TOOL。

五、Windows Server 2008 服务器安装。（20 分）

PC1 上建立一个新的虚拟机，名称为 WinServer20082；虚拟机硬件包括：网卡一张，光盘一个，硬盘一个，USB 端口，内存一条；不包括软驱、声卡，使用单处理器；内存设定为 512MB；IDE 硬盘大小 20GB；网络连接使用桥接模式，光盘使用硬盘上的镜像文件；虚拟机文件目录建立在 E:\VM\WinServer20082 下；计算机名为 WinServer20082，管理员密码：winserver20082；安装全部设备驱动程序和 VM TOOL。

六、将 WinServer20082 虚拟机启动。实现如下操作。（30 分）

（1）对其进行升级，将其升级为 DC，域名为:tianjin.com，并且是林的根域，DNS 在 WinServer20081 上，在 WinServer20082 上添加子域 linux.tianjin.com，授权 PC4 进行管理。

（2）添加组织单元 tech，offer 和 lady。分别添加 john、Tom 和 nike 用户，并加入 tech，offer，lady 工作组。密码与用户名一致。

（3）每个组织用户只能在周一至周五 9 点到 17 点登录。

（4）将系统 Win04xp<u>X</u> 加入 tianjin.com。

（5）让 tom 无论在域中的任何一台计算机上都可以实现相同的桌面。

七、在 WinServer20082 上实现文件系统。（20 分）

（1）共享 C:\DFSdir 目录，共享方式读写。

（2）允许 offer 组织的用户修改 DFSdir 目录。

（3）除 offer 组织的用户外，其他用户不能访问 DFSdir 目录。

（4）实现分布式文件系统，目录名为：C:\DFSdir，链接指向 Win04xp<u>X</u> 的 DFSxp 和 FedoraX 的 DFSlinux 文件夹。

八、DHCP 服务。（20 分）

（1）添加用户类别，给每个网段的 DHCP 客户端分配一个用户类别。

（2）通过用户类别使 DHCP 客户端获取正确的 IP 地址。

（3）地址的有效期为 6h。

（4）配置正确的网关，DNS 指向 WinServer20082。

九、在 WinServer20082 上实现网络访问保护，使 Win04xpX 具有完全的网络访问权限就获取同网段的信息，否则就换取其他网段的信息。（50 分）

十、将 Win03ServerX 加入林，域为 beijing.com，将 WinxpX 加入 tianjin.com，实现 beijing.com 的用户可访问 tianjin.com 的资源。（20 分）

十一、在 WinServer20082 上。（40 分）

（1）新建 FTP 站点，通过适当的配置使用户只能访问自己部门的文件目录，管理员可以管理所有目录。

域　　名	部　　门	目　　录	访　问　性
Ftp.tianjin.com	Tech	C:\ftp\file1	只读
ftp.tianjin.com	Offer	C:\ ftp\file2	读写
ftp.tianjin.com	lady	C:\ ftp\file3	读写

（2）禁止非本网段的客户端访问到本站点。

（3）登录后 60s 没任何的操作自动断开。

（4）同时最多 100 个链接到本站点。

十二、在 WinServer20082 上进行一下操作。（60 分）

（1）设定 Web 服务 www1.tianjin.com 站点 IPv6 锁定为 3::2/64，使内部网络可以通过 IPv6 地址访问站点 www1.tianjin.com。

（2）设定 IIS 主机：www1.tianjin.com:3000 要求实现 ssl 访问。

域　　名	目　　录
www1.tianjin.com/Share	C:\www\Share
www1.tianjin.com	C:\www\Site1
www1. tianjin.com:3000	C:\www\Site2
www2.tianjin.com	C:\www\Site3

（3）每个站点的最大访问数设定为 1500 个连接。

（4）每个站点最大带宽为 2048KBps。

（5）60s 服务器没有响应则为超时操作。

（6）www1. tianjin.com.com:3000 的默认主页为 main.asp，内容为：

```
<html>
<head>
<title> asp</title>
</head>
<body>
<%    Response.Write（"恭喜你，成功了"）  %>
</body>
</html>
```

（7）www2.tianjin.com 不允许匿名访问，需要域服务器摘要身份验证。

（8）www1.tianjin.com/Share 站点只允许本网段的 IP 访问。

十三、实现如果 WinServer20082 上的共享文件夹被删除，可以通过 WinServer20081 挽回文件或使用还原属性的方法找回。（10 分）

十四、通过 WinServer20082 上的防火墙实现禁止远程桌面连接。（10 分）

十五、在 WinxpX 上，通过 Linux 打印服务器进行打印所有网络设备的配置。（10 分）

十六、利用组策略关闭 WinServer20082 的自动更新。（10 分）

十七、限制客户端 Win04xpX 从服务器安装软件。（20 分）

操作系统 Linux 配置部分

（满分 300 分）

一、Linux 系统的安装。（25 分）

在 PC4 上建立一个新的虚拟主机，名称为 Linux；内存设定 384MB；IDE 硬盘大小为 8GB；目录建立在 D:\VMX\FC8 下；使用一个网卡；网络连接使用桥接模式；IPv6 地址为：2::2/64；使用主机中的光盘作为引导光盘，以远程 http 文本方式安装 Fedora 8；远程服务器为 PC4；安装过程设定虚拟机的网卡工作模式为桥接，通过 ftp 主机上匿名账号安装系统；手动创建分区，交换分区大小为 768MB，数据分区/data 大小为 500MB，其余的空间都划分为根分区；计算机名为 FedoraX，别名 linux8；root 用户密码为 root0629；安装 VMTools。

二、DNS 服务。（40 分）

配置 DNS，创建域 Linux.tianjin.com，根据需要进行相应正反主机记录。

三、实现 postfix 服务。（40 分）

（1）搭建 postfix 服务器，邮箱域名为 Linux.tianjin.com。创建账户 finance，hr。

（2）在 PC4 的真实系统的 Outlook 中，创建 smith（finance 的别名）账户，发送邮件主题为 hello，内容为 Good 到 john（hr 的别名）账户。

（3）设置邮件群发功能，群名为 testgroup；群中用户为 finance 和 hr。

（4）设定邮件附件大小为 2MB。

（5）设备每个用户的邮箱大小为 5MB。

四、Samba 服务。（25 分）

（1）设置组名 mshome，计算机名 FedoraX

（2）建立 Linux 的本地账户 smith，密码为 adminwin1，主目录为/home/smith。

（3）建立 samba 用户，用户名为 SUser1，对应于 Linux 本地账户 smith，对应 Windows 的管理员账户。samba 密码为 sambauser1。

（4）允许匿名用户登录。

（5）实现隐藏共享，共享名为 DFSlinux。

五、安装 apache 软件 http-2.2.11.tar.gz，并设置 apache 服务。（70 分）

（1）设置虚拟站点，将主文件设定成对应域名的默认首页。

域　名	目　录	主 文 件
www1.linux.tianjin.com	/Web/http	main.htm
www2.linux.tianjin.com	/Web/php	default.php

（2）在站点目录下分别建立 main.htm。body 标签内容为：success。

（3）在站点目录下分别建立 default.php。body 标签内容为：

```
<?php  echo phpinfo();?>
```

（4）只允许本网段的主机可以访问该网站。

（5）将 MySQL 数据库的管理员 root 密码设置为：mysql123，并新建一个数据库，名字为 studenttest。

（6）新建一用户 bob，实现该用户的个人主页，内容为：bob's web Site.

（7）实现 www1 的 ssl 访问。

六、FTP 服务。（50 分）

（1）每次启动计算机时自动启动 vsftpd 服务。

（2）只允许本网段可以访问。

（3）设置 ftp 主机，禁止匿名登录，禁止切换到上级目录。

域　名	普 通 用 户	密　码	目　录	访 问 权 限
ftp.john.com	a	admina	/Web/php	读写
ftp.john.com	b	adminb	/Web/http	只读

（4）对 a 进行限速，最大传输速率为为 40KBps，允许 ftpup 用户新建文件夹，并进行更名，通过 ftpup 用户进入后，显示欢迎语为：welcome ftpup。

（5）对 b 进行设置 200s 不对 FTP 服务器进行任何操作，则断开该 FTP 连接，设置建立 FTP 数据连接的超时时间为 100s。

七、实现打印服务器，使得 Windows 客户端可以正常打印。（30 分）

八、开启 SSH 服务，端口修改为 1234。（10 分）

九、配置 iptables，除上述服务外，其他访问拒绝。（10 分）

企业网络搭建及应用（四）

一、网络拓扑

某集团公司全国有两家分公司，总公司设在北京，分公司分别设在上海和天津。总公司使用专用链路与两分公司相连组成城域网。在全网使用的动态路由 OSPF 路由协议。总公司与上海分公司都申请了访问互联网的链路，但天津分公司没有申请互联网链路，其使用总公司的链路访问互联网。在上海分公司部署的是无线网络，用户通过无线网络访问互联网。如果您是这个网络项目的网络工程师，可根据下面的需求构建一个安全、稳定的网络。

二、IP 规划

网络区域	设备名称	设备接口	IP 地址
北京总公司	RSR-1	S2/0	10.0.0.5/30
		Fa0/0	10.0.0.1/30
		Fa0/1	181.1.1.1/29
	RS-1	Fa0/1	10.0.0.2/30
		VLAN10	10.0.1.1/24
		VLAN20	10.0.2.1/24
		VLAN50	10.1.5.1/24
天津分公司	RSR-4	S2/0	10.0.0.14/30
		Fa0/0.30	10.1.3.1/24
		Fa0/0.40	10.1.4.1/24
上海分公司	RSR-3	S2/0	10.0.0.10/30
		Fa0/0	10.0.0.17/30
		Fa0/1	182.1.1.1/29
	AP-1	G0	10.0.0.18/30

续表

网络区域	设备名称	设备接口	IP 地址
城域网	RSR-2	S2/0	10.0.0.6/30
		S2/1	10.0.0.13/30
		S2/2	10.0.0.9/30
应用服务	DC/DNS 服务器	NIC	10.1.5.253
	FTP 服务器	NIC	10.1.5.252
	Web 服务器	NIC	10.1.5.251

三、试题内容

（一）网络系统构建（70 分）

1．北京总公司

（1）网络底层配置。（4 分）

◇　根据网络拓扑图，对网络设备的各接口、VLAN 等相关信息进行配置，使其能够正常通信。

（2）路由协议配置。（4 分）

◇　根据网络拓扑图，配置动态路由协议 OSPF，并需要指定 RID。

（3）网络出口配置。（8 分）

◇　根据网络拓扑图，配置 NAT 技术，使用内部 VLAN10、VLAN20 用户可以使用外部接口的 IP 地址访问互联网。

◇　根据网络拓扑图，允许天津分公司 VLAN30、VLAN40 的用户通过总部的路由器访问互联网，并使用合法的全局地址为 181.1.1.2~181.1.1.4。

◇　根据网络拓扑图，将总部的服务器 Web 服务和 FTP 发布的互联，其合法的全局地址为 181.1.1.5。

（4）链路安全。（4 分）

◇　根据网络拓扑图，为了保障总公司与分公司链路的安全，需要在总公司与城域网连接的链路上配置 PPP 协议，并采用先 CHAP 后 PAP 的验证方式，并将总公司路由器设置为验证方，其口令为 ruijie。

（5）接入层配置。（4 分）

◇　根据网络拓扑图，将接口加入到相应的 VLAN 中。

◇　根据网络拓扑图，对所有的接入接口配置端口安全，如果有违规者，关闭接口，并要求接口配置为速端口。

2．天津分公司

（1）网络底层配置。（4 分）

◇　根据网络拓扑图，对网络设备的各接口、VLAN 等相关信息进行配置，使其能够正常通信。

（2）路由协议配置。（4 分）

◇　根据网络拓扑图，配置动态路由协议 OSPF，并需要指定 RID。

（3）单臂路由配置。（4分）

✦ 根据网络拓扑图，配置单臂路由，使用网络互通。

（4）接入层配置。（4分）

✦ 根据网络拓扑图，将接口加入到相应的 VLAN 中。

✦ 对所有的接入接口配置端口安全，如果有违规者，关闭接口，并要求接口配置为速端口。

3．上海分公司

（1）网络底层配置。（4分）

✦ 根据网络拓扑图，对网络设备的各接口、VLAN 等相关信息进行配置，使其能够正常通信。

（2）路由协议配置。（3分）

✦ 根据网络拓扑图，配置动态路由协议 OSPF，并需要指定 RID。

（3）网络出口配置。（3分）

✦ 根据网络拓扑图，配置 NAT 技术，允许内部用户可以使用外部接口的 IP 地址访问互联网。

（4）无线网络配置。（8分）

✦ 根据网络拓扑图，配置无线 AP，其采用 WEP 加密方式，40 位 ASCII 密码形式，口令为 12345，其 SSID 为 Ruijie，不允许 SSID 广播。

（5）安全配置。（4分）

✦ 利用操作路由更新方式，只允许上海公司的网络学习到去往总公司服务器群的路由信息，其他路由信息不允许学习。

4．城域网络

（1）网络底层配置。（4分）

✦ 根据网络拓扑图，对网络设备的各接口、VLAN 等相关信息进行配置，使其能够正常通信。

（2）链路安全配置。（4分）

✦ 根据网络拓扑图，为了保障总公司与分公司链路安全，需要在总公司与城域网连接的链路上配置 PPP 协议，并采用先 CHAP 后 PAP 的验证方式，并将此路由器设置为被验证方，其口令为 ruijie。

（二）应用服务搭建（30分）

1．搭建域服务器

（1）服务器角色配置。（5分）

✦ 配置为域控制器和 DNS 服务器，其域名为 lab.com，此服务器的 FQDN 为 dc.lab.com，域的功能级别为 2003 模式；

✦ DNS 服务需要正确配置 SOA，NS，AAA 记录和反向记录。

（2）用户和组配置。（5分）

✦ 创建 4 个 OU，创建 4 个全局组，创建 12 个用户，具体内容见下表。

部 门	OU	全 局 组	隶 属 用 户
生产部	生产部	production	prod（经理）、Prod_1、Prod_2
销售部	销售部	sales	sales（经理）、sales_1、sales_2
行政部	行政部	administeration	adm（经理）、adm_1、adm_2
经理办公室	经理办公室	manager	master（总经理）、man_1、man_2

2．搭建 Web 服务器

（1）服务器角色配置。（5 分）

✧ 服务器器配置为 Web 服务器，此服务器的 FQDN 为 www.lab.com。

✧ 使用 IIS 6.0 来建立 Web 站点：www.lab.com，自己建立一个简单的中文网页。网页的内容为："祝中职计算机技术竞赛圆满成功"，其文件名为 default.html。

（2）服务器优化配置。（5 分）

✧ 使用 DNS 实现站点的轮询负载。

✧ 配置主机头，所有的站点都必须使用域名登录，不允许使用 IP 地址访问。

3．搭建 FTP 服务器

（1）服务器角色配置。（5 分）

✧ 器配置为 ftp 服务器，此服务器的 FQDN 为 ftp.lab.com。

✧ 使用 IIS 6.0 来建立 FTP 站点：ftp.lab.com。

✧ 在磁盘 F:\ 的根目录下建立文件夹 tianjinftp，作为 FTP 的主目录。

✧ 允许匿名登录，可以下载文件。并且要使用 ftp 命令登录时，会提示欢迎信息："欢迎登录中职计算机技术竞赛官方服务器"并且用命令浏览文件时使用 UNIX 方式显示。

（2）服务器优化配置。（5 分）

✧ 配置主机头，所有的站点都必须使用域名登录，不允许使用 IP 地址访问。

✧ 内网用户通过 ftp 账号 accessftp，口令为 tianjin，可以上传内容。

应 试 指 南

一、竞赛方式与内容

（一）竞赛方式

比赛用时 3 个小时，为团体赛项目，每组参赛选手 2 人，须为同校在籍学生，其中队长 1 名，性别和年级不限，可配 2 名指导教师。

比赛场地通过抽签决定，比赛期间参赛选手不得离开比赛场地。竞赛所需的硬件、软件和辅助工具由组委会统一提供，参赛队不得使用自带硬件、软件和辅助工具。参赛队自行决定选手分工、工作程序和时间安排。

参赛队在赛前 10 分钟领取比赛任务并进入比赛工位，比赛正式开始后方可进行工作。竞赛过程中，选手须严格遵守操作规程，确保设备和人身安全，并接受裁判员的监督和警示。若因选手因素造成设备故障或损坏，无法继续比赛，裁判长有权决定终止该队比赛；若因非选手个人因素造成设备故障，由裁判长视具体情况做出裁决。

每个参赛队可配指导教师 2 名，指导教师经报名并通过资格审查后确定，从中确定领队 1 名。允许参赛队员在规定的时间里按照规则接受领队的指导。竞赛结束（或提前完成）后，参赛队要确认成功提交竞赛要求的文件，裁判员与参赛队队长一起签字确认，参赛队在确认后不得再进行任何操作。

赛场开放，允许观众按照规定，在不影响选手比赛的前提下现场参观和体验。

（二）竞赛内容

计算机网络工程包括网络组建、网络设备配置与应用、安全设备配置与应用、网络管理与维护、故障分析与排查等五个部分。中职计算机网络及相关专业毕业生主要从事的工作是网络组建、网络设备配置与应用、安全设备配置与应用、网络管理与维护等四个领域，按照 2012 年全国职业技能大赛的指导思想和竞赛原则，本赛项重点考察参赛学生网络工程的实践技能，具体包括：

1. 参赛学生能够根据大赛提供的比赛方案，读懂实际的工程项目文档，能够对项目的应用行业背景进行网络业务需求分析、技术应用环境分析，理解实际的工程应用与业务架构。

2. 能够根据业务需求和实际的工程应用环境，实现网络设备、无线设备、安全设备、服务器的连接，并根据实际的工程业务需要，对设备进行互联互通并进行调试。

3. 在路由器、交换机、无线交换机、无线 AP、防火墙、服务器上进行配置，实现网络的运行，并根据网络业务需求配置各种策略，以满足应用需求。

比赛涉及技术知识点如下：

类　　别	考核知识点	知识点类别
路由技术	静态路由及缺省路由	网络基础技术知识点
	动态路由 RIP 协议	网络基础技术知识点
	动态路由 OSPF 协议	网络基础技术知识点
	策略路由	网络高级技术知识点
	路由更新操作	网络高级技术知识点
	路由重分布	网络高级技术知识点
	访问控制列表、基于时间访问控制列表	网络安全技术知识点
	AAA、RADIUS	网络安全技术知识点
	IPSec VPN、L2TP VPN	网络安全技术知识点
交换技术	Vlan（虚拟局域网技术）	网络基础技术知识点
	Vlan 间路由、单臂路由	网络基础技术知识点
	STP（生成树协议）	网络基础技术知识点
	MSTP（多生成树协议）	网络高级技术知识点
	VRRP（虚拟路由网关协议）技术	网络高级技术知识点
	三层交换配置路由协议	网络高级技术知识点
	配置 DHCP 服务	网络高级技术知识点
	聚合端口	网络基础技术知识点
	DHCP 监听技术	网络安全技术知识点
	802.1X 实现安全接入	网络安全技术知识点
远程接入技术	配置 PPP、HDLC 协议	网络基础技术知识点
	配置 PAP 验证	网络基础技术知识点
	配置 CHAP 验证	网络基础技术知识点
	配置帧中继协议	网络基础技术知识点
	配置帧中继交换机	网络基础技术知识点
无线技术	无线 FAT AP 配置	网络基础技术知识点
	无线 FIT AP 配置	网络基础技术知识点
	无线控制器配置	网络基础技术知识点
	配置无线网络的 WEP 加密	网络安全技术知识点
	配置无线网络的 WPA 加密	网络安全技术知识点
	配置无线网络的 SSID 加密	网络安全技术知识点
	配置无线网络二层隔离	网络安全技术知识点
	使用 MAC 认证实现接入控制	网络安全技术知识点
防火墙安全技术	防火墙基本配置	网络基础技术知识点
	在防火墙上配置路由协议	网络高级技术知识点
	在防火墙上配置 NAT 协议	网络高级技术知识点
	配置防火墙实现防 DDOS 攻击	网络安全技术知识点
	配置防火墙实现包过滤策略	网络安全技术知识点
	配置防火墙实现 URL 过滤	网络安全技术知识点
	配防火墙实现 P2P 流量控制	网络安全技术知识点
	配置防火墙双机热备功能	网络安全技术知识点
	配置 VPN 实现远程安全接入	网络安全技术知识点
	配置 VPN 实现站点到站点 IPSec VPN	网络安全技术知识点

类　别	考核知识点	知识点类别
Windows 操作系统 （Windows Server 2008）	系统管理	网络基础技术知识点
	用户管理	网络基础技术知识点
	配置活动目录服务	网络基础技术知识点
	配置 DNS 服务器	网络基础技术知识点
	配置 IIS（WWW、FTP）服务器	网络基础技术知识点
	配置邮件服务器（SMTP、POP3）	网络基础技术知识点
	配置 DHCP 服务器	网络基础技术知识点
	磁盘管理	网络基础技术知识点
	RAID 技术	网络基础技术知识点
	配置网络负载平衡服务	网络高级技术知识点
	配置活动目录子域	网络高级技术知识点
	配置只读域控制器	网络高级技术知识点
	配置活动目录信任关系	网络高级技术知识点
	配置 NFS 服务	网络高级技术知识点
	配置额外域控制器	网络高级技术知识点
	配置 CA 服务器实现 SSL Web 服务	网络安全技术知识点
	利用 EFS 加密文件，实现文件保护功能	网络安全技术知识点
	利用 NTFS 实现文件权限的分配	网络安全技术知识点
	设置共享文件权限实现数据访问安全	网络安全技术知识点
	设置系统防火墙保护桌面系统	网络安全技术知识点
	配置服务器备份技术	网络高级技术知识点
	配置服务器性能监控技术	网络高级技术知识点
	配置组策略实现多重安全环境	网络安全技术知识点
	配置 NAP 服务，实现网络环境健康	网络安全技术知识点
Linux 操作系统 （CentOS 5.5）	系统管理	网络基础技术知识点
	用户管理	网络基础技术知识点
	磁盘管理	网络基础技术知识点
	配置 NFS 服务	网络基础技术知识点
	配置 SAMBA 服务	网络基础技术知识点
	使用 SendMail 配置邮件服务	网络高级技术知识点
	配置 DNS 服务器	网络高级技术知识点
	使用 Apache 配置 Web 服务	网络高级技术知识点
	使用 VSFTP 配置 FTP 服务	网络高级技术知识点
	使用 iptables 保护服务器安全	网络安全技术知识点
	配置服务器备份技术	网络高级技术知识点
	配置服务器性能监控技术	网络高级技术知识点
	配置 CA 服务器实现 SSL Web 服务	网络安全技术知识点
	使用 VPN 技术保护数据安全	网络安全技术知识点

二、竞赛设备技术平台

2012 年全国职业院校技能大赛中职竞赛项目技术平台分为软件技术平台和硬件技术平台两部分，本设计方案也是按照两部分进行设计。

1. 竞赛软件技术平台

主要为比赛的应用系统环境提供的操作系统软件和办公软件，操作系统主要由 Windows 系统和 Linux 系统两部分组成，办公软件主要为 Microsoft Office 和软件解压缩工具，另外还使用 Oracle VM VirtualBox 虚拟机软件。

Windows 系统平台主要由服务器版和桌面版组成，桌面版主要采用 Windows XP Pro（中文版）和 Windows 7（中文版）两个版本，服务器版主要采用 Windows 2003 Server R2（中文版）、Windows 2008 Server（中文版）和 Windows Server 2008 R2（中文版）三个版本；Linux 系统平台主要采用 CentOS 5.5 服务器版本；办公软件的版本为 RAR 4.0（中文版）和 Microsoft Office 2007（中文版）；

1）Windows 操作系统：使用 Windows 操作系统构建 DNS、DHCP、Web 等系统应用服务，构建企业网络应用环境。

2）Linux 操作系统：使用 Linux 操作系统构建 DNS、DHCP、Web 等系统应用服务，构建企业网络应用环境。

3）虚拟机软件：使用 Oracle VM VirtualBox 构建虚拟化环境，充分利用硬件资源，构建企业网系统应用环境。

4）办公软件：使用 RAR 4.0（中文版）和 Microsoft Office 2007 软件制作文档，提交比赛结果。

具体软件参数如下表所示。

序　号	品　牌	型　号	技 术 参 数	参 考 价 格
1	微软	Windows XP Pro（中文版）	30 天试用版	——
2	微软	Windows 7（中文版）	30 天试用版	——
3	RedHat	CentOS 5.5	社区版	——
4	Oracle	Oracle VM VirtualBox 4.0.4	免费版	——
5		RAR 4.0（中文版）	免费版	——
6	微软	Microsoft Office 2007（中文版）	30 天试用版	——
7	微软	Windows 2003 Server R2（中文版）	180 天试用版	——
8	微软	Windows 2008 Server（中文版）	180 天试用版	——
9	微软	Windows Server 2008 R2（中文版）	180 天试用版	——

2. 竞赛硬件技术平台

1）3 台路由器：利用路由器实现骨干网络的互联，并对网络进行区域划分，对区域内的网络数据交换环境进行搭建，实现全区域的互联互通。

2）1 台二层交换机：实现本地网络数据通信和局域网安全策略。

3）2 台三层交换机：构建本地核心网络，为构建数据、语音、视频等多业务提供可靠支撑。

4）1 台无线交换机：实现无线与有线的应用融合，利用无线交换机对无线与有线之间的数据高速传输提供支撑。

5）1台无线 AP：实现企业级的无线终端的安全接入与灵活通信。

6）1台防火墙：对安全的威胁进行防护，构建安全等级防护网络。

神州数码设备清单

序　号	设 备 名 称	设 备 型 号	每 队 数 量
1	路由器	DCR-2655	3
2	三层交换机	DCRS-5650-28	2
3	二层交换机	DCS-3950-28C	1
4	防火墙	DCFW-1800S-H-V2	1
5	无线控制器	DCWS-6028	1
6	无线接入点	DCWL-7952AP	1
7	无线 AP 电源适配器	DCWL-PoEINJ-G	1
8	路由器线缆	CR-V35MT-V35FC	3
9	计算机	CPU 双核，内存>=2GB，硬盘>=320GB	4 台

三、评分方法

（一）评分方法

竞赛评分严格按照公平、公正、公开的原则，评分标准注重考查参赛选手以下四个方面的能力和水平：

1．按照试题要求正确配置交换机、路由器等网络设备，构建优化的企业网络。

2．按照试题要求正确配置防火墙等安全设备，构建安全的企业网络。

3．按照试题要求安装及配置服务器操作系统（Windows 和 Linux），构建企业网络的应用服务系统。

4．按照试题要求配置无线交换机和无线接入点，构建智能的无线网络环境，实现有线与无线的一体化。

参赛队成绩由裁判委员会统一评定；采取分步得分、错误不传递、累计总分的计分方式；不计参赛选手个人得分；参赛队的得分按去掉 1 个最高分和 1 个最低分后的算术平均值计分；在竞赛过程中，参赛选手如有不服从裁判判决、扰乱赛场秩序、舞弊等不文明行为，由裁判长按照规定扣减相应分数，情节严重的取消竞赛资格，竞赛成绩记 0 分。

（二）评分细则

分　类	考核内容	分值比例	备　注
网络搭建 （30%）	基础网络组建	5%	正确连接线缆
	基础网络配置	15%	正确配置网络设备
	网络安全配置	10%	正确配置安全设备
Windows 系统服务安装与配置 （30%）	服务器系统安装	10%	服务器操作系统安装
	服务器服务安装	10%	服务器服务组件安全
	服务器服务配置	10%	服务器服务的配置与优化
Linux 系统服务安装与配置 （30%）	服务器系统安装	10%	服务器操作系统安装
	服务器服务安装	10%	服务器服务组件安全
	服务器服务配置	10%	服务器服务的配置与优化
无线网络配置 （10%）	无线设备的配置	5%	无线交换机、无线 AP 配置
	无线网络安全	5%	无线网络加密及认证配置

四、试卷分析

企业网搭建及应用项目整份试卷共有四个部分：网络搭建、网络设备、网络操作系统 Windows 和网络操作系统 Linux。试卷中所有题目都是上机操作题。两名选手在规定时间内配合完成试卷中的所有比赛题目。

比赛开始前，要求选手按照抽签号进行入场和找到自己的机位，并检查自己机位的设备是否齐全，监考老师会宣读比赛时的注意事项，并提前十分钟发放试卷，试卷发下来时只可阅读，不可动手操作，否则就以零分计算。

选手拿到试卷时，要先仔细查看试卷的总页数，看自己的试卷是否有缺页和坏损及看不清的地方，之后再认真阅读试卷。阅读试卷时，两位选手要认真讨论并协调分工。

反侵权盗版声明

电子工业出版社依法对本作品享有专有出版权。任何未经权利人书面许可，复制、销售或通过信息网络传播本作品的行为；歪曲、篡改、剽窃本作品的行为，均违反《中华人民共和国著作权法》，其行为人应承担相应的民事责任和行政责任，构成犯罪的，将被依法追究刑事责任。

为了维护市场秩序，保护权利人的合法权益，我社将依法查处和打击侵权盗版的单位和个人。欢迎社会各界人士积极举报侵权盗版行为，本社将奖励举报有功人员，并保证举报人的信息不被泄露。

举报电话：（010）88254396；（010）88258888

传　　真：（010）88254397

E-mail：　dbqq@phei.com.cn

通信地址：北京市万寿路 173 信箱

　　　　　电子工业出版社总编办公室

邮　　编：100036